Vorwort zur 2. Auflage

Die Chirurgie hat in der medizinischen Ausbildung einen hohen Stellenwert: die Vorlesungen laufen meist über zwei Semester, die Stundenzahl des eigentlichen Kurses ist hoch, im 2. Staatsexamen werden relativ viele Fragen gestellt, im PJ wird ein ganzes Tertial in der Chirurgie verbracht und im 3. Staatsexamen sitzt in der Prüfung auch immer ein Chirurg mit dabei!

Warum nun der Versuch, die Chirugie auf ca. 320, nicht einmal postkartengroßen Seiten darzustellen?

Das **Chirurgie fast** ermöglicht es nun, die gesamte Chirurgie in einem sehr kurzen Zeitraum durchzuarbeiten. Dies mag notwendig sein kurz vor dem Kurs, um schon einmal einen Gesamtüberblick zu bekommen, kurz vorm 2. Examen, um schnell „fast" alles noch einmal zu rekapitulieren oder vor dem PJ-Tertial, um den roten Faden parat zu haben.
Natürlich ist das **Chirurgie fast** auch für die geeignet, die sich für die Chirurgie einfach nicht so recht interessieren möchten oder für die, die sich in der Inneren auskennen und die Chirurgie als Ergänzung begreifen. Letztendlich ist die Chirurgie aber kaum theoretisch, sondern nur praktisch erfahrbar. Ein Minimum an Theorie aber möchte das **Chirurgie fast** vermitteln.

Das **Chirurgie fast** ist während der Examensvorbereitung des Autors entstanden. Es steht weit mehr drin, als der Erstbetrachter vermuten mag. Wer den Inhalt dieses Büchleins wirklich beherrscht, weiß schon sehr viel.

Grünwald, im Januar 2002
Autor und Verleger

Zeichenlegende

☝ IMPP-Spezialitäten (für tatsächliches Leben irrelevant)

Die Uhr läuft mit: der Lernstoff ist aufgeteilt in „Viertel-Stunden-Lernportionen". Zusammen ergibt es den 15h-Crashkurs!

☺ Meistens: Zeit für einen Kaffee!

Weitere Titel dieser Reihe:

- Psychiatrie *fast*

In Vorbereitung:

- Pädiatrie *fast*

Börm Bruckmeier Verlag im Internet:
www.media4u.com

5 Wundheilung, Wundheilungsstörungen 38

6 Chirurgische Infektionslehre 43

1 Der operative Eingriff

1.1 Rechtliche Grundlagen

Da die ärztliche Heilbehandlung in der Rechtsprechung den Tatbestand der Körperverletzung erfüllt, sind eine entsprechende Indikation, Aufklärung und Einwilligung des Patienten erforderlich. Die Aufklärung hat in einem persönlichen Gespräch über **Diagnose**, **Prognose** (auch alternativer Therapieverfahren), **Art** und **Umfang** des Eingriffs, **Risiken** (z.B. operationsbedingte Letalität), typische **Komplikationen** (auch extrem seltene), **therapeutische Alternativen** und **Folgen** des geplanten Eingriffs zu erfolgen. Sie sollte **schriftlich dokumentiert** und vom Patienten **unterschrieben** werden. Fehlt die Einwilligung nach Aufklärung, so kann einem Anspruch auf Schadensersatz auch dann stattgegeben werden, wenn kein Behandlungsfehler vorliegt. Bei bewusstlosen Patienten kann im Sinne der „Geschäftsführung ohne Auftrag" der mutmaßliche Wille des Patienten angenommen werden. Erzwungen werden kann unter bestimmten Umständen ein Eingriff nach dem BSeuchG, dem Gesetz zur Bekämpfung von Geschlechtskrankheiten, dem Unterbringungsgesetz und der Straf- und Zivilprozessordnung (Zeugen, Vaterschaftsgutachten).

Merke: *nach IMPP gelten v.a. die* **vollständige Aufklärung** *und die* **schriftliche Einverständniserklärung** *des Patienten als schützend vor dem Vorwurf der strafbaren Körperverletzung*

1.2 Fachliche Grundlagen

1.2.1 Allgemeines

Wie bei allen ärztlichen Handlungen ist auch beim operativen Eingriff eine sorgfältige Abwägung der Vor- und Nachteile notwendig.

1.2.2 Indikationsformen

- **absolute Indikation:** die Operation ist notwendig, da kein anderes adäquates Therapieverfahren existiert (z.B. lobuläres Karzinom der Mamma, Ösophagusatresie)
- **relative Indikation:** hierzu zählen Erkrankungen, bei denen neben der geplanten Operation andere Therapiemöglichkeiten bestehen (z.B. bei Cholelithiasis orale Litholyse)
- **kosmetische Indikation:** z.B. bei Mastoptose
- **diagnostische Indikation:** z.B. Lymphknotenexzision zur histologischen Untersuchung und Diagnosefindung
- **soziale Indikation:** wenn eine Erkrankung oder körperlicher Zustand besteht, der zu einer sozialen Beeinträchtigung geführt hat oder führen kann (z.B. Interruptio)
- **psychische Indikation:** besteht oft gleichzeitig im Rahmen einer Operation aus kosmetischer Indikation (z.B. Trichterbrust)
- **prophylaktische Indikation:** bei Vorliegen eines an sich nicht behandlungsbedürftigen Befundes zur Vermeidung von Komplikationen (z.B. Leistenhernie zur Inkarzerationsprophylaxe)
- **Kontraindikation:** eine Operation ist bei dem vorliegenden Befund nicht angezeigt, auch hier können absolute und relative Kontraindikationen unterschieden werden (z.B. Milzbrand als absolute Kontraindikation)

1.2.3 **Operationsziele**

Eine Operation kann als **kurativer** Eingriff mit dem Ziel der Heilung einer bestehenden Erkrankung oder als **palliativer** Eingriff zur Symptomlinderung und Komplikationsvermeidung bei primär nicht mehr „heilbaren" Erkrankungen durchgeführt werden.

1.2.4 **Inoperabilität**

Im Rahmen der Inoperabilität wird die **lokale** von der **allgemeinen** Inoperabilität unterschieden. Eine **lokale** Inoperabilität kann z.B. bei organübergreifendem Tumorwachstum vorliegen. **Allgemeine** Inoperabilität besteht z.B. bei vitaler Gefährdung des Patienten durch die Operation (z.B. gravierende internistische Begleiterkrankungen) oder auch bei systemischer Metastasierung.

1.3 Operationszeitpunkt

Nach Dringlichkeit der anstehenden Operation wird differenziert zwischen:

- **Not- bzw. Sofortoperation:** eine Indikation zu einer Notoperation ergibt sich bei lebensbedrohlichen Zuständen, bei denen auf eine zeitraubende präoperative Diagnostik verzichtet werden muss (z.B. perforiertes Bauchaorten-aneurysma, Hodentorsion, Epiduralhämatom)
- **dringliche Operation:** die einen Zeitaufschub von nur wenigen Stunden erlaubt mit ausgewählter präoperativer Diagnostik (z.B. akute Appendizitis, irreponible Leistenhernie, offene Fraktur)
- **elektive Operation:** wird durchgeführt, wenn keine akute vitale Bedrohung für den Patienten besteht und somit die

Operation als Wahleingriff durchgeführt werden kann (z.B. reponible Leistenhernie)

1.4 Prognose

Die Prognose ist eine statistisch untermauerte und auf ärztlicher Erfahrung basierende Aussage über den Verlauf und den Ausgang einer Erkrankung mit oder ohne chirurgische Intervention. Als Prognosekriterium können neben der **5-Jahres-Überlebensrate** (Prozentsatz der noch lebenden Patienten fünf Jahre nach Diagnosestellung bzw. therapeutischer Intervention), die **mediane Überlebenszeit** (Zeitraum in dem 50% der Patienten verstorben sind) oder auch **Heilungsraten** (berücksichtigen nur Patienten ohne Erkrankungszeichen und keine lebenden Patienten mit Residual- oder Rezidivtumoren zum Stichtag) angegeben werden.

1.5 Ergänzende Therapie zum operativen Eingriff

Hierzu zählen v.a. im Bereich der Tumor- und Unfallchirurgie angewendete Maßnahmen wie die **Strahlentherapie** (z.B. bei Pankreaskopfkarzinom), die **neo-/adjuvante Chemotherapie** (z.B. zum präoperativen Downstaging bzw. bei radikal operierten Tumoren zur Rezidiv- und Metastasenvermeidung), die **palliative Chemotherapie** (z.B. bei primär nicht kurativ operablen Befunden), die **Hormontherapie** oder **Immunmodulation**. Aber auch **physikalische** (Massagen, Krankengymnastik) und **diätetische Maßnahmen** zählen zu den ergänzenden therapeutischen Möglichkeiten beim operativen Eingriff.

2 Asepsis, Antisepsis und Hospitalismus

2.1 Asepsis

Asepsis (nach Ignaz Philipp Semmelweis, 1818-1865, Frauenarzt, Retter der Mütter) ist definiert als „Prinzip der Keimfreiheit" zur Vermeidung einer Infektion oder Kontamination.

2.2 Antisepsis

Antisepsis (Sir Joseph Lister, 1827-1912, engl. Chirurg) ist definiert als „Hemmung oder Vernichtung von Infektionserregern auf Gewebe oder Materialien". Als antiseptische Maßnahmen stehen neben der physikalischen (z.B. UV-Strahlen zur Raumluftdesinfektion, Auskochen, Abflammen) auch die chemische Desinfektion (Alkohole, Phenole, Schwermetalle) zur Verfügung.

2.3 Desinfektion und Sterilisation

Unter **Sterilisation** wird das Abtöten oder Entfernen aller lebensfähigen Vegetativ- und Dauerformen von pathogenen und apathogenen Mikroorganismen in Stoffen, Zubereitungen oder an Gegenständen verstanden. Die **Desinfektion** ist eine Maßnahme, die durch Abtötung, Inaktivierung bzw. Entfernung von Mikroorganismen eine Reduktion der Keimzahl um mindestens fünf Zehnerpotenzen erreicht, damit von dem desinfizierten Material keine Infektion mehr ausgehen kann.

Methoden zur Sterilisation sind:

- **Dampfsterilisation (feuchte Hitze):** im Autoklaven wird heißer gesättigter Wasserdampf bei Überdruck über eine bestimmte Zeit mit dem zu sterilisierenden Material kontaminiert, für thermostabile und bedingt thermostabile Instrumente, Methode der Wahl für die meisten Materialien.

- **Heißluftsterilisation (trockene Hitze):** mit Temperaturen von 160-180° Celsius und einer Einwirkzeit von 30-200 Minuten bei 0 bar Überdruck, v.a. für extrem thermostabile Materialien.
- **Gassterilisation:** mit 99,8% Ethylenoxid bei 55 Grad v.a. für thermolabile Materialien
- **Formaldehydsterilisation:** für thermolabile Güter.
- **Strahlensterilisation:** mit Gammastrahlen v.a. für verpackte Einmalartikel.
- **Plasmasterilisation:** für thermolabile Materialien.

Händedesinfektion:

- **chirurgisch:** maximale Keimreduktion sowohl der transienten als auch der residenten Keimflora durch 5minütiges Einreiben mit Alkohol nach mechanischer Vorreinigung der Hände.
- **hygienisch:** Vermeidung der Keimübertragung unter weitgehender Elimination der transienten und Reduktion der residenten Flora durch Einreiben der Hände für 30-60 Sekunden.

Resistenzstufe	Keime	Temperatur (° Celsius)	Zeit
I	vegetative Bakterien, Pilze, Viren	100	Sek. bis Min.
II	Milzbrandsporen	100	15 Min.
III	anaerobe Sporen Sporenerde	100 121	10-50 Std. 10 Min.
IV	thermophile native Erdsporen	100	mehrere Std.

2.4 Infektiöser Hospitalismus

Unter **infektiösem Hospitalismus** werden alle im Rahmen eines Krankenhausaufenthaltes erworbenen Infektionen verstanden (Nosokomialinfektionen). Die wichtigste **Quelle** für die Verbreitung sind die Hände des Krankenhauspersonals. Ursächlich sind v.a. Resistenzbildung der Bakterien gegenüber Antibiotika und Desinfizienzien (Cave: Selektion durch unkalkulierte Langzeitantibiotikatherapie). Lokalisiert sind nosokomiale Infektionen vor allem in **Operationswunden**, an den **Atem**- und **Harnwegen**. Typische **Erreger** sind Staphylokokken, Escherichia coli, Pseudomonas aeruginosa (kontaminierte Inhalationsgeräte), Klebsiellen, Enterokokken und Candidaarten.

Merke: *Nosokomialinfektionen sind nach BSeuchG meldepflichtig, sofern sie „nicht nur vereinzelt" auftreten (was auch immer das heißen mag)*

3 Grundprinzipien der Operationstechnik

3.1 Grundbegriffe

- **Ablatio:** Abtrennung eines Organabschnitts (z.B. Mamma)
- **Amputation:** Absetzen eines Körperteils (meist Gliedmaße)
- **Anastomose:** Verbindung zweier Organlumina durch Naht oder auch als angeborener Zustand (je nach Verbindung als End-zu-Seit-, Seit-zu-End-, End-zu-End- oder Seit-zu-Seit-Anastomose)
- **Bypass:** Umgehungsanastomose im Gefäßsystem oder Gastrointestinaltrakt (z.B. ACVB)
- **Ektomie:** vollständige operative Entfernung eines Organs (z.B. Splenektomie)
- **Endoskopie:** Untersuchung von Körperhöhlen evtl. mit therapeutischer Intervention (z.B. Gastroskopie, ERCP mit Papillotomie)
- **Enterostomie:** Anlage einer Verbindung zwischen Darm und Körperoberfläche (z.B. Kolostoma)
- **Entero-Enterostomie:** Herstellung einer Anastomose zweier Darmabschnitte mit oder ohne Resektion dazwischenliegender Darmabschnitte
- **Enterotomie:** operative Lumeneröffnung des Darms.
- **Enukleation:** Ausschälung abgekapselter Prozesse (z.B. Adenomenukleation in der Thyreoidea)
- **Exhairese:** Entfernung eines Nerven- oder Gefäßabschnittes durch Herausziehen (z.B. Phrenikusexhairese)
- **Exkochleation:** Ausschälung mit einem scharfen Löffel (z.B. Warzenentfernung)

- **Exstirpation:** Entfernung eines kompletten Organs oder umschriebenen Prozesses (z.B. Rektumexstirpation bei Karzinom)
- **Exzision:** Herausschneiden eines Befundes ohne Rücksicht auf Organgrenzen (z.B. Ulkusexzision)
- **Gefäßdesobliteration:** Lumeneröffnung oder Erweiterung eines verlegten Gefäßes
- **Implantation:** Einbringung von Fremdkörpern in den Organismus (z.B. Herzklappen, Schrittmacher, Gelenkprothesen)
- **Injektion:** Parenterale Applikation verschiedener Substanzen (z.B. intra- oder subkutan, intravenös, intramuskulär, intrathekal)
- **Inzision:** Schnitt, Einschnitt
- **Laparostoma:** provisorischer Bauchdeckenverschluss nach Laparotomie (z.B. bei Peritonitis zur Etappenlavage)
- **Osteosynthese:** Vereinigung und Fixation reponierter Knochenfragmente (z.B. nach Fraktur durch Nägel und/oder Platten)
- **Punktion:** Zugang zu einer Körperhöhle oder in ein Organparenchym mittels Kanüle mit diagnostischem (z.B. Gefäß-, Leber- oder Lumbalpunktion) oder therapeutischem Ziel (z.B. Abszessentlastung, palliative Metastasenchirurgie), →**29**.
- **Rekonstruktion:** Wiederherstellung anatomischer Strukturen.
- **Replantation:** Rekonstruktion z.B. traumatisch abgetrennter Organ- oder Körperteile
- **Resektion:** operative Entfernung erkrankter Organabschnitte (z.B. linker Schilddrüsenlappen)

- **Sklerosierung:** Eingriff zur Verödung erkrankter Gefäßabschnitte mittels entzündungsauslösender Substanzen (z.B. bei Varizen, Hämorrhoiden 2. Grades)
- **Transplantation** (→31)**:** operative Verpflanzung von Gewebe, unterschieden werden **autologe** (Spender und Empfänger sind dieselbe Person), **isogene** (syngene, Spender ist der eineiige Zwilling), **allogene/homologe** (Spender ist ein artgleicher Organismus, auf deutsch: auch ein Mensch), **xenogene/ heterologe** (Spender gehört einer anderen Art an, z.B. bei Schweineherzklappe) und **alloplastische** (künstliches Material) Transplantationen
- **Trepanation:** Eröffnung der Schädelhöhle, des Markraumes oder der Warzenfortsatzzellen

3.2 Instrumentarium

3.2.1 Instrumente

Für eine Übersicht über die nahezu unüberschaubare Vielzahl chirurgischer Instrumente muss auf entsprechende Fachliteratur verwiesen werden.

☝ Außerdem hat sich das IMPP hier bisher glücklicherweise sehr zurückgehalten.

3.2.2 Nahtmaterial

Anforderungen:

- Sterilität
- Gewebeverträglichkeit
- Faden- und Knotenreissfestigkeit

Resorbierbares Nahtmaterial:

- **Catgut/Chromcatgut:** Kollagen aus tierischem Darm, chromiert zur Verzögerung der Resorption
- **Kunststoffe:** synthetische Polyglykolsäure, Polydioxan oder Glykolyt-Laktid-Polymere (Dexon, PDS, PGS, Vicryl)

Nichtresorbierbares Nahtmaterial:

- **Metalle:** aus Chrom-Nickel-Eisenverbindungen
- **Seide/Zwirn**
- **Kunststoffe:** aus Polyamiden, Polyestern oder Polypropylen.

Die Fadenstärke wird angegeben in X/O. Ein 0/O-Faden ist besonders dick, ein 9/O-Faden dagegen extrem dünn.

3.3 Operationstechnik

3.3.1 Schnittführung

Bei der Schnittführung sind folgende Begebenheiten zu beachten:

- so kurz wie möglich und so lang wie nötig (Gewebsschonung versus Übersicht)
- entlang (längs) der **Langer-Spaltlinien** (bessere Adaptation der Wundränder, gutes kosmetisches Ergebnis)
- Beachtung des Verlaufs von Gefäßen, Nerven, Muskel- und Faszienfaserverläufen

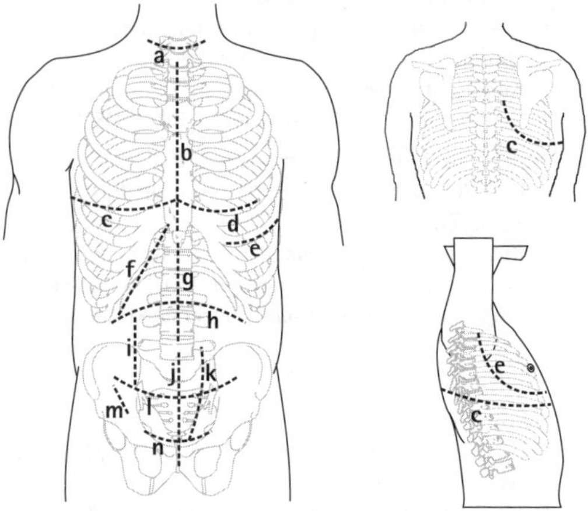

Häufige Schnittführungen

a) Kocher-Kragenschnitt
b) Mediane Sternotomie
c) Dorsolaterale Thorakotomie
d) Thoraxquerschnitt
e) Anterolaterale Thorakotomie
f) Rippenbogenrandschnitt
g) Oberbauchmedianschnitt
h) Oberbauchquerschnitt
i) Pararektalschnitt
j) Unterbauchmedianschnitt
k) Paramedianschnitt
l) Unterbauchquerschnitt
m) Wechselschnitt
n) Pfannenstiel-Schnitt

3.3.2 Blutstillung, Blutleere

Sie erfolgt je nach Lokalisation, Ausdehnung und Größe der blutenden Struktur durch:

- Kompression, Tamponade: mit Kompressen, Fibrinschwämmen unter Druck besonders bei flächenhaft kapillären Blutungen
- Diathermie: Elektrokoagulation mit Verschorfung durch Wärme für kleinere Gefäße
- Ligatur/Umstechungsligatur: Umnähung des Gefäßstumpfes auch mit umliegendem Gewebe durch direkte bzw. indirekte Kompression zur Blutstillung für größere Gefäße
- v.-Esmarch-Blutleere: Blutungsprophylaxe durch Anlage einer Druckmanschette. Nach Ausstreichen der Extremität kann distal unter Blutleere operiert werden (Cave: beachte maximale Kompressionsdauer von 2 Stunden)

3.3.3 Nahttechnik

Eine Naht dient der anatomischen Adaptation der Strukturen. Jede Naht bedingt, besonders bei starkem Zug, auch eine lokale Ischämie und kann somit zu Gewebsnekrosen führen. Im folgenden werden zur entsprechenden Lokalisation einige gebräuchliche Nahttechniken aufgelistet.

Haut:

- Einzelknopfnaht
- Rückstichnaht nach Allgöwer oder Donati
- fortlaufende Rückstichnaht
- fortlaufende Kürschner-Naht
- fortlaufende Intrakutannaht nach Halsted
- Klammernaht nach Michel

Faszien/Sehnen:

- Einzelknopfnaht
- fortlaufende Naht
- Schnürsenkelnaht nach Bunnell

Darm:

- seromuskuläre Einzelknopfnaht
- allschichtige Einzelknopfnaht
- zweireihige Naht (Mukosa-Submukosa und Seromuscularis)
- Allschichtennaht mit zusätzlicher Naht seromuskulär invertierend

Gefäße:

- evertierende Einzelknopfnaht
- evertierende fortlaufende Naht

3.3.4 Knoten

Unterschieden werden der sog. **falsche (Weiber-)** Knoten, der **Schiffer- (Weber-)** Knoten und der **chirurgische** Knoten. Dabei dient der jeweils erste der Fixation an der zu knüpfenden Stelle, der gegenläufige zweite und weitere der Fixation des ersten Knotens. Als ungefähre Regel zur Anzahl der Knoten kann angenommen werden: Fadenstärke + 1 (z.B. bei 4/0-Fadenstärke fünf Knoten).

> **Merke:** *Gerade beim Knoten gilt: es ist noch kein Meister vom Himmel gefallen und auch ein Profi hat mal klein angefangen.*

3.3.5 Klammer- und Fadenentfernung

In der Regel können Klammern oder Fäden zur Hautnaht nach 10-14 Tagen entfernt werden. Bei Nähten an Hals, Gesicht, Handrücken, Fingern und bei Kindern dürfen die Fäden bereits ab dem 5.-7. Tag, bei Nähten an Hohlhand, Fußsohle oder über Gelenkstreckseiten erst nach 14-21 Tagen entfernt werden.

3.3.6 Punktion

Punktionen dienen therapeutischen (z.B. Pneumothorax) oder diagnostischen (z.B. Gewebszytologie) Zwecken. Jede Punktion gilt als invasiver Eingriff und muss stets unter sterilen Bedingungen durchgeführt werden.

- **Pleurapunktion:** 5.-7. ICR vordere Axillarlinie (Bülau-Drainage, →**30**) oder 2. ICR medioklavikulär (Monaldi-Drainage) beim Pneumothorax (→**104**); 5.-7. ICR vordere Axillarlinie bei Erguss (mit Wasserschloss). Jeweils am Oberrand der Rippe zur Schonung des am Unterrand verlaufenden Gefäß-Nervenbündels

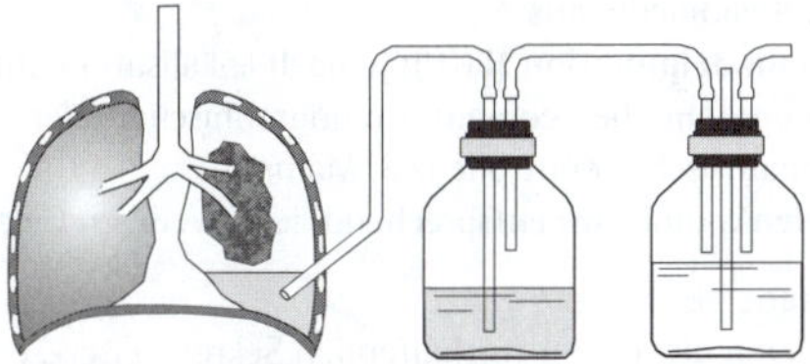

Bülau-Drainage bei Pneumothorax

- **Perikardpunktion:** epigastrischer Zugang parallel der Medianlinie links zwischen Xiphoid und Rippenbogen nach kranial oder links medioklavikulär 4./5. ICR
- **Intrakardiale Punktion:** links parasternal 2.-4. ICR
- **Aszitespunktion:** am Übergang vom mittleren zum lateralen Drittel auf einer Linie zwischen Nabel und linker Spina iliaca anterior superior
- **Harnblasenpunktion:** 2 Querfinger kranial der Symphyse in der Medianebene bei voller Harnblase

- **Lumbalpunktion:** Zwischenwirbelraum L3/4, orientierend liegt der Schnittpunkt zwischen Medianebene und Verbindung der beiden kranialsten Punkte der Beckenkämme in Höhe von L4 bzw. dessen Processus spinosus
- **Subokzipitalpunktion:** zwischen Protuberantia occipitalis externa und Dornfortsatz C2 in der Medianebene durch die Membrana atlantooccipitalis posterior in die Cisterna cerebellomedullaris
- **Feinnadelpunktion (FNP):** je nach Lokalisation unter sonographischer, computertomographischer oder palpatorischer Kontrolle (z.B. Mamma)
- **Gelenkpunktion:** entsprechend der jeweiligen Gelenkzugänge

3.3.7 Drainage

Drainagen dienen der fortlaufenden Sekret-, Eiter-, Blut- oder auch Luftableitung. Auch Spülungen sind bei entsprechender Lage und Drainage möglich.

- **Thoraxdrainage:** meist als Bülau-Drainage im Rahmen der Pneumothoraxtherapie eingelegt in den Pleuraspalt durch den 5.-7. ICR in der vorderen Axillarlinie mit Wasserschloss und ggf. 10-20 cm Wassersäule Sog (→**29**)
- **Peritoneallavage:** zum Nachweis intraperitonealer Blutungen oder zur postoperativen Entlastung über Stichinzision zwei Querfinger unterhalb des Nabels in der Medianebene
- **Liquordrainage:** Liquorableitung aus den inneren oder äußeren Liquorräumen bei Hydrozephalus (→**79**), auch als ventrikuloperitonealer Shunt
- **Wunddrainage:** meist durch subkutane Redon-Drainage mit perforiertem Kunststoffschlauch, der durch Anlage eines Vakuums Sekret und Blut kontinuierlich absaugt

3.4 Organtransplantation

3.4.1 Definitionen

Die **Transplantation** ist definiert als operative Verpflanzung von Gewebe. Unterschieden werden je nach Spender-Empfänger-Verhältnis **autologe, isogene, allogene, xenogene** und **alloplastische** Transplantationen (→**24**). Bei einer **substitutiven** Transplantation wird das eigene Organ vollständig ersetzt (z.B. Herztransplantation), bei der **auxiliären** Transplantation unterstützt das Spenderorgan das verbleibende eigene Organ (z.B. Lebertransplantation). Je nach topographischer Lokalisation des implantierten Organs werden **orthotope** (Spenderorgan wird an die Stelle des entfernten eigenen Organs implantiert, z.B. Herz) und **heterotope** (Spenderorgan liegt an atypischer anatomischer Position, z.B. Niere) Transplantationen differenziert.

3.4.2 Voraussetzungen

Erlaubt sind nach dem Transplantationsgesetz die Leichenspende mit Organentnahme verstorbener Spender und die Lebendspende. Voraussetzung für die Organentnahme von Verstorbenen ist der Hirntod als „endgültiger, nicht behebbarer Ausfall der Gesamtfunktion des Großhirns, des Kleinhirns und des Hirnstamms". Eine Einwilligung des Spenders, der Angehörigen, ein funktionierender Kreislauf mit funktionstüchtigen Organen und die Histokompatibilität (ABO, HLA-A/B/DR, Kreuzprobe) gelten als weitere Voraussetzungen.

3.4.3 Organkonservierung

Die zu transplantierenden Organe werden nach einer raschen Abkühlung (Flush) auf + 4° Celsius durch vorgekühlte Perfusionslösungen entnommen. Zur Zeit ersetzen die University of Wisconsin-Lösung und die HKT-Lösung nach Brettschneider die lange gebräuchliche Euro-Collins-Lösung. Der Transport erfolgt auf Eis konserviert. Dabei sind die tolerablen Kälteischämiezeiten der einzelnen Organe zu beachten (Herz 4 Std., Pankreas 12 Std., Leber 14 Std., Nieren über 24 Std.).

3.4.4 Organverteilung

Die Organverteilung erfolgt für die Bundesrepublik Deutschland, Österreich und die Beneluxländer zentral über Eurotransplant in Leiden (Niederlande).

3.4.5 Abstossungsreaktion

Grundsätzlich können bei der Transplantatabstossungsreaktion drei verschiedene Typen unterschieden werden:

- **hyperakute:** durch humorale Immunabwehr mit präformierten Antikörpern aus dem ABO-System oder Antikörper gegen HLA-Antigene. Diese Reaktion sollte präoperativ durch Inkubation von Spenderlymphozyten mit Empfängerserum (Cross-match) ausgeschlossen werden
- **akute:** entsteht als zelluläre Immunreaktion auf HLA-Antigene des Transplantats mit interstitieller lymphozytärer Infiltration, sie kann auch als humorale Reaktion mit Betonung vaskulärer Prozesse auftreten
- **chronische:** diese wichtigste Form des Transplantatverlustes ist ursächlich nicht eindeutig geklärt. Neben primären Schäden während der Ischämie und Reperfusion werden auch immunologische Schädigungen mit konsekutiven Organstörungen verantwortlich gemacht.

Zeichen der Transplantatabstossung sind Organvergrößerung, Fieber, bei Nierentransplantaten auch Hypertonie, Abnahme der Urinmenge, Gewichtszunahme. Zur prophylaktischen

Immunsuppression und Therapie der differenten Abstossungsreaktionen
werden Kortikosteroide, Azathioprin, Mykophenolsäure, Cyclosporin A, Tacrolimus, Anti-T-Lymphozytenglobulin, Anti-CD-3-Antikörper, Rapamycin und die Plasmapherese eingesetzt.

4 Pathophysiologie, Vor-/Nachbehandlung bei operativen Eingriffen

4.1 Risikofaktoren, Voruntersuchungen, Thromboembolieprophylaxe

4.1.1 Risikofaktoren

Bestimmende Faktoren für das **Narkose-** und **Operationsrisiko** sind Alter, kardiovaskuläre Erkrankungen, pulmonale Erkrankungen, Störungen der Nieren- und Leberfunktion, Säure-Base-, Wasser- und Elektrolythaushaltsstörungen, Immunsuppression, Infektionen, Ernährungszustand, Antikoagulation (ASS 5-10 Tage präoperativ absetzen) und hämatologische Erkrankungen. Bei entsprechenden therapeutischen Möglichkeiten im Rahmen elektiver Eingriffe sollten durch konsequente Vorbehandlung entsprechende Risiken minimiert werden.

4.1.2 Voruntersuchungen

Als fakultatives Standardprogramm präoperativer Diagnostik vor elektiven Eingriffen kann z.B. gelten:

- **Anamnese:** aktuelle Beschwerdesymptomatik und Vorgeschichte, Medikamentenanamnese, gezieltes Befragen nach Risikofaktoren (s.o.)
- **körperliche Untersuchung:** mit Inspektion, Palpation, Auskultation, Perkussion zur Beurteilung von Vitalfunktionen, Allgemein- und Ernährungszustand, sichtbarer und/oder tastbarer Krankheitszeichen
- **technische Untersuchung:** EKG (ab 40. Lj.), Röntgen-Thorax (ab 60. Lj.), Labor mit kleinem Blutbild, Hämatokrit, Quick, PTT,

Na^+, K^+, BZ, Harnstoff, Kreatinin, Gesamteiweiß, GOT, GPT, CK und Blutgruppe

4.1.3 Thromboembolieprophylaxe

Zur Thromboembolieprophylaxe stehen sowohl physikalische als auch medikamentöse Maßnahmen zur Verfügung:

- **physikalisch:** Frühmobilisation, Physiotherapie, Thrombosestrümpfe, Kompressionsverbände
- **medikamentös:** Low-dose-Heparinisierung (AT-III-Aktivierung, z.B. 2-3 x 5.000-7.500 IE/d, auch 1 x tgl. mit niedermolekularen Heparinen), Marcumarisierung (Hemmung der γ-Carboxylierung der Gerinnungsfaktoren II, VII, IX und X durch Vitamin-K-Antagonismus, wegen relativ schlechter Steuerbarkeit in der perioperativen Phase Umstellung auf Heparin)

4.2 Postaggressionssyndrom

Das **Postaggressionssyndrom** oder die **postoperative Krankheit** wird durch schwere Traumata und/oder chirurgische Interventionen ausgelöst und kann, als Abgrenzung zu den spezifischen postoperativen Komplikationen, auch bei einem unkomplizierten postoperativen Verlauf auftreten. Durch die zu verarbeitende Stresssituation (OP) kommt es im Organismus zu Veränderungen im Wasser-, Elektrolyt- und Säure-Base-Haushalt sowie im Stoffwechselgeschehen. Ablauf und Ausprägung des Postaggressionssyndroms sind abhängig von der individuellen Disposition (Vorerkrankungen, Alter, psychischer Zustand) sowie Schwere und Ausmaß der chirurgischen Intervention.

- **Herz-Kreislauf:** durch sympathoadrenerge Stimulation steigen Herzfrequenz, Herzminutenvolumen, systolischer Blutdruck und peripherer Widerstand
- **Stoffwechsel:** durch erhöhten Hormonspiegel von Katecholaminen, STH, ACTH, Glukagon, Steroiden und Schilddrüsenhormonen resultiert eine katabole Stoffwechsellage mit negativer Stickstoffbilanz, Lipolyse, Proteinolyse und Anstieg freier Fettsäuren. Trotz hohem Insulinspiegel zeigen sich durch Kohlenhydratverwertungsstörungen bei peripherer Insulinresistenz hohe Blutzuckerwerte. Erhöhte Adiuretin- und Aldosteron-Serumkonzentrationen bedingen eine Wasser- und Natriumretention mit Kaliumverlust und Oligurie
- **Infektabwehr:** eingeschränkte Immunabwehr durch Operationstrauma, Narkose, postoperative Mangelernährung und Katabolie

Therapiert werden die einzelnen Ausprägungen des Postaggressionssyndroms symptomatisch: Kaliumgabe bei Hypokalämie, Insulin bei Hyperglykämie etc.

Nach **Moore** können vier verschiedene klinische Phasen der posttraumatischen Reaktion differenziert werden:

- **Verletzungsphase:** in den ersten 2-3 Tagen bestimmen hormonale Veränderungen (s.o.) das Bild; der Allgemeinzustand ist reduziert und es zeigen sich Müdigkeit, Abgeschlagenheit und depressive Verstimmung
- **Wendepunkt:** diese, ebenfalls 2-3 Tage andauernde Situation ist gekennzeichnet durch Rückgang der endokrinen „Entgleisungen"
- **Anabole Phase:** bei weiterhin eingeschränkter Leistungsfähigkeit kommt es in den folgenden 2-5 Wochen bei

positiver Stickstoffbilanz zum Eiweiß- und Muskelmassenersatz, die endokrine Stoffwechsellage erreicht den Normalzustand
- **Gewichtszunahme:** über Wochen bis Monaten wird die Rekonvaleszenz abgeschlossen, der Allgemein- und Ernährungszustand normalisiert sich

4.3 Fettemboliesyndrom

Mikrozirkulationsstörung, bevorzugt im zentralnervösen und pulmonalen Bereich, hervorgerufen durch Gerinnungsstörungen infolge Ausschwemmung von Fetttröpfchen aus dem Knochenmark; meist im Rahmen von Knochenfrakturen.
Klinik: Mikrozirkulationsstörung, Azidose, Gerinnungsstörungen, Dyspnoe, Tachykardie, Unruhe, Beklemmungsgefühl, Zyanose, Husten, Verwirrtheit, Somnolenz, Sehstörungen
Diagnostik: Röntgen-Thorax (diffus kleinfleckige Verschattungen), EKG (Rechtsherzbelastung), erhöhter ZVD, petechiale Blutungen
Therapie: Schockprophylaxe, Frakturimmobilisierung, Dextraninfusion (Hemmung der Plättchenaggregation)

5 Wundheilung, Wundheilungsstörungen

5.1 Wundformen

Wunde = Unterbrechung des Zusammenhangs von Körpergeweben mit oder ohne Substanzverlust, verursacht durch mechanische Verletzung oder physikalisch bedingte Zellschädigung.

offen mechanisch (Vulnus):

- Schnittwunde (je nach Verlauf zu den Hautlinien klaffend oder adaptiert, Sonderform: Operationswunde)
- Stichwunde (Sonderform: Pfählungsverletzung)
- risswunde
- Platzwunde
- Schürfwunde (Exkoriation)
- Décollement (Ablederung, Sonderform: Skalpierung)
- Bisswunde
- Schusswunde
- traumatische Amputation

geschlossen mechanisch (Laesio):

- Contusio (Prellung)
- Compressio (Quetschung)
- Distorsion

thermisch:

- Verbrennung (→**274**)
- Erfrierung (→**276**)

chemisch:

- Säuren (Koagulationsnekrose)
- Laugen (Kolliquationsnekrose, durch Tiefenerweichung gefährlicher als Säureverätzung)

aktinisch: durch ionisierende Strahlen, Röntgen-, Strahlentherapie

5.2 Wundheilung

5.2.1 Strukturelle und funktionelle Grundlagen

Der Ablauf der Wundheilung wird unterteilt in:

- **Exsudationsphase (1.–3. Tag):** provisorischer Wundverschluss durch Thrombozyten, Koagel und Fibrinverklebung, Monozyten wandeln sich in Gewebsmakrophagen, Leukozyten- und Makrophagenimmigration, durch Freisetzung inflammatorischer Substanzen (Serotonin, Prostaglandine) Ödembildung und Hyperämie der Wundränder
- **Proliferationsphase (5.–14. Tag):** Bildung von Granulationsgewebe durch ortsständige Fibroblasten und Kapillarendotheleinsprossung
- **Reparative Phase (ab 15. Tag):** durch Kollagensynthese Umwandlung des kapillar- und zellreichen Granulationsgewebes in zellarmes, faserreiches Narbengewebe, Migration umgebener Epithelzellen

Diese Stadien gelten prinzipiell für die **primäre Wundheilung** (Heilung ohne wesentliche bindegewebige Reaktion. Merke: die Bildung von Eiter aus Gewebstrümmern und Leukos gehört nicht zur primären Wundheilung), bei der die Wundränder eng anliegen und reizlos miteinander verheilen können (z.B. Schnittwunde).

Eine **sekundäre Wundheilung** (nach IMPP z.B. Heilung mit starker bindegewebiger Vernarbung) erfolgt bei weit klaffenden Wunden mit größeren Substanzdefekten (z.B. Hundebisswunde).

5.2.2 Wundheilungsstörungen

Wundheilungsstörungen können allgemeine oder lokale Ursachen haben.

- **allgemeine Ursachen:** mangelndes Substratangebot (z.B. hohes Lebensalter, konsumierende Zweiterkrankung, Eiweißmangel, Diabetes mellitus, Vitaminmangel), inadäquate Blutzusammensetzung (z.B. leukämische oder medikamentöse Knochenmarksdepression), Antikoagulation, reduzierte Perfusion (z.B. generalisierte Arteriosklerose bei Diabetes, Hypertonie), Medikamente (z.B. hochdosierte Steroidtherapie hemmt Fibroblastenaktivität)
- **lokale Ursachen:** große Wunden mit zerstörten Wundrändern, Infektion, Fremdmaterial, Nekrosen und Hohlräume

Neben einer allgemeinen verzögerten Wundheilung können aus obigen Ursachen spezielle Heilungsstörungen resultieren:

- **Dehiszenz:** Wundruptur einer primär chirurgisch verschlossenen Wunde durch technische Fehler, aseptische oder infektiöse Ursachen
- **Infektion:** meist bakteriell mit Rubor, Calor, Tumor, Dolor und Functio laesa (klassische Entzündungszeichen), kann Abszesse, Phlegmonen und Lymphangitiden verursachen
- **Caro luxurians (wildes Fleisch):** meist anlagebedingte überschießende Granulationsgewebsbildung
- **Keloid:** hypertrophische Narbenbildung, überschießende posttraumatische Bindegewebsproliferation
- **Fremdkörpergranulom:** lokale Gewebsreaktion auf Fremdkörper (z.B. Fäden) mit Gefahr der Abszess- und Fistelbildung
- **Serom:** Bildung eines Flüssigkeitshohlraums, Infektionsgefahr

5.3 Wundbehandlung

- **operative Primärnaht:** innerhalb von 6 Std. mit Wundtoilette (Desinfektion, Débridement nach Friedrich) und Primärnaht bei gut durchbluteten, sauberen Wunden (z.B. Kopfplatzwunden, Stichwunden)
- **operative, verzögerte Primärnaht:** indiziert für gut heilende Wunden bei primär offener Behandlung im Stadium der Proliferation (5.-14. Tag)
- **konservative offene Wundbehandlung (sekundäre Wundheilung):** durch Débridement und Verband, indiziert bei verschmutzten, infizierten, fremdkörperhaltigen Wunden, jeglichen Bissverletzungen und älteren Wunden

Merke: *Die Zeit heilt alle Wunden, auch die offenen mit sekundärer Wundheilung!*

5.4 Tetanus- und Gasbrandprophylaxe

Die Tetanus- und Gasbrandprophylaxe sind in der chirurgischen Wundversorgung von besonderer Bedeutung.

5.4.1 Tetanusprophylaxe

Die Grundimmunisierung erfolgt durch dreimalige Injektion von Tetanustoxoid (Tetanol) im Abstand von 2-6 Wochen und 6-12 Monaten nach Erstimpfung. Nach erfolgter Grundimmunisierung sollten Auffrischungen alle 10 Jahre erfolgen. Die Tetanusprophylaxe im Rahmen der Wundversorgung ist möglich durch aktive Immunisierung mit Tetanustoxoid (Tetanol) und passive Immunisierung mit Tetanushyperimmunglobulin (Tetagam).

Folgende Tabelle gibt eine Übersicht über das indizierte Verfahren je nach Wundtyp und Impfschutz.

Impfschutz bzw. letzte Impfung	saubere Wunde	verschmutzte Wunde
keine Impfung	einmalig Simultanimpfung (Tetanol + Tetagam) und Vervollständigung der Grundimmunisierung (Tetanol nach 2-6 Wo. und 6-12 Mo.)	
< 5 Jahre	keine	einmalig Tetanol
5-10 Jahre	einmalig Tetanol	einmalig Simultanimpfung (Tetanol + Tetagam)
> 10 Jahre	einmalig Simultanimpfung (Tetanol + Tetagam)	einmalig Simultanimpfung (Tetanol + Tetagam)

5.4.2 Gasbrandprophylaxe

Verhinderung der Absiedlung der anaeroben Clostridien (Clostridium perfringens) durch ausreichende Spülung, Débridement, Nekrosektomie und Drainage sind die besten Maßnahmen zur Gasbrandprophylaxe. Bei verdächtigen Wunden immer offene Wundbehandlung durchführen. Eine spezifische medikamentöse Prophylaxe (Immunisierung) existiert nicht.

☺ **Zeit für einen Kaffee...** ☺

6 Chirurgische Infektionslehre

6.1 Allgemeine Infektionslehre

Der Organismus verfügt über **unspezifische** (Säureschutzmantel, physiologische Bakterienflora, Magensaft ...) und **spezifische** (humorale, zelluläre) **Abwehrmechanismen**.

Kommt es dennoch zu einer **lokalen Infektion**, zeigen sich die klassischen Kardinalsymptome der Entzündung nach Celsus: **Rubor** (Rötung), **Calor** (Temperaturerhöhung), **Dolor** (Schmerz), **Tumor** (Schwellung) und **Functio laesa** (Funktionsstörung).

Systemische Infektionen (**Bakteriämie**) führen zur Reaktion des Organismus (**Sepsis**, mit Fieber, Abgeschlagenheit, Leukozytose, BSG-Steigerung) bis hin zum **septischen Schock** (→**57**). Dieser ist in der ersten, **hyperdynamen Phase** gekennzeichnet durch sympathoadrenerge Gegensteuerung auf freigesetzte Vasodilatatoren und führt zur Steigerung von Herzindex, Herzfrequenz und Herzminutenvolumen. Mit der folgenden **hypodynamen Phase** tritt infolge irreversibler peripherer Dilatation mit Abfall des Herzminutenvolumens das Schockgeschehen ein.

6.2 Meldepflicht nach BSeuchG

- **bei Verdacht, Erkrankung und Tod:** Botulismus, Cholera, Enteritis infectiosa, Fleckfieber, Lepra, Milzbrand, Ornithose, Paratyphus, Pest, Pocken, Poliomyelitis, Rückfallfieber, Shigellenruhr, Tollwut, Tularämie, Typhus abdominalis, virales hämorrhagisches Fieber

- **bei Krankheit und Tod:** konnatale Erkrankungen (ZMV, Listeriose, Lues, Toxoplasmose, Röteln), Brucellose, Diphtherie, Gelbfieber, Leptospirose, Malaria, Meningitis/Enzephalitis, Q-Fieber, Rotz (= Maliasmus; Err.: Pseudomonas mallei), Trachom, Trichinose, aktive Tuberkulose, Virushepatitis, Wundinfektionen (anaerobe durch Tetanus, Gasbrand)
- **bei Tod:** Influenza, Keuchhusten, Masern, Puerperalsepsis, Scharlach
- **Ausscheider von:** Choleravibrionen, Salmonellen, Shigellen
- **Verletzung/Kontakt mit:** tollwutkrankem oder tollwutverdächtigem Tier
- **Nosokomialinfektionen:** sofern sie „nicht nur vereinzelt" auftreten

6.3 Putride Infektionen

Meist Mischinfektion grampositiver und gramnegativer Keime (z.B. Enterokokken, Pseudomonaden, Actinomyces, Clostridien)
Klinik: dunkle, trockene Nekrose ohne wesentliche Umgebungsreaktion, je nach Erreger Gasbildung, übler Geruch
Diagnose: Klinik, Erregernachweis (Abstrich)
Therapie: Eröffnung, Nekrosektomie, offene Wundbehandlung, Antibiose

6.4 Gasbrand

Infektion durch obligat anaerobes, sporenbildendes Clostridium perfringens mit Exotoxinbildung, v.a. in Wunden mit anaerobem Milieu, nekrotischer Muskulatur und hochgradiger Verschmutzung (meist keine Bagatellverletzungen). Unbehandelt in wenigen Tagen letal.

Klinik: führt allgemein zu raschem körperlichen Verfall mit Tachykardie, Hyperthermie, evtl. Delir, Anämie und Ikterus, lokal zu ödematöser, schmerzhafter, übelriechender Wunde mit grün-bräunlichem Kolorit, z.T. palpables Gasknistern
Diagnose: Klinik und Verlauf (kurze Inkubationszeit von ca. 48 Std.), Muskelfiederung im Röntgenbild, Knistern der Haut
Therapie: Wunderöffnung, Nekrosektomie, offene Wundbehandlung, Antibiose (Penicillin), hyperbare Oxygenation (sofort postoperativ, da Cl. perfringens Anaerobier!), evtl. Antitoxingabe

6.5 Tetanus

Infektion durch grampositives, anaerobes, sporenbildendes, ubiquitäres Clostridium tetani mit Exotoxinbildung (Tetanolysin, Tetanospasmin = Neurotoxin). Besonders gefährlich sind Holzsplitterverletzungen. Die Krampfinduktion erfolgt durch Tetanospasmin, welches nach zentripetaler Wanderung über motorische Vorderhornzellen inhibitorische Synapsen im Rückenmark hemmt
Klinik: nach einer Inkubationszeit von 4-21 Tagen mit uncharakteristischen Prodromi (Schluckstörungen, Schweißneigung, Lichtscheu, muskuläre Übererregbarkeit, Kopf- und Rückenschmerzen),.folgt die spezielle klinische Symptomatik mit typischer Trias aus **Trismus** (Kiefersperre), **Risus sardonicus** (Gesichtsmuskelstarre) und **Opisthotonus** (Krämpfe der dorsalen Rückenmuskulatur), die neben generalisierten tonischen Krampfanfällen und Asphyxie durch Befall der Zwerchfell- und Atemmuskulatur zum Tode führen kann.
Diagnostik: Klinik, EMG (ständige Aktivitätspotentiale), evtl. Tierversuch (nicht mit der Therapie abwarten!)

Therapie: Wundrevision, Antibiose (Penicillin), Sedation (Diazepam), Toxinneutralisation (Tetanushyperimmunglobulin), evtl. Relaxation (Curare) und Beatmung

> **Merke:** *Prophylaxe (Impfung) ist die beste Therapie, die Prognose ist abhängig von Patientenalter, Inkubationszeit, Körpertemperatur und Schwere der Krämpfe. Die Letalität des manifesten Tetanus liegt bei 50%.*

6.6 Aktinomykose

Meist **zervikofaziale** chronische infiltrierende Infektion mit grampositiven, anaeroben, ubiquitären Actinomyces israelii (trotz des Namens ein Bakterium), nach Zahnextraktion oder Mundmukosaverletzung (findet sich oft im oberen Verdauungstrakt); seltener **abdominal** (iliozökal nach Appendektomie) oder **thorakal** (Aspiration)
Klinik: brettharte Schwellung, bläulich-livide Haut, grün-gelbe Schwefelkörner (**Drusen**), evtl. Fisteln, Abszesse
Diagnose: Klinik, Erregernachweis
Therapie: Antibiose (Penicillin über 4-6Wo.), evtl. Abszessdrainage, Fistelspaltung

6.7 Tuberkulose

Chirurgisch bedeutsam ist besonders die osteogene Sekundärinfektion nach pulmonalem Primärherd durch hämatogene Aussaat von Mycobacterium tuberculosis
Klinik: unspezifische Allgemeinsymptome; im Rahmen der Spondylitis tuberculosa typisch, aber selten, ist die **Pott-Trias** mit Abszess, Gibbus und Lähmung bei Wirbelsäulenbefall (meist BWS/LWS), dazu Rückenschmerzen; als **Spina ventosa** (spindelförmige

Diaphysenkortikalisauftreibung) bei Befall der Finger-/Zehenglieder
Diagnostik: Bandscheibenverschmälerung, Aufhellung mit Verdichtungsherden, Wirbelsäulenbegleitschatten (paravertebraler Abszess, Senkungsabszess)
Therapie: Tuberkulostatikakombinationen, chirurgische Herdsanierung bei Abszessbildung oder neurologischen Ausfällen

6.8 Milzbrand

Infektion durch grampositives, aerobes, sporenbildendes Bacillus anthracis aus Nutztierreservoir; je nach Eintrittsort werden Haut-, Lungen- und Darmmilzbrand unterschieden.
Klinik: bei kutaner Infektion durch Toxin hämorrhagisch-ödematöse Läsion, erst blau-schwarze Pustel mit rotem Saum (Pustula maligna), dann schmerzloses Ulkus mit kohlschwarzem Grund, später systemisch Fieber, Herzinsuffizienz und Kräfteverfall
Diagnostik: Klinik, Bläscheninhalt
Therapie: Antibiose (Gyrasehemmer Ciprofloxacin), Ruhigstellung, chirurgische Intervention ist kontraindiziert

6.9 Wunddiphtherie

Seltene, unter schlechten hygienischen Verhältnissen vorkommende Wundinfektion mit Corynebacterium diphtheriae
Klinik: beginnend mit Pustel, dann ausgestanztes Ulkus mit Pseudomembranen auf dem Ulkusgrund
Diagnostik: Klinik
Therapie: Antibiose (Penicillin), Antitoxin (vom Pferd, Cave: anaphylaktische Reaktionen)

6.10 Botulismus

Seltene Nahrungsmittelvergiftung mit Neurotoxinen von anaeroben, gas-/sporenbildenden, hitzresistenten Clostridium botulinum. Toxin hemmt peripher irreversibel ACH-Freisetzung. Als Nahrungsmittel-, Säuglings- oder Wundbotulismus.
Klinik: meist erst Übelkeit, Erbrechen, später Doppelbilder, Ptosis, Dysphagie, Dysarthrie (Hirnnerven!), dazu Mundtrockenheit, Obstipation, Harnverhalt, kaudal absteigende Paresen, Tod durch Atemlähmung, **keine** sensiblen Störungen oder Bewusstseinsveränderungen
Diagnostik: Klinik, ggf. Erregeranzucht bei Wundbotulismus
Therapie: Antitoxin, symptomatisch mit Beatmung, chirurgische Wundsanierung

Merke: *Vorsicht bei geblähten (bombierten) Konservendosen, Letalität unbehandelt bis 70%, Toxin kann auch therapeutisch (lokal) zur Therapie von Muskelspasmen eingesetzt*

6.11 Sonstige bakterielle Infektionen

6.11.1 Abszess

Lokale, eitrige, membranös umschlossene Gewebseinschmelzung, meist durch Staphylokokken, führt zu lokalen Entzündungssymptomen. **Therapie** durch Inzision und Drainage bzw. vollständige Exzision (ubi pus, ibi evacua). Selten Antibiose erforderlich.

Sonderformen:

- **Furunkel/Karbunkel:** als abszedierende Entzündung (Follikulitis) einer oder konfluierend mehrerer Haarfollikel,

meist durch Staphylococcus aureus; typisch als Nackenkarbunkel bei Diabetikern (Immunschwäche).
Merke: bei Lokalisation im Gesichtsbereich keine Inzision, kein Ausdrücken (auch wenn es schwerfällt), da Gefahr der Entstehung einer fortgeleiteten Sinusthrombose

- **Leberabszess**: primär lokalisiert oder sekundär durch hämatogene, pyelophlebitische oder cholangitische Fortleitung eines primären Entzündungsherdes (→**241**)
- **Perianalabszess**: Infektion der rudimentären Duftdrüsen auf Höhe der Linea dentata mit Fistelbildung und Abszedierung, therapiert primär durch Fistelspaltung, sekundär evtl. Fistelexzision
- **Pilonidalabszess** (Jeeps disease): durch umgekehrt eingewachsenes Haar der hinteren Schweißrinne erzeugte Gewebseinschmelzung unter der Sakralfaszie, bevorzugt bei vermehrtem Haarwuchs und sitzenden Tätigkeiten
- **Schweißdrüsenabszess** (Hidradenitis suppurativa): meist axillär lokalisierte Abszedierung des Drüsenendstücks apokriner Schweißdrüsen
- **Brodie-Abszess**: aus Granulationsgewebe und Eiter bestehender, durch einen Sklerosierungssaum von der Umgebung abgegrenzter Knochenherd

6.11.2 Empyem

Meist durch Staphylokokken oder Streptokokken ausgelöste Eiteransammlung in einer anatomisch präformierten Höhle (z.B. Knie, Pleura). Therapeutisch Drainage, Entlastung, Antibiose.

6.11.3 Phlegmone

Durch interzellularsubstanzspaltende Enzyme ausgelöste interstitiell bindegewebig sich ausbreitende, diffuse, flächenhafte

Entzündung von Organen und Geweben, z.B. durch Streptokokken, Pseudomonaden oder Clostridien verursacht. Im Bereich der Hand oft als V- (Digitus 1+5) oder W-Phlegmone (Digitus 2-4) durch Kommunikation der Sehnenscheiden. Therapie durch Nekrosektomie und Débridement. Hochdosiert Antibiotika.

6.11.4 Erysipel (Wundrose)

Phlegmonöse Entzündung der Haut, meist durch hämolysierende Streptokokken durch oberflächliche Verletzungen. Führt zu typischer flächenhafter Rötung mit zungenförmigen Ausläufern, dazu Allgemeinsymptome (Fieber, Schüttelfrost, Leukozytose). In der Regel keine Beteiligung der Faszien. Adäquate Therapie durch Ruhigstellung, Kühlung, Antibiose (Penicillin). Chirurgische Intervention bei Gangränentwicklung erforderlich. Rezidivneigung.

6.11.5 Fournier-Gangrän

Bei der Fournier-Gangrän handelt es sich um eine nekrotisierende, oft relativ schmerzlose Entzündung mit grau-grüner bis schwärzlicher Verfärbung des Gewebes. Es stellt eine Sonderform der Fasciitis nodularis dar und entsteht durch Streptokokkeninfekte oder auch als Mischinfektion. Die Fournier-Gangrän entsteht typischerweise durch Fortleitung einer perianalen Infektion in den Skrotalbereich. Der Hoden wird dabei von der Infektion nicht erfasst. Eine Komplikation mit hoher Letalität (19-45%) ist die Ausbildung eines septisch-toxischen Schocks. Die Therapie besteht in einer kompletten Resektion aller betroffenen Hautareale und hochdosierter Antibiotikatherapie.

6.11.6 Erysipeloid (Schweinerotlauf)

Infektion der Hand durch Erysipelothrix rhusiopathiae. Betroffen sind v.a. Metzger und Tierhalter/-pfleger. Nach 1-5 Tagen

Inkubationszeit entsteht eine rötlich-blaue, scharf begrenzte schmerzhafte Schwellung im Handbereich ohne Allgemeinsymptomatik. Therapie durch offene Wundbehandlung, Antibiose (Penicillin), Ruhigstellung.

6.11.7 Panaritium

Entzündung der Finger mit Schmerz, Schwellung und kolbiger Auftreibung. Nach Lokalisation unterteilt in: P. cutaneum, subcutaneum, articulare, ossale, tendinosum oder subunguale. Als **Kragenknopfpanaritium** Kombination aus P. cutaneum und P. subcutaneum, die untereinander verbunden sind. Indiziert sind Inzision, Ausräumung, Drainage, Ruhigstellung (Böhlerschiene) und evtl. Antibiose.

6.11.8 Paronychie

Nagelwall- und -wurzelinfektion mit lokalen Entzündungszeichen. Je nach Stadium konservativ (Kühlung, Ruhigstellung) oder operativ (Inzision, Böhler-Schiene) therapiert.

6.11.9 Hygrom

Flüssigkeitsgefüllte Exsudationszyste als Folge einer chronischen Schleimbeutel- oder Sehnenscheidenentzündung.

6.11.10 Unguis incarnatus

eingewachsener Nagel, meist Großzeh, durch zu kurz zurückgeschnittene Nägel. Je nach Stadium Versuch der Unerfütterung und Anhebung des Nagels, operativ durch Emmert-Plastik (Keilexzision des betroffenen Nageldrittels unter Entfernung des dazugehörigen Nagelbettes), Rezidivgefahr

6.12 Tollwut (Rabies, Lyssa)

Infektion durch neurotrope Rhabdoviren, übertragen durch den Speichel tollwütiger Tiere (v.a. Hund, auch andere Wild- und Haustiere). Ausbreitung des Virus entlang peripherer Nervenbahnen Richtung Rückenmark und Vermehrung als Negri-Körperchen in den Ganglienzellen. Danach zentrifugale Ausbreitung wiederum entlang von Nervenbahnen.
Inkubationszeit 3-12 Wochen.
Klinik: im **Prodromalstadium** leichte Temperatursteigerung, Depressionen, Ängste und Kopfschmerzen, das **Erregungsstadium** folgt mit Schlingbeschwerden, Atemstörungen, Erregbarkeit bis hin zu Wutanfällen, Schlundmuskelkrämpfen (Hydrophobie, Speichelfluss) und hohem Fieber, 1-3 Tage später folgt mit progredienten sensiblen und motorischen Ausfällen das **paralytische Stadium** bis zum letalen Ausgang, dieses Stadium ist therapeutisch nicht mehr zu beeinflussen
Diagnostik: Klinik, Virusnachweis; wenn möglich, Beobachtung des tollwutverdächtigen Tieres
Therapie: frühzeitige aktive Immunisierung mit HDC-Vakzine (fünfmalig wiederholen) und einmalig passiv mit Immunglobulin

6.13 AIDS (aquired immune deficiency syndrome)

Infektion mit RNA-haltigem Retrovirus HIV Typ 1 + 2 (human immunodeficiency virus) durch ungeschützten Sexualkontakt, Übertragung von Blut- oder Blutprodukten, Organtransplantationen, intrauterin oder perinatal, Verletzungen mit infektiösem Material.
Klinik: allgemein (Fieber, Gewichtsverlust, Schwäche, Diarrhoen), neurologisch (Demenz, Myelopathie, Persönlichkeitsveränderungen, Neuropathien), dermatologisch

(orale Haarleukoplakie, ulzeröser Herpes zoster, Soor), opportunistische Infektionen (Pneumocystis carinii, Zytomegalie, Herpes simplex, Mykobakterien)
Diagnostik: T4/8 Verhältnis erniedrigt, serol. AK Nachweis
Therapie: Prävention, Nukleosidanaloga, Proteaseinhibitoren, nicht nukleosidale reverse Transkriptase Inhibitoren, Therapie opportunistischer Infektionen

Stadien	Merkmale
I	akute HIV Infektion
II	Latenzstadium (evtl. asymptomatisch)
III	Lymphadenopathie Syndrom
IV	manifestes Immunmangelsyndrom

6.14 Echinokokkose

Durch orale Aufnahme von Eiern des Hunde- (E. granulosus/ cysticus) bzw. Fuchsbandwurms (E. multilocularis/alveolaris) hervorgerufene Infektion. Nach Eiaufnahme kommt es im Darm des Menschen (Zwischenwirt) zur Larvenbildung, die über die Pfortader in die Leber gelangen und weiter über die Lunge in alle anderen Organe streuen können. Das Wachstum der Hydatide ist lokalisiert bis zu kopfgroß (E. cysticus) oder kleinblasig infiltrativ (E. alveolaris).
Klinik: bei Leberbefall meist unspezifisches Druckgefühl im Oberbauch oder Ikterus, Infektion und Durchblutungsstörungen als lokale Komplikationen
Diagnostik: Abdomenübersicht (evtl. Verkalkungen), Sono (→**240**), CT, ELISA, IFT (serologischer Antikörpernachweis)

Therapie: E.-cysticus-Hydatiden durch Zystektomie/Perizystektomie nach Installation abtötender hyperosmolarer Lösungen (NaCl, Glukose), E. alveolaris ist wegen des infiltrativen Wachstums wie ein Karzinom zu therapieren, konservativ Mebendazol

> **Merke:** *Zystenpunktion zu diagnostischen Zwecken ist wegen der Gefahr der Auslösung eines anaphylaktischen Schocks (→**57**) kontraindiziert.*

6.15 Entamoeba histolytica

Infektion mit dem fakultativ pathogenen Darmprotozoon Entamoeba histolytica. Risikofaktoren sind unhygienische Zustände und Aufenthalt in gemäßigtem Klima. Die Infektion erfolgt durch orale Aufnahme von Amöbenzysten, die sich im Dickdarmlumen zu kommensalen Trophozoiten (Minutaformen) entwickeln, durch Teilung vermehren, wiederum Zysten bilden und mit dem Stuhl ausgeschieden werden. Durch verschiedene auslösende Faktoren kann sich aus der Minutaform die invasive Magnaform bilden. Diese führt zu Zellnekrosen der Dickdarmmukosa, Ulzerationen und zum Bild der Amöbenruhr.
Klinik: nach einer variablen Inkubationszeit (wenige Tage bis Jahre) Manifestation als Darmlumeninfektion ohne Gewebsinvasion (meist asymptomatisch) oder intestinale invasive Form; meist langsamer Beginn mit Obstipation oder leichter Diarrhö (nicht eitrig, mit Blut- und Schleimbeimengungen), dazu Tenesmen, flüssig-eitrige Durchfälle; bei extraintestinalem Befall evtl. unspezifische Leberbeteiligung, Leberabszessbildung (Druckschmerz rechter Oberbauch, →**241**), Sonographie
Diagnostik: Nachweis im frischen Stuhl

Therapie: Metronidazol, Chloroquin, Dehydroemetin, evtl. Abszessdrainage

6.16 Taenia saginata/solium

Zestoden (Bandwürmer). Orale Aufnahme von Finnen in rohem Rinder- (T. saginata) oder Scheinefleisch (T. solium). Meist asymptomatisch.
Diagnostik: Proglottiden, Eier im Stuhl
Therapie: Praziquantel, Niclosamid

> **Merke:** *Zystizerkose durch Aufnahme von Larven des Schweinebandwurmes, Absiedelung in Muskulatur, Hirn, Augen*

7 Schock

Der **Schock** ist definiert als akut einsetzendes Kreislaufversagen mit konsekutiv verminderter Gewebsperfusion, Gewebshypoxie und metabolischer Azidose. Der **Schockindex (Allgöwer)** berechnet sich aus dem Quotienten aus Herzfrequenz und systolischem Blutdruck (HF/Ps, normal <1, drohend = 1, manifest >1).

Schockindex = Puls : systol. Blutdruck
Beispiel: Puls 120/min, sytol. RR 100 mmHg ⇒ Schockindex = 1,2

Allgemeine **Schockfolgen** sind die Kreislaufzentralisation mit kalter, feuchter, blass-zyanotischer Haut (warm in der hyperdynamen Initialphase des septischen Schocks), Bewusstseinsstörungen, Tachykardie, Hypotonie (kleine Druckamplitude), Dyspnoe, Hypoxämie, Oligurie und metabolischer Azidose.

7.1 Formen

7.1.1 Volumenmangelschock (hypovolämisch, hämorrhagisch)

Durch Blutungen, Verbrennungen oder forcierte Diurese ausgelöst mit Minderung des venösen Rückstroms zum Herzen. Es zeigen sich ein herabgesetztes Herzminutenvolumen, Störungen der Mikrozirkulation, Veränderungen der Blutviskosität und Verringerung der zirkulierenden Hämoglobinmenge. Die Haut ist kalt, blass und schweißig. Es kommt zur Oligurie, Hypotension mit kleiner Druckamplitude, lokaler Gewebsazidose, Tachypnoe, Tachykardie und motorischer Unruhe. Drohend ab Verlusten von

20% (ca. Schockindex = 1) des Blutvolumens. Typisch ist ein erniedrigter zentralvenöser Druck (DD: kardiogener Schock →**57**).

7.1.2 Septischer Schock

Durch systemische Infektion oder Intoxikation mit vasoaktiven Toxinen meist gramnegativer Bakterien. Gekennzeichnet in der ersten, **hyperdynamen Phase** durch sympathoadrenerge Gegensteuerung auf freigesetzte Vasodilatatoren mit Steigerung von Herzindex, Herzfrequenz, und Herzminutenvolumen. Dazu treten Fieber, eine warme und trockene Haut und eine Hyperventilation. Mit der folgenden **hypodynamen Phase** tritt infolge irreversibler peripherer Dilatation mit Abfall des Herzminutenvolumens das eigentliche Schockgeschehen ein.

7.1.3 Anaphylaktischer Schock

Freisetzung endogener vasoaktiver Mediatoren mit Dilatation von Arterien und Venen durch Antigen-Antikörper-Reaktion nach Kontakt mit Insektentoxinen, Kontrastmitteln oder durch Bluttransfusionen. Symptomatisch zeigen sich je nach Schweregrad ein lokales Erythem bis hin zu Bewusstseinsstörungen, Bronchospastik, Kreislauf- und Atemstillstand.

7.1.4 Kardiogener Schock

Störung der Herzfunktion mit akuter Insuffizienz durch kardiale (Infarkt, Kammerflimmern) oder extrakardiale (Lungenembolie) Ursachen. Typisch ist der erhöhte zentralvenöse Druck mit gestauten Halsvenen (DD: hypovolämisch-hämorrhagischer Schock →**56**).

7.2 Therapie

Lagerung (Volumenmangelschock - Beine hoch zur Autotransfusion, kardiogener Schock - Oberkörper hoch), Zugang (großlumig) zur Volumengabe (z.B. kolloidale Plasmaersatzmittel, Vorsicht beim kardiogenen Schock), Analgesie, Sauerstoffgabe (evtl. Intubation und Beatmung), Katecholamine (Adrenalin v.a. beim anaphylaktischen Schock), Diuretika (kardiogener Schock), evtl. Azidosekorrektur, Glukokortikosteroide, Antihistaminika.

7.3 Komplikationen

Abhängig von Ausmaß und Dauer des Schockgeschehens können sich eine disseminierte intravasale Koagulopathie (DIC), Verbrauchskoagulopathie mit konsekutivem Nieren- (ANV), Leber-, Lungenversagen (ARDS) und/oder ischämische Darmnekrosen entwickeln.

7.4 Herz-Kreislauf-Stillstand

Im Rahmen aller Schockgeschehen kann es als Maximalform zum Herz-Kreislauf-Stillstand kommen. Neben allgemeiner Schocksymptomatik tritt bereits nach 10 Sek. Bewusstlosigkeit und folgend Atemstillstand, Pulslosigkeit und maximale Mydriasis auf. Eine sofortige kardiopulmonale Reanimation nach der ABC-Regel mit erweiterten Maßnahmen ist angezeigt.

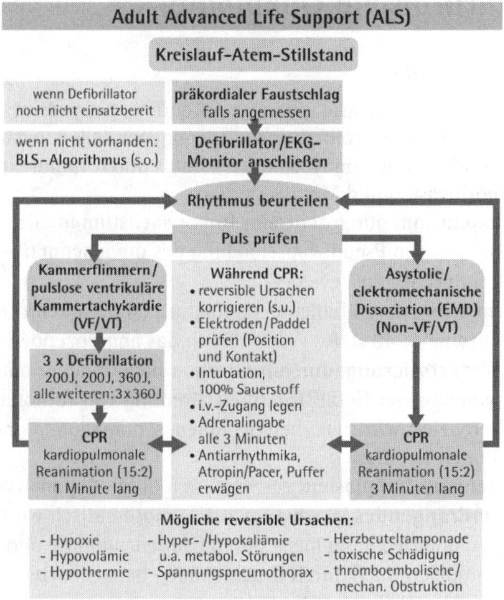

International Guidelines 2000 for CPR and ECC - a Consensus on Science, Resuscitation 2000, 46 (1-3), 3-447
Reanimation - Empfehlungen für die Wiederbelebung; Bundesärztekammer, 2. Aufl. - Köln: Dtsch. Ärzteverlag, 2000

Entnommen aus: Reanimation pocketcard, BBV, 2001

- erweiterte Maßnahmen: Maskenbeatmung, Zugänge, Intubation, EKG, Drugs (z.B. SABAdrenalin)

Merke: *bei starker Hypothermie ist auch noch nach 10 oder mehr Minuten nicht unbedingt ein zerebraler Tod anzunehmen und vorhandene Hirnschädigungen können noch reversibel sein.*

8 Chirurgische Onkologie

8.1 Allgemeines

Unter einer Neoplasie wird eine autonome, progressive und überschießende Proliferation körpereigener Zellen verstanden. Die Ausbreitung von Neoplasien erfolgt durch Tumorexpansion, Tumorinvasion und Metastasierung.

- **Expansion**: durch zentrales Tumorwachstum in alle Richtungen Pseudokapselbildung des umgebenden komprimierten Gewebes
- **Invasion**: durch fehlende Kontaktinhibition und proteolytische Enzyme infiltratives Wachstum in das angrenzende Gewebe
- **Metastasierung**: durch Infiltration hämatogener oder lymphogener Gefäßstrukturen Streuung von Tumorzellen.

Differenziert wird zwischen benignen, semimalignen und malignen Neoplasien

- **benigne Neoplasien:** zeichnen sich durch **expansives, lokal verdrängendes Wachstum** aus. Symptomatisch wird die benigne Neoplasie meist durch Größenzunahme und Komplikationen durch Druckschäden benachbarter Organe (Gefäße, Nerven etc.), z.B. Uterusmyome
- **semimaligne Neoplasien:** zeigen lokal malignes, d.h. infiltratives Wachstum und Rezidivneigung bei fehlender Metastasierung, z.B. Basaliom
- **maligne Neoplasien:** Kriterien des malignen Wachstums sind lokal destruierendes und infiltrierendes Wachstum mit der Möglichkeit der Metastasierung

Bei der **Metastasierung** werden je nach Lokalisation des Primärtumors und der Gefäßabflüsse unterschieden:

- **Lungentyp:** z.B. beim Bronchialkarzinom Streuung über die Lungenvenen und das linke Herz in den großen Kreislauf
- **Lebertyp:** z.B. beim hepatozellulären Karzinom über die Lebervenen in die Lunge
- **Cavatyp:** z.B. beim Nieren-Ca über V. cava inferior in die Lunge
- **Pfortadertyp:** z.B. beim Kolon-Ca über Portalvene in die Leber
- **Zysternentyp:** über Ductus thoracicus, Venenwinkel, rechtes Herz in die Lunge
- **Wirbelvenentyp:** z.B. beim Prostatakarzinom über den Plexus venosus vertebralis in die Wirbelsäule
- **intrakanalikulärer Typ:** z.B. Krukenberg-Tumor als intraperitoneale Abtropfmetastasen beim Magenkarzinom (→**196**)
- **perineuraler Typ:** z.B. beim Rektumkarzinom entlang von Nervenendigungen

8.2 Krebsfrüherkennungsuntersuchungen

Die Krebsfrüherkennungsuntersuchung wird angeboten für Frauen ab dem 20. und Männer ab dem 45. Lebensjahr. Enthalten sind die Untersuchung der Mammae (Palpation, Sonographie, Mammographie), des Darms (Okkultbluttest, rektale Palpation, →**219**), des Uterus (Kolposkopie, Zytologie), der Prostata (rektale Palpation), der Haut und des äußeren Genitales. Unabdingbar ist neben den speziellen Untersuchungen eine gezielte Anamnese.

Merke: *die Sonographie der Leber dient nicht der Früherkennung, sondern dem Staging bei vorliegendem Tumor (z. B. Metastasen kolorektaler Karzinome)*

8.3 Diagnostik

Neben den bereits bei der Krebsfrüherkennung genannten Methoden sind bei Verdacht auch weitere apparativ-technische Untersuchungen sinnvoll. Zu jeder Karzinomdiagnose gehört die histologische Diagnosesicherung durch Zytologie oder Biopsie. Zellen zur Untersuchung im Ausstrichpräparat (Zytologie) können gewonnen werden durch **Exfoliativ-** (Sekret oder Flüssigkeitsausstrich, z.B. Bronchiallavage), **Aspirations-** (Sonographie- oder CT-gesteuert) oder **Imprintzytologie** (endoskopisch oder operativ gewonnene Gewebeproben). Meist aussagekräftiger ist die Biopsie, sei es als **Stanz-, Inzisions-, Zangen-** (Knips-), **Schlingen-** oder **Exzisionsbiopsie**. Kann präoperativ kein histologisches Material gewonnen werden, bleibt die chirurgische Exploration.

☝ **IMPP**: beliebt ist die Frage nach der diagnostischen Lymphknotenexstirpation im seitlichen Halsdreieck; diese birgt die Gefahr der Verletzung des N. accessorius (Leitmuskel: M. levator scapulae) mit Ausfall des M. trapezius; der Eingriff sollte in Vollnarkose durchgeführt werden, da bei Regionalanästhesie durch die Gewebsinfiltration des Lokalanästhetikums die Übersicht gemindert sein kann

8.4 Klassifizierung von Tumoren

Die Klassifikation von Tumoren erfolgt nach Richtlinien der **IUCC** (Unio internationalis contra cancrum) und umfasst:

- **Typing:** histologische Beschreibung
- **Grading:** beschreibt den Differenzierungsgrad (G1-4)
- **Staging:** als anatomische Ausbreitung des Tumors, differenziert nach Ausdehnung des **Primärtumors (T1-4)**,

Fehlen, Vorhandensein und Ausprägung von **Lymphknoten-metastasen (N0-3)** und fehlende bzw. anwesende **Fernmetastasen (M0-1)**. Ein **X** stellt die fehlende Beurteilbarkeit dar, der Zusatz **p** zeigt die postoperativ, histopathologisch gesicherte Klassifikation, **a** die KLassifikation durch Autopsie, **m** multiple Primärtumoren, **y** die Klassifikation bei multimodaler Therapie und **r** das Vorliegen eines Rezidivtumors, weitere Kriterien der IUCC sind **L** (Lymphgefäßinvasion), **V** (venöse Invasion), **R** (Residualtumor) und **C** (Sicherheitsgrad der Diagnose)

8.5 Geschwulstbehandlung

8.5.1 Operative Therapie

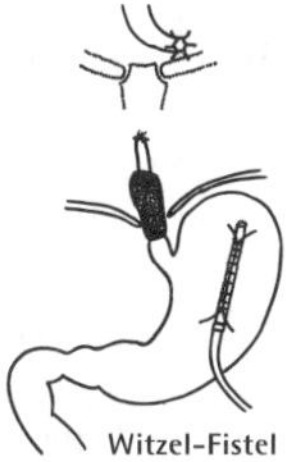

Witzel-Fistel

Operativ stehen die **Radikaloperation** (En-bloc-Resektion mit Sicherheitsabstand und Lymphadenektomie), die **superradikale Operation** (mit Resektion selten befallener angrenzender Bezirke), die **subradikale Operation** (bei günstigen Tumorstadien als Verzicht auf z.T. entstellende Resektionen, trotzdem tumorfreie Resektionsränder) und **nichtkurative Operationen** zur Verfügung (palliativ/symptomatisch zur Behebung von Tumorkomplikationen, z.B. Kolostomie zur Ileusprophylaxe/-therapie bei stenosierendem Rektumkarzinom oder Anlage einer äußeren gastralen Witzel-Fistel zur Ernährung bei stenosierendem Ösophaguskarzinom). Solitäre Metastasen können ohne lokoregionäres Rezidiv und ohne Vorliegen weiterer Fernmetastasen bei entsprechender Lage reseziert werden.

> **Merke:** *R0 Resektion = makroskopisch und mikroskopisch tumorfrei, R1 Resektion = mikroskopische Tumorreste, R2 Resektion = makroskopische Tumorreste*

8.5.2 Kombinierte Therapie

Zusätzlich zur operativen Therapie können weitere adjuvante oder palliative Maßnahmen ergriffen werden (→**18**). Dazu zählen die **Strahlen-, Chemo-, Hormon-** (z.B. beim Mamma-, Korpus-, Prostatakarzinom) und **Immuntherapie**.

> **Merke:** *die Strahlen- und Chemoempfindlichkeit ist meist um so größer, je undifferenzierter der Tumor ist*

8.6 Verlauf

Um Angaben über den Verlauf einer Tumorerkrankung angeben zu können, dienen folgende Termini:

- **komplette Remission:** vollständiges Verschwinden aller Tumormanifestationen, klinischer Symptome und veränderter Laborwerte, altersentsprechende Leistungsfähigkeit über mind. einen Monat
- **partielle Remission:** Verkleinerung um > 50%, subjektiv deutliche Symptombesserung über mind. einen Monat
- **no change:** <50% Verkleinerung bzw. < 25% Vergrößerung oder komplette/partielle Remission < einen Monat
- **Progression:** > 25% Vergrößerung

8.7 Tumormarker

Tumormarker sind Substanzen, die im Rahmen bösartiger Erkrankungen auftreten. Der Nachweis von Tumormarkern ist als Screening-Verfahren zur Erfassung nicht geeignet (außer β-HCG bei Hodentumoren, Bence-Jones-Proteinen beim Plasmozytom), sondern dient meist der Verlaufsbeobachtung (postoperative Rezidivkontrolle).

Eine Auswahl verschiedener Tumormarker zeigt die folgende Tabelle:

Tumormarker	Geschwulst
CEA (karzinoembryonales Antigen)	kolorektales Karzinom, hepatozelluläres Karzinom, Pankreaskarzinom
AFP (α-Fetoprotein)	hepatozelluläres Karzinom
CA 12-5 (cancer antigen)	Ovarialkarzinom
CA 19-9	kolorektales Karzinom, Pankreaskarzinom
CA 15-3	Mammakarzinom (→**176**)
CA 72-4	Magenkarzinom
NSE (neuronspezifische Enolase)	kleinzelliges Bronchialkarzinom
HCG (humanes Choriongonadotropin)	Keimzelltumoren
5-HIES (5-Hydroxyindolessigsäure)	Karzinoid
SP (saure Phosphatase)	Prostatakarzinom
PSA (prostataspezifisches Antigen)	Prostatakarzinom
AP (alkalische Phosphatase)	Osteosarkom, Pankreaskarzinom
Thyreoglobulin	follikuläres/papilläres Schilddrüsenkarzinom
Calcitonin	C-Zellkarzinom

9 Chirurgische Begutachtung

9.1 Minderung der Erwerbsfähigkeit

Eine Minderung der Erwerbsfähigkeit liegt vor, wenn aufgrund nachhaltiger körperlicher oder geistiger Schädigung eine regelmäßige Tätigkeit zum erwerb des Lebensunterhaltes unmöglich bzw. eingeschränkt möglich ist.

9.2 Beruf-/Erwerbsunfähigkeit

berufsunfähig gilt: ein Versicherter, wenn seine Erwerbtätigkeit auf weniger die Hälfte derjenigen eines vergleichbar Gesunden gesunken ist
erwerbsunfähig gilt: ein Versicherter, wenn er regelmäßig noch höchstens ein Arbeitsentgelt in Höhe von 630,- DM erzielen kann

9.3 Rente

vorläufige Rente: begrenzt auf max. 3 Jahre
Dauerrente: löst vorläufige Rente ab, Zahlung ab 3. Jahr nach Unfall

9.4 Gutachten

- **Formulargutachten:** hierbei werden vom Gutachter Befunde in einen vorgedruckten Fragebogen eingetragen, sowie Fragen durch eingehende klinische Untersuchung beantwortet

* **freies Gutachten:** neben den im Formulargutachten zu beantwortenden Fragen erfolgt auch eine Stellungnahme bezüglich Zusammenhangsfragen

10 Nervensystem

10.1 Kopf und Gehirn

10.1.1 Fehlbildungen

10.1.1.1 Spina bifida occulta

Ausbleibender vollständiger Verschluss der hinteren Wirbelbögen unter ausgebildeten, orthotop gelegenen Rückenmarkshüllen. Häufig radiologischer Zufallsbefund, lokalisiert meist lumbosakral, seltener thorakal oder zervikal. Sehr selten zeigen sich neurologische Ausfälle der unteren Extremität, Harninkontinenz, Klumpfuß, Muskelschwäche, Rückenschmerzen, Dermoidzysten und Lipome im betroffenen Gebiet, öfter findet sich eine lokale Hypertrichose und vermehrte Pigmentierung über dem betreffenden Areal. Zählt wie die Spina bifida cystica zu den **Dysraphien** (Schließungsstörungen der Neuralplatte).

10.1.1.2 Spina bifida cystica (aperta)

Ausbleibender Wirbelbogenschluss mit Ausstülpung von Teilen des Rückenmarks und/oder dessen Hüllen. Je nach Ausprägung werden die **Meningozele** (Vorwölbung der Dura durch den nicht geschlossenen dorsalen Wirbelbogen bei intakten Spinalnerven und intaktem Rückenmark, meist keine neurologischen Ausfälle, therapiert durch chirurgische Abtragung der überschüssigen Dura und schichtweisen Verschluss von Dura, Muskelschichten und Haut) oder **Myelozele** und **Meningomyelozele** differenziert (im Wirbelbogenspalt liegt nur Rückenmark (Myelozele, bei der auch die Rückenmarkshüllen defekt sind oder bei der Meningomyelozele neben dem Rückenmark auch Dura mater). Klinisch zeigen sich sensomotorische Ausfälle in Abhängigkeit von der Lokalisation, Störungen der Blasen- und Darmfunktion und

Infektionsgefahr des Rückenmarks! Die Therapie besteht in sofortigem sterilem Abdecken und Operation innerhalb von 24 Stunden zur Vermeidung infektiöser Komplikationen.

10.1.1.3 Arnold-Chiari-Syndrom

Die hintere Schädelgrube ist im Verhältnis zu Kleinhirn, Hirnstamm und Medulla oblongata zu klein. Als Folge kommt es zur **Kaudalverlagerung von Kleinhirntonsillen und -wurm** durch das Foramen magnum mit Einklemmung der Medulla oblongata. Das dadurch verschlossene Foramen Magendii bedingt einen behinderten Liquorfluss. Symptomatisch wird das Arnold-Chiari-Syndrom durch einen Hydrocephalus occlusus (→**79**), Störungen der Kleinhirnfunktion (zerebelläre Ataxie, Nystagmus), Störungen der Hirnnerven-funktion, Sensibilitätsstörungen und Pyramidenbahnzeichen. Diagnose durch MRT. Eine Therapie kann durch Liquorableitung und/oder subokzipitale Kraniotomie erfolgen.

10.1.1.4 Dandy-Walker-Syndrom

Verdickung und zystische Erweiterung des Dachs des vierten Ventrikels (Velum medullare posterius), der Kleinhirnwurm hypoplastisch. Durch Verschluss der Foramina Luschkae entwickelt sich ein Hydrocephalus occlusus (→**79**). Symptome zeigen sich im Säuglingsalter, teilweise auch erst im Erwachsenenalter: zerebelläre Ataxie, Nystagmus, Störungen der Hirnnerven, sensomotorische Ausfälle, Kopfschmerzen, Hirndruckanstieg. Therapeutische Optionen sind die Anlage eines Liquorshunts und/oder eine subokzipitale Liquorableitung.

> **Merke:** *oftmals gleichzeitiges Auftreten von Dandy-Walker und Arnold-Chiari Syndrom mit anderen dysraphischen Störungen*

10.1.1.5 **Syringomyelie, Syringobulbie**

Zystische Höhlenbildung im Bereich des Zentralkanals des Rückenmarks (Syringomyelie) oder der Medulla oblongata (Syringobulbie) teilweise mit degenerativer Veränderung der Neuroglia. Führt zu unklaren Schulterschmerzen, Sensibilitätsstörungen, motorischen Ausfällen, evtl. Horner-Trias, Hirnnervenausfällen, Nystagmus. Die Symptome werden teilweise erst im Erwachsenenalter manifest.

10.1.1.6 **Basiläre Impression**

Impression der hinteren Schädelgrube im Bereich des (relativ zu kleinen) Foramen magnum. Relativer Hochstand des Dens axis. Durch Hirnstammkompression kommt es zu Nystagmus, Störungen der Hirnnerven, sensomotorischen Ausfällen und Hydrocephalus occlusus. Therapie durch knöcherne Resektion des Foramen magnum.

10.1.1.7 **Klippel-Feil-Syndrom**

Blockwirbelbildung durch Verschmelzung von zwei oder drei Zervikalwirbeln. Teilweise mit Atlasassimilation, basilärer Impression und anderen Missbildungen einhergehend. Charakteristisch ist ein kurzer Hals und eine tiefstehende Haargrenze. Es kommt zu Bewegungsbehinderung, Plexusstörungen und Lähmungen, kann aber auch asymptomatisch bleiben. Therapiert mit Krankengymnastik, physikalischer Therapie, Laminektomie, evtl. partielle Resektion der oberen Rippe.

10.1.1.8 **Kraniosynostosen**

Vorzeitige pathologische Verknöcherung der Schädelnähte. Der Schädel wächst aufgrund des Binnendrucks vermehrt in Parallelrichtung der Synostose. Dadurch entwickelt sich bei vorzeitiger Verknöcherung von Frontal-, Koronar- und

Lambdanaht ein **Turmschädel** (Turri-/Oxyzephalus), der Sagittalnaht ein **Langschädel** (Skaphozephalus), der Koronarnaht ein **Kurz-** (Brachy-) oder **Schiefschädel** (Plagizephalus), der Frontalnaht ein Kielschädel **(Sphenozephalus)** oder Dreiecksschädel **(Trigonozephalus)**. Die Therapie besteht in der frühzeitigen operativen Synostosenöffnung.

10.2 Raumfordernde intrakranielle Prozesse

Raumfordernde intrakranielle Prozesse (Tumoren, Abszesse, Hydrozephalus, Ödeme und intrakranielle Blutungen) führen klinisch zu einer allgemeinen **Hirndrucksymptomatik**. Kommt es durch Massenverschiebungen zu Gewebsverlagerungen, können charakteristische **Einklemmungssyndrome** (→**71**) auftreten. **Cave**: Massenverlagerungen können auch iatrogen durch Lumbalpunktion bei erhöhtem Hirndruck entstehen.

10.2.0.1 Hirndrucksymptome

Typisch ist der Kopfschmerz, zu dem sich eine einseitige (N.-III-Kompression ipsilateral) oder bilaterale Mydriasis (Hirnstamm-kompression), Gesichtsparästhesien, Nackensteifigkeit, Übelkeit, Erbrechen, Stauungspapille, Bewusstseinsstörungen, sowie eine Bradykardie mit Blutdruckanstieg (Druckpuls, Cushing Reflex) gesellen.

10.2.0.2 Einklemmungssyndrome

Arten der Einklemmung: obere im Tentoriumschlitz, untere im Foramen magnum. Folgend sind kurz die wichtigsten Symptome bei verschiedenen Lokalisationen der Einklemmung benannt:

- **dienzephal, Zwischenhirn:** Sopor, spontane Massen-/ Wälzbewegungen, Beuge-/Strecksynergien bei sensiblen Reizen, bis Patient in **Dekortikationshaltung** (Beugung der

Arme, Streckung der Beine) verharrt, **Miosis** mit ausgeprägter Lichtreaktion, Kornealreflex erhalten, ziliospinaler Reflex (Pupillenerweiterung bei Schmerz) lebhaft, okulozephaler Reflex enthemmt (**Puppenkopf**) und vestibulookulärer Reflex positiv, Würgereflex erhalten, Blutdruck steigt bei gleichzeitiger Bradykardie (**Cushing Reflex**), **Cheyne-Stokes-Atmung**

- **mesenzephal, Mittelhirn:** Koma, **Strecksynergien** der Extremitäten, **Opisthotonus** (→**45**), **Dezerebrationshaltung** der Arme (adduziert, innenrotiert, proniert, Finger gebeugt), Babinski bds. positiv, Pupillen mittelweit, Lichtreaktion unausgiebig oder fehlend, Korneal-/Würgereflex auslösbar, Cheyne-Stokes-Atmung geht in Tachypnoe über, Druckanstieg, Tachykardie, Hyperthermie, akute Gastritis, Stressulkus, Urin-, Stuhlabgang
- **Pontines Syndrom:** leichte Streckbewegung auf Schmerz, Pupillen mittelweit lichtstarr, vestibulo-okulärer und okulozephaler reflex fehlen, Atmung flach und ataktisch, Würgereflex erhalten, Kornealreflex erschöpfbar
- **Bulbärhirnsyndrom:** Muskulaturtonusverlust, Eigenreflexe und Pyramidenbahnzeichen fehlen durch Tonusverlust, Bulbi in Divergenzstellung fixiert, Pupillen maximal weit und lichtstar, Blutdruck fällt, Schnappatmung, fehlende Hirnstammreflexe
- **Locked-in-Syndrom:** bei **isolierter ventraler Ponsläsion** (transversale Hirnstammschädigung durch Basilarisverschluss oder zentrale pontine Myelinolyse), Vigilanz und Sprachverständnis sind nicht beeinträchtigt, Willkürmotorik z.T. beschränkt auf vertikale Augenbewegungen und Lidschluss

- **Apallisches Syndrom (Vegetative state, Coma vigile):** Die Hirnfunktionen sind auf eine mesodienzephale Aktivität begrenzt mit Verlust kognitiver Funktionen und Wahrnehmung bei erhaltener Wachheit, durch ausgedehnte Kortexschäden, meist als Folge eines traumatischen Mittelhirnsyndroms. Die Patienten öffnen die Augen, fixieren aber nicht, dazu zeigt sich diskonjugiertes Bulbuswandern, ein Salbengesicht, Hypersalivation, orale Automatismen, positive Saug-/Greifreflexe, ein positiver Palmomentalreflex, Schmerzreize lösen **Massenbewegungen** aus, die Eigenreflexe sind gesteigert, das Babinski-Zeichen positiv, weiter finden sich eine **spastische Tetraparese** mit gestrecktem Rumpf und adduzierten, gebeugten Extremitäten, eine permanente sympathikotone Stressreaktion. Eine Remission ist (auch nach Monaten) möglich.

10.2.1 Hirnödem

Unterschieden wird das **vasogene Ödem** (durch Störung der Blut-Hirn-Schranke, raumfordernde Prozesse; extrazelluläres Ödem) vom **zytotoxischen Hirnödem** (durch hypoxische/ischämische neuronale Schäden; intrazelluläres Ödem).

10.2.2 Tumoren

Eint der intrakraniellen Tumoren in 4 Malignitätsgrade		
G1	gut differenziert	Grad I
G2	mäßig differenziert	Grad II
G3	schlecht differenziert	Grad III
G4	undifferenziert	Grad IV

Die **TNM-Klassifikation der Hirntumoren** erfolgt am Primärtumor nach Größe, Topographie und Ausbreitung. Bei

Hirntumoren wird nochmals zwischen supra- und infratentoriell gelegenen Prozessen unterschieden.

	supratentoriell	infratentoriell
T1	eine Hirnhälfte, Tumor < 5 cm	eine Hirnhälfte, Tumor < 3 cm
T2	eine Hirnhälfte, Tumor > 5 cm	eine Hirnhälfte, Tumor > 3 cm
T3	Einbruch des Tumors in das Ventrikelsystem	
T4	Infiltration der anderen Hirnhälfte oder Ausbreitung nach infratentoriell	Infiltration der anderen Hirnhälfte oder Ausbreitung nach infratentoriell
N	regionäre Lymphknoten	bei Hirn-TU unberücksichtigt
M	Metastasen in anderen Organen	

2/3 der Tumoren sind benigne, 1/3 maligne (Frauen überwiegen bei den benignen, Männer bei den malignen Neoplasien). Schon relativ früh können **Symptome** wie Antriebsstörungen und morgendliche Kopfschmerzen auftreten. Im späteren Verlauf sind epileptische Anfälle (typisch sind Grand-mal-Anfälle bei frontaler, komplex-fokale Anfälle bei temporaler und Jackson-Anfälle bei zentraler Tumorlokalisation) und neurologische Ausfälle (parietal zu Hemiparese, okzipital zu Hemianopsie, infratentoriell zu Ataxie, frontal zu psychopathologischen Symptomen) zu beobachten. **Lokalisation und Art** der häufigsten intrakraniellen Tumoren sind abhängig vom Alter der Patienten. **Kinder** zeigen supratentoriell überwiegend Ependymome, im Mittellinienbereich Pinealome, Kraniopharyngeome und Keimzelltumoren, infratentoriell Medulloblastome, pilozytische Astrozytome und Ependymome. Bei **Erwachsenen** finden sich dagegen supratentoriell v.a. Glioblastome, Astrozytome, Oligodendrogliome und Meningeome, mittelliniennah Hypophysenadenome und infratentoriell Hämangioblastome.

1. Neuroepitheliale Tumoren	**50%**
Glioblastome	12%
Astrozytome	11%
Oligodendrogliome	8%
Ependymome	4%
Medulloblastome	7%
Neurinome	7%
Pinealome	1%
2. Mesodermale Tumoren	**22%**
Meningeome	18%
Sarkome	3%
Angioblastome	1%
3. Ektodermale Tumoren	**11%**
Hypophysenadenome	8%
Kraniopharyngeome	3%
4. andere Tumoren, Metastasen	**6%**

Wichtige intrakranielle Tumoren mit Angabe des Malignitätsgrades, der typischen Lokalisation, Alter und einigen (leider oft IMPP-relevanten) Besonderheiten:

- **Astrozytome:** benigne sind das **fibrilläre Astrozytom** (II, meist Hemisphäre, langsames Wachstum, fokal epileptische Anfälle, mittleres Lebensalter, im Kindesalter meist als Ponsgliom mit typischem Vomitus, Singultus, Hirnnervensymptomen und Verschlusshydrozephalus) und das **pilozytische Astrozytom** (I, Mittellinie am KH, mit Zysten, Verkalkungen, Kindesalter), malignes Wachstum zeigt das **anaplastische Astrozytom**

(III, IV, schnell, diffus und multilokulär wachsend, Hemisphäre, Palisaden um kernlose Nekrosebänder, mittleres Lebensalter)

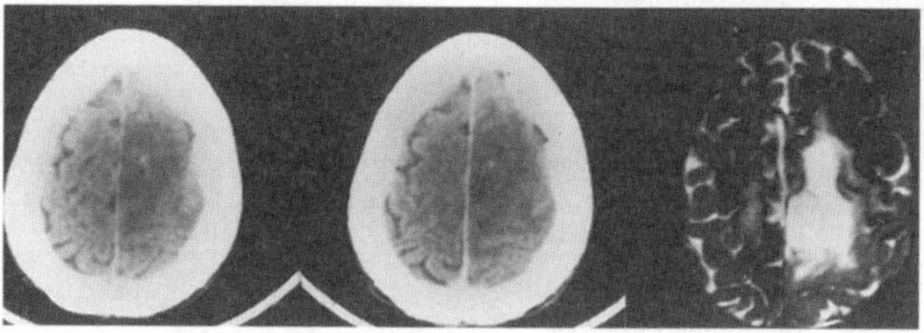

Astrozytom, CT

- **Glioblastome:** IV, häufigster und bösartigster Hirntumor, **Großhirnmarklager**, Gefäßproliferationen, schneller Verlauf, oft ältere Patienten, ausschließlich supra-tentoriell, als **Schmetterlingsgliom** hemisphärenübergreifend, oft zeigen sich Persönlichkeitsveränderungen, Herdsymptome, Hirndrucksymptome, histologisch girlandenförmige Nekrosen, bunte Schnittfläche, typisch sind „frühe Venen" in der Angiographie, Prognose infaust (5-12 Monate mittlere Überlebenszeit), immer Rezidiv
- **Oligodendrogliome:** II, pilzförmig, Hemisphäre, Mikroverkalkungen, psychomotorische Anfälle
- **Ependymome:** I, Kindes-/Jugendalter, infratentoriell, meist verdrängend, blumenkohlartige Oberfläche, rosettenartig gelagerte Zellen, Verkalkungen, häufig und früh Abtropfmetastasen, strahlensensibel, Verschlusshydrozephalus
- **Medulloblastome:** IV, Kindes-/Jugendalter, extrem kurze Anamnese, Dach des vierten Ventrikels, liquogene Metastasierung, Pseudorosetten (kein zentrales Blutgefäß), ab

15. Lj. auch außerhalb KH; **Wolkenschädel**, früh Hirndrucksymptome und Rumpfataxie

- **Pinealome:** I-IV, Kindes-/Jugendalter, **Parinaud-Syndrom** (dorsales Mittelhirnsyndrom mit vertikaler Blickparese nach oben und Pupillenstörungen)
- **Angioblastom:** oft vergesellschaftet mit Angiomatosis retinae (Hippel-Lindau-Krankheit) und multiplen zystischen Organtumoren (v.a. Pankreas, Nieren), meist benigne, in der Regel operabel
- **Neurinome (Schwannome):** Tumoren des peripheren Nervensystems, oft vestibulärer Anteil N. VIII mit Hypakusis, Tinnitus, Fazialisparese und Gleichgewichtsstörungen, bei zentraler Lage Blickrichtungsnystagmus, intrakanalikulärer Tumoranteil, Zellkerne pallisadenförmig, Liquoreiweiß erhöht, 4.-5. Lebensjahrzehnt, gute Prognose
- **Meningeome:** II, meist im Erwachsenenalter, aus Arachnoidea-Deckzellen, meist parasagittal in Hemisphäre, erzeugen das sog. **Mantelkantensyndrom** durch Schädigung des oberen Teils des Gyrus praecentralis und Gyrus postcentralis mit Parese und Sensibilitätsstörungen des kontralateralen Beins.

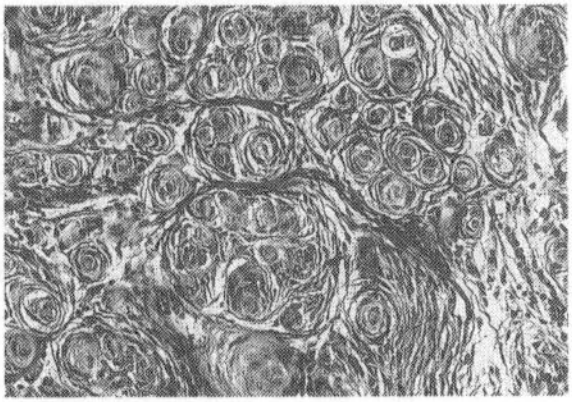

Meningeom

- dazu zeigen sich oft Blasenstörungen, andere Lokalisationen sind im Bereich der Olfaktoriusrinne, des Keilbeinflügels (bei medialer Lage zeigt sich evtl. ein **Foster-Kennedy-Syndrom** mit Optikusatrophie ipsilateral + Stauungs-papille durch Hirndrucksteigerung kontralateral), des Kleinhirnbrückenwinkels und im Bereich des Tuberculum sellae, oft nur langsam zunehmende Symptomatik über Jahre, histologisch Zwiebelschalenformationen, **Psammomkörperchen**, Kalkablagerungen, therapiert durch Exstirpation

- **Kraniopharyngeome:** Kindes-/Jugendalter, Verkalkungen, dysontogenetischer Tumor, zystische Schnittfläche, Fröhlich-Syndrom (zur Kompression dienzephaler Zentren, Dystrophia adiposogenitalis mit Adipositas, Hypogenitalismus, Minderwuchs und Sehstörungen)
- **Hypophysenadenome: Prolaktinom** (40%, bei der Frau zu Amenorrhö, beim Mann zum Hypogonadismus), **ACTH-Zell-Adenom** (5%, Cushing-Syndrom →**260**), **STH-produzierender Tumor** (20%, Akromegalie, Riesenwuchs)
- **Metastasen:** intrazerebral meist durch Bronchialkarzinome (→**112**), Nierenzellkarzinom, Mammakarzinom (→**176**) und das maligne Melanom, meist im Großhirn lokalisiert, als Meningeosis carcinomatosa im Bereich der Hirnbasis v.a. bei Leukämie (besonders ALL)
- **Pseudotumor cerebri:** Stauungspapille und Gesichtsfeldausfall ohne Tumor, meist bei jungen adipösen Frauen

Zur **Diagnose** stehen neben der neurologischen Untersuchung v.a. bildgebende Verfahren (CCT, MRT) zur Verfügung.
Die **Therapie** der Wahl ist für die meisten Tumoren die Operation mit möglichst vollständiger Tumorentfernung. Zusätzlich können, meist unter symptomatischen Gesichtspunkten, eine Hirnödemprophylaxe mit Steroiden, osmotischen Substanzen und milder

Hyperventilation ($pCO_2 \sim 30$ mmHg), sowie eine Anfallsprophylaxe mit Antikonvulsiva in Erwägung gezogen werden. Chemotherapie und Strahlentherapie sollen die Rezidivfreiheit bei höhergradigen Gliomen (v.a. Medulloblastome) beeinflussen. Das Wachstum von Hypophysenadenomen kann z.T. unter medikamentöser Dauertherapie beeinflusst werden.

10.2.2.1 Hirnabszess

Hirnabszesse entstehen **fortgeleitet** (30-60%, frontotemporal bei Sinusitis, Otitis, Mastoiditis), **traumatisch** (20-30%, Oberfläche) oder **hämatogen-metastatisch** (10-20%, Mark-Rindengrenze bei Pneumonie, Endokarditis, Vitien).
Die **Altersgipfel** liegen zwischen dem 4.-7. und 20.-30. Lj.
Nur ca. 50% der Abszesse sind symptomatisch. Die Therapie besteht in der Exstirpation und Antibiose (Metronidazol, Penicillin, Chloramphenicol). Die Letalität beträgt 20%.

10.2.3 Hydrozephalus

Der Hydrozephalus ist definiert als Vergrößerung intrakranieller Liquorräume (täglich ca. 500ml im Plexus choroideus gebildet, 150ml zirkulieren ständig). Diese Erweiterung kann sowohl die Hirnkammern (**H. internus**) als auch den Subarachnoidalraum (**H. externus**) betreffen. Nach der Ursache werden der **H. occlusus** (durch Liquorabflussstau an den Foramina Monroi und am Foramen Magendii), der **H. aresorptivus** (Resorptionsstörung des Liquors an der Hirnoberfläche) und der **H. e vacuo** (Erweiterung der Liquorräume durch Hirnatrophie) unterschieden. Daneben grenzt man den Normaldruckhydrozephalus (höheres Lebensalter) ab, der gekennzeichnet ist durch: Inkontinenz, Gangapraxie, Demenz.

Neben einer kausalen Therapie sind die Ventrikelpunktion oder die Anlage eines ventrikuloperitonealen Shunts möglich.

10.2.4 Zerebrovaskuläre Erkrankungen

10.2.4.1 Hypertensive Massenblutung

Hypertensive Massenblutungen zeigen einen Gipfel in der 7. Dekade. Sie treten gehäuft auf bei Aktivität und vorbestehender Hypertonie. Neben Kopfschmerzen und Vigilanzstörungen zeigen sich Symptome differenziert nach den typischen Lokalisationen der Blutungen: **Capsula interna** (kontralaterale Hemiparese, bei Einbruch in das Ventrikelsystem auch meningeale Symptome, Koma, Strecksynergismen), **Kleinhirn** (ipsilaterale Hemiataxie, Fallneigung, Nystagmus, oft steht eine initiale Vigilanzstörung im Vordergrund, dazu Hirnstammsymptome durch sekundäre Kompression), **Pons** (Hemi-/Tetraparese, akute Atemlähmung). Typisch ist die Déviation conjuguée (= konjugierte Bulbusabweichungen) zur Herdseite („Patient schaut seinen Herd an."). Die **Therapie** erfolgt durch Kreislaufstabilisation, intensivmedizinische Überwachung und evtl. Operation bei Vorliegen großer Hämatome.

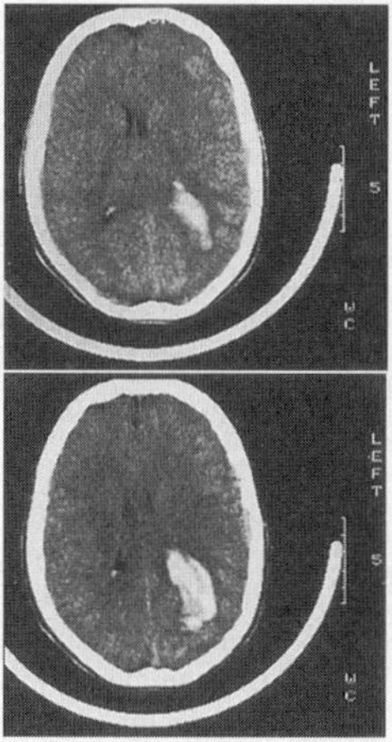

Intrazerebrale Blutung (CT)
[IMPP-Prüfungsabbildung]

10.2.4.2 **Angiome, Kavernome**

Angiome können schon ab dem Kindesalter durch Schwindel, Kopfschmerzen, zerebrale Herdsymptome und epileptische Anfälle symptomatisch werden. Meist ist aber die Blutung erstes Symptom. Differenziert werden **Kavernome** (Bluthohlräume), das **Angioma racemosum arteriovenosum** (AV-Kurzschlüsse, 90% in der Hemisphäre, oberflächennah), das **Angioma capillare ectaticum** (Teleangiektasien im Ponsbereich) und das **Angioma racemosum venosum** (evtl. Epilepsie bei Lokalisation im Frontalhirn). Die Therapie besteht in der operativen Exstirpation.

10.2.4.3 **Hirnaneurysmata**

Unter einem Aneurysma versteht man eine meist angeborene, sackförmige Erweiterung arterieller Gefäße. Die Lage im Gehirn ist bevorzugt basal im vorderen Bereich des Circulus arteriosus Willisii.

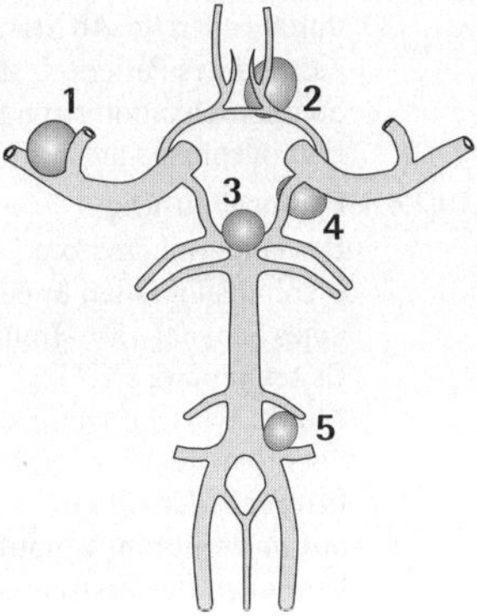

Häufige Hirnaneurysmen:

1 A. cerebri media
2 A. cerebri anterior
3 A. basilaris
4 A. carotis
5 A. cerebelli ant. superior

Symptomatisch werden Aneurysmen meist durch eine spontane Ruptur mit akuter **Subarachnoidalblutung** (SAB).

Symptomatische Klassifikation der SAB nach Hunt und Hess	
I	asymptomatisch, leichter Kopfschmerz, leichter Meningismus
II	Kopfschmerz, Meningismus, evtl. Hirnnerven-Symptome
III	Somnolenz, diskrete Herdsymptome
IV	Sopor, Koma, neurologische Ausfälle, evtl. Streckphänomene, vegetative Störungen
V	tiefes Koma, Einklemmungssyndrom (→**71**)

Therapie: erfolgt stadiengerecht, d.h. bei Stad. I-III frühzeitig mikroskopische Operation mit Ausschaltung des Aneurysmas durch Federclip. Ab Stadium IV muss zunächst der Allgemeinzustand des Patienten stabilisiert werden. Typische Spätkomplikation nach Subarachnoidalblutung ist der Hydrocephalus aresorptivus (→**79**, IMPP!!!)

10.2.4.4 Epiduralblutung

Das Epiduralhämatom (→**88**) entsteht durch eine Blutung aus Meningealgefäßen (meist A. meningea media), oft im Rahmen eines Schädel-Hirn-Traumas (→**86**) mit Querfraktur des Os temporale.

Klinik: typischerweise kommt es beim Schädel-Hirn-Trauma mit nachfolgender Epiduralblutung zum sogenannten **freien Intervall**, der Patient ist posttraumatisch bewusstlos, wacht dann auf und trübt im Verlauf mehrerer Stunden zunehmend ein, es kommt zu Bewusstseinsstörungen, Mydriasis durch Einklemmung des N. oculomotorius (Hirndruck!), zentralen Paresen (Halbseitensymptomatik) und Streckkrämpfen

Therapie: neben konservativ intensivmedizinischer Überwachung und Therapie evtl. Entlastungsbohrung, -operation

10.2.4.5 Subduralblutung

Das Subduralhämatom (→**88**) entsteht ebenfalls meist durch ein Schädel-Hirn-Trauma mit Blutung aus Brückenvenen.
Differenziert werden das chronische Subduralhämatom (oft bei älteren Menschen, Alkoholikern - oft Stürze und Gerinnungsschäden bei alkoholtoxischen Leberschäden -, Antikoagulationstherapie, Streptokinasetherapie, Koagulationserkrankungen, Entstehung über Wochen und Monate) und das akute Subduralhämatom (durch starkes Schädel-Hirn-Trauma).
Klinik: chronisch: Kopfschmerzen, Müdigkeit, Konzentrationsstörungen, später Hemiparesen, **akut:** blitzartiger Kopfschmerz (Symptomatik ähnlich Subarachnoidalblutung)
Diagnostik: CT (chronisch hypodens, akut hyperdens), MRT
Therapie: neben konservativ intensivmedizinischer Therapie evtl. Kraniotomie bei akutem Verlauf mit Duraeröffnung oder Bohrlochentlastung, Spülung, Drainage, prophylaktisch Antibiose

10.2.4.6 Subarachnoidalblutung (SAB)

Die SAB entsteht in der Mehrzahl der Fälle als Aneurysmablutung. Die Einteilung erfolgt nach Hunt und Hess (→**81**).
Klinik: Vernichtungskopfschmerz, Übelkeit, Erbrechen, Schwindel, Meningismus, neurologische Symptome verschiedenster Art, Blutdruckanstieg, Bewusstlosigkeit, Koma in 20% der Fälle
Komplikationen: Nachblutungen in den ersten zwei Wochen bei SAB, Hydrocephalus occlusus (→**79**) durch Stenosierung z.B. des Aquaeductus mesencephalicus, Hydrocephalus malresorptivus durch Verklebung der Granulationes arachnoideae, Gefäßspasmen bei SAB durch Hämatomabbau
Diagnostik: Anamnese, Fremdanamnese, Klinik, Schädelübersicht in zwei Ebenen zum Frakturausschluss, CT, Liquorpunktion mit blutigem Liquor als Beweis für Blutungseinbruch in das Ventrikelsystem oder in den Subarachnoidalraum, Angiographie

Cave: Hirnstammeinklemmung durch Liquorpunktion infolge erhöhten Liquordrucks

Therapie: Bettruhe, Sedierung, Analgetika, antihypertensive Therapie, Hirnödemprophylaxe mit Steroiden (→**78**), Vasospasmusprophylaxe (Nimotop), chirurgische Intervention

10.2.4.7 Kephalhämatom

Typische Geburtsverletzung durch tangentiale Gewalteinwirkung mit Gefäßzerreissungen. Es kommt zu einem Hämatom im Bereich der Kopfschwarte zwischen Knochen und Periost. Typisch ist die scharfe Abgrenzung durch den Verlauf der Schädelnähte. Das Kephalhämatom verschwindet meist spontan im Laufe der ersten Lebensmonate. Eine Entlastung ist selten erforderlich.

10.2.4.8 Zerebrale Durchblutungsstörungen

Zerebrale Durchblutungsstörungen werden durch Embolien, chronische Arterienverschlüsse und Thrombosen verursacht. Frühsymptome zerebraler Durchblutungsstörungen sind Schlafumkehr, Merkschwäche, Affektlabilität und die Amaurosis fugax. Nicht selten gehen Kopfschmerzen und Schwindel einer akuten Attacke voraus. Die Durchblutungsstörung zeigt sich oft am Morgen (Druckabfall) mit einem Gipfel in der 8. Dekade. Nach Dauer und Pro-/Regression der Symptome spricht man von **TIA** (transitorische ischämische Attacke, Symptome sind innerhalb von 24 Stunden reversibel), **RIND** (reversibles ischämisches neurologisches Defizit, in 1 Woche reversibel), **progressivem Insult** (innerhalb von 6-12 Stunden diskontinuierlich fortschreitende Symptomatik) und **komplettem Insult**.

Die Symptomatik ist abhängig von der Lokalisation: **A. cerebri media** (brachiofazial betonte Hemiparese + Aphasie bei sprachdominanter Seite), **A. cerebri anterior** (beinbetonte Hemiparese, zerebrale Blasenstörung), **A. cerebri posterior**

(Hemihypästhesie, Hemianopsie), **Thalamus** (kontralaterale Hyperpathie, unwillkürliche Fingerbewegungen, Thalamushand mit Flexion in Hand- und Grundgelenk, Extension in Mittel- und Endgelenk), **Kleinhirn** (Koordinations-, Sprech-, Stimmstörung, Nystagmus, Muskelhypotonie), **Hirnstamm** (Hirnnervenausfälle, Blickparese,
Paraparese oder beinbetonte Tetraparese, Alternanssyndrome, Pseudobulbärparalyse, Locked-in-Syndrom (→**71**). Ursache sind eine Makroangiopathie (thrombo-embolische Territorialinfarkte, hämodynamische Endstrom-/Grenzzoneninfarkte) oder Mikroangiopathie (lakunäre Infarkte, M. Binswanger).
Die **Karotisstenose** als häufige makroangiopathische Ursache kann therapiert werden durch Thrombendarteriektomie im Bereich der Karotisgabel, Desobliteration und Patch-erweiterungsplastik, Ballon-dilatation, Stentimplantation oder auch durch Anlage eines Bypass. Konservativ sind Plättchenaggregationshemmer indiziert.

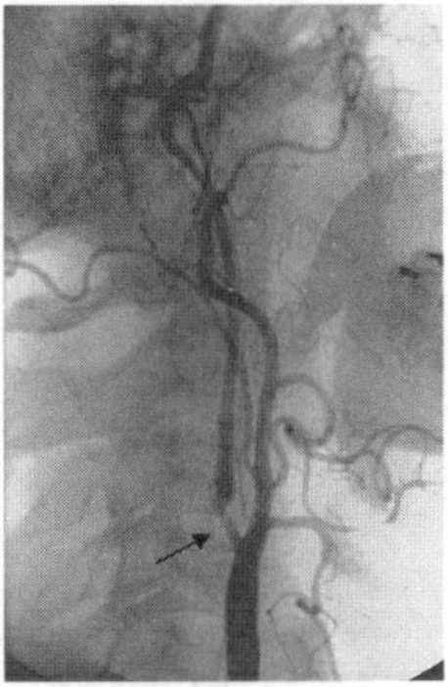
Stenose der A. carotis interna
[IMPP-Prüfungsabbildung]

10.2.5 Schädel-Hirn-Trauma (SHT)

Schweregrade des SHT

Schweregrad	Bewusstlosigkeit
I	< 1 Stunde
II	< 24 Stunden
III	< 1 Woche
IV	> 1 Woche

- **Commotio:** SHT I. Grades, zu retrograder Amnesie, Übelkeit und Erbrechen, ohne neurologische Ausfälle, folgenlose Abheilung, kein morphologisches Korrelat
- **Contusio:** SHT II. Grades mit initialem Koma > 1 Stunde, Patient nach 24 Stunden wieder wach und orientiert
- **SHT III/IV:** mit Vigilanzstörung > 24 Stunden, substantieller Hirnschädigung, vegetativen Begleitreaktionen und Hirnstammsymptomen

Eine typische Begleitverletzung beim SHT ist die **Schädelfraktur:** als Kalotten-, Schädelbasis- oder Gesichtsschädelfraktur, typisch ist das Monokelhämatom der frontalen Schädelbasisfraktur (→**157**). Operativ therapiert werden Kalottenimpressionsfrakturen bei Verschiebung um mehr als Kalottenbreite, offene Schädelimpressionsfrakturen, frontobasale Frakturen mit Liquorrhö und wachsende Schädelfrakturen im Kindesalter, die Therapie der lateralen Schädelbasisfraktur (Felsenbein) mit Liquorrhö erfolgt meist konservativ.

Nach der **Glasgow coma scale** kann der Zustand des Patienten beim SHT nach folgenden Kriterien beurteilt werden: Augenöffnen, motorische und verbale Reaktion

Getestete Reaktion	Beobachtete Reaktion	Punkte
Reaktion der Augen	spontanes Öffnen	4
	Öffnen auf Aufforderung	3
	Öffnen auf Schmerzreiz	2
	keine Augenreaktion	1
Verbale Reaktion	voll orientiert	5
	verwirrt, desorientiert	4
	unzusammenhängende Worte	3
	unverständliche Laute	2
	keine verbale Reaktion	1
Motorische Reaktion	adäquat, befolgt Aufforderungen	6
	gezielte (Schmerz-) Abwehr	5
	unvollst. Abwehr, Massenbewegungen	4
	Beugesynergien	3
	Strecksynergien	2
	keine motorische Reaktion	1
Der Coma-Score ergibt sich aus der Addition der Punkte der drei Reaktionskategorien: 3-8 schweres SHT, 9-12 mittelschweres SHT, 13-15 leichtes SHT		

Gedecktes SHT

Durch direkte oder indirekte Gewalteinwirkung entstandene Schädigung ohne Kommunikation von Liquorraum mit der Umgebung.

Offenes SHT

Traumatisch entstandene Verletzung der Dura mater unter Kommunikation der Liquorräume mit der Außenluft. Das offene SHT kann folgende Zustände zeigen und wird different therapiert.

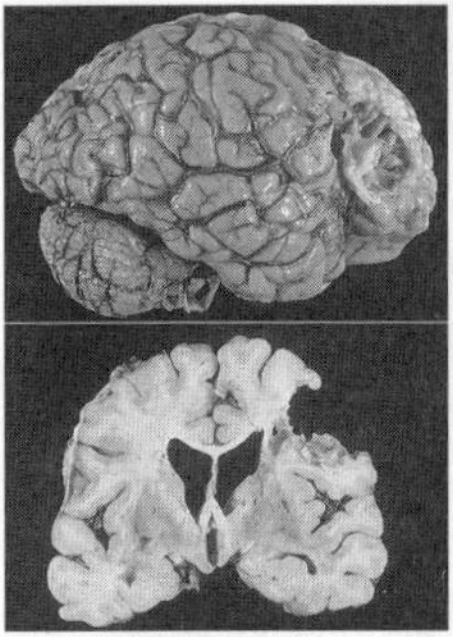

Altes, offenes SHT mit Hirn-Dura-Narbe

- **offene Kalottenfraktur:** Reinigung, Débridement, Verschluss, Antibiose
- **frontale Schädelbasisfraktur** mit Rhinoliquorrhö: operative Deckung der Verbindung zwischen Liquorraum und Nasennebenhöhlen (meist Siebbeinzellen)
- **laterale Schädelbasisfraktur** mit Otoliquorrhö: konservativ abwartend unter Antibiotikaschutz, da die Fistel sich oft spontan verschließt

Komplikationen des SHT

Im Vordergrund stehen neben Infektionen (Abszesse, Meningitiden), Blutungen, zerebrale Krampfanfälle (auch noch Jahre nach dem SHT), Entstehung eines Hydrocephalus e vacuo (→**79**, bei ausgedehnten Substanzdefekten) und Fistelbildungen.

- **epidurale Blutung** (→**82**)**:** arterielle Blutung meist aus der A. meningea media, typisches freies Intervall, zu Anisokorie, Halbseitensymptomatik, Vigilanzstörungen, typisch ist die **konvexe** Abhebung der Hirnhäute von der Kalotte in der Bildgebung (DD: subdurale Blutung)
- **subdurale Blutung** (→**83**)**:** venöse Blutung durch Abriss der Brückenvenen, meist zu einseitiger Mydriasis und

kontralateraler Hemiparese, öfter auch chronisch bei Alkoholismus, typisch ist die **konkave** Abhebung der Hirnhäute von der Kalotte in der Bildgebung (DD: epidurale Blutung)
- **Fistelbildung:** meist Carotis-Cavernosus, zu pulsierendem Exophthalmus und Diplopie. Cave: Fistelherz

Therapie des SHT

Die Therapie erfolgt je nach Stadium durch kurzfristige stationäre bis zur längerfristigen intensivmedizinischen Überwachung. Neben speziellen chirurgischen Interventionen bei entsprechender Indikation (z.B. Frakturen) sind an allgemeinen Therapieansätzen beim SHT zu nennen: Oberkörperhochlagerung, evtl. Intubation und Beatmung mit leichter Hyperventilation (Hirnödemprophylaxe), Magensonde, Urin-Dauerkatheter, regelmäßige neurologische Kontrolluntersuchungen, Sedation, Mikrozirkulationsunterstützung (z.B. durch HAES), Anfallsprophylaxe, Hirnödemtherapie bzw. Prophylaxe (-->**78**).

10.3 Rückenmark und periphere Nerven

10.3.1 Raumfordernde Prozesse des Spinalkanals

Lokale und radikuläre Schmerzen sind neben vegetativen Dysfunktionen die Hauptsymptome raumfordernder Prozesse des Spinalkanals. Dabei ist die Symptomatik besonders abhängig von der Lokalisation der Schädigung. Die Diagnose raumfordernder spinaler Prozesse erfolgt durch eine eingehende neurologische Untersuchung. Wichtige bildgebende Verfahren sind Nativ-Röntgen, CT, Kernspintomographie und Myelographie. Der Nachweis eines erhöhten Liquoreiweißes und die Bestimmung der Liquorzellzahl erfolgen durch die Lumbalpunktion (-->**29**).

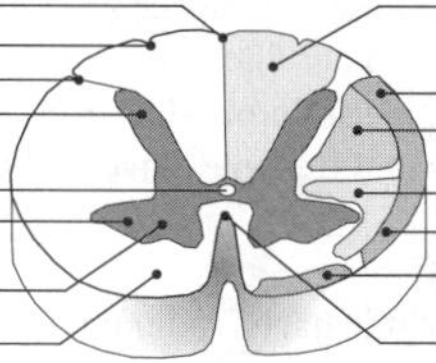

Rückenmarksquerschnitt mit Verlauf der wichtigsten Bahnen

Wichtige Querschnittssyndrome

- **spinaler Schock:** schlaffe Tetra-/Paraparese, Areflexie, Sensibilitätsausfall, evtl. Überlaufblase und paralytischer Ileus (→**233**), höher gelegen auch zu Anhidrose, Atemlähmung (C4) und Störungen der sympathischen Innervation des Herzens (Ausfall der Nn. accelerantes zu Bradykardie, Hypotonie), geht meist über in ein komplettes Querschnittssyndrom
- **komplettes Querschnittssyndrom:** nach spinalem Schock oder bei primär chronischer Rückenmarksschädigung kaudal der Läsion zu **Spastik**, positiven Pyramidenbahnzeichen, Hyperreflexie bzw. typische **Reflexsynergien**, **spinale Automatismen**, Auftreten pathologischer Reflexe
- **Brown-Sequard-Syndrom:** durch eine halbseitige Querschnittsläsion zeigen sich homolateral Paresen und Hypästhesie bei kontralateralem Schmerz- und Temperaturempfindungsverlust (dissoziierte Sensibilitätsstörung)
- **A.-spinalis-anterior-Syndrom:** ventrales Rückenmarkssyndrom mit **spastischer Paraparese**, bilateraler **dissoziierter Empfindungsstörung** (Schmerz- und

Temperaturempfinden), Miktions-, Defäkations-, Sexualfunktionsstörungen, meist durch Ischämie im Bereich der A. spinalis anterior

- **zentromedulläres Syndrom:** segmental bilaterale dissoziierte Sensibilitätsstörungen durch Läsion der kreuzenden Schmerz-/ Temperaturfasern, dazu segmental schlaffe Parese, meist durch Syringomyelie, intramedulläre Tumoren oder Blutungen
- **Conus-Syndrom: Reithosenanästhesie**, Miktions-, Defäkations-und Sexualstörungen, durch Schädigung in Höhe LWK 1 (S1-5), **keine** Paresen der Beine
- **Cauda-Syndrom:** hier zusätzlich zur Conussymptomatik radikuläre motorische und sensible Ausfälle der unteren Extremität (atrophische Paraparese, Areflexie, radikuläre Sensibilitätsausfälle), Analreflex erloschen. **Merke**: dringende OP-Indikation

Intramedulläre Prozesse

Intramedullär lokalisiert finden sich **Ependymome** (häufigster intramedullärer Tumor, gering invasives Wachstum →**77**), **Astrozytome** (meist benigne →**75**) und **Hämangioblastome** (vaskularisiert, mit Hippel-Lindau-Syndrom assoziiert →**77**). Exstirpation, evtl. mit Hilfe eines CO_2-Lasers (Therapie der Wahl).

Extramedullär intradurale Prozesse

Neurinome stellen hier die Hauptgruppe. Typisch ist ein radiologisch sichtbar verbreitertes Foramen intervertebrale. Neurinomwachstum nach paraspinal durch das Foramen intervertebrale zeigt sich als charakteristische Sanduhrformation (Sanduhrneurinom). Therapie durch mikrochirurgische Exstirpation. Seltener zeigen sich spinale arteriovenöse Fehlbildungen, die zu Durchblutungsstörungen des Rückenmarks und über eine venöse Stauung zu neurologischen Ausfällen führen.

Therapie durch Fistelverschluss (neuroradiologisch, operativ).

Extramedullär extradurale Prozesse

Neben Bandscheibenvorfällen zählen Metastasen zu den häufigsten extraduralen raumfordernden Prozessen. Häufige Primärtumoren sind das Mamma- (→**176**), Bronchial-, Prostata-, Nieren- und Schilddrüsenkarzinom (→**169**). Das Leitsymptom spinaler Metastasen ist der Rückenschmerz. Die Therapie erfolgt multidisziplinär (operative Resektion, Bestrahlung).

10.3.2 Wurzelkompressionssyndrome

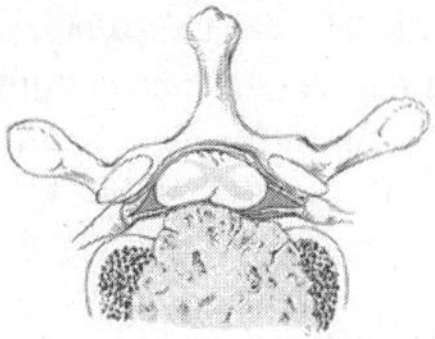

Die Inzidenz der **Bandscheibenvorfälle**, als häufigste Ursache von Wurzelkompressionssyndromen, liegt bei 150/100.000. Dabei ist die lumbale 10 x häufiger als die zerviko-thorakale Lokalisation. Der Prolaps betrifft meist Männer im Alter zwischen 30 und 40. Ursache sind degenerative Bandscheiben- oder Wirbelkörperveränderungen. Mediale Bandscheibenprotrusionen führen durch Kompression des Rückenmarks (Myelopathie) zu einer langsam progredienten spastischen Gangstörung an den Beinen mit positiven Pyramidenbahnzeichen.

Die häufigeren lateralen Protrusionen führen durch Wurzelkompression (Radikulopathie) zu einer radikulären **Symptomatik**. Zervikal sind besonders die Zwischenwirbelräume C5/6 und C6/7, lumbal L4/5 und L5/S1 betroffen. Die lumbalen Bandscheibenvorfälle manifestieren sich meist als „Hexenschuss", wobei der Schmerz meist entlang typischer Schmerzlinien (Valleix-Druckpunkte im Ischiadikusverlauf) in das Bein ausstrahlt

(Ischialgie, Lumboischialgie). Das Nervendehnungszeichen (Lasègue) durch Anhebung des gestreckten Beines am liegenden Patienten ist positiv (Schmerzverstärkung).
Der **Diagnostik** dienen neben dem neurologischen Befund Nativ-Röntgen, CT und MRT.

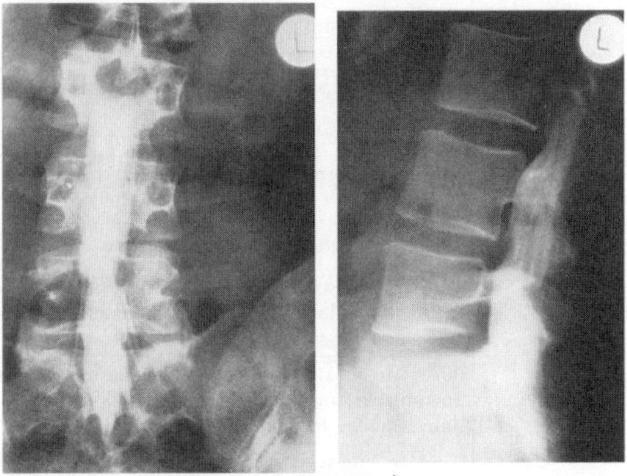

Lateraler Bandscheibenvorfall links, LWK 4/5

Die **Therapie** erfolgt zunächst meist konservativ durch Bettruhe, evtl. im Stufenbett mit lokalen Wärme- oder Kälteanwendungen, nichtsteroidalen Antiphlogistika und zentralen Muskelrelaxanzien. Bei therapieresistenten Schmerzsyndromen oder dem Auftreten eines Cauda-Syndroms besteht eine Operationsindikation zur Hemi-/Laminektomie mit mikrochirurgischer Ausräumung des Bandscheibenfaches. Selten angewandte Verfahren sind die enzymatische Chemonukleolyse oder die perkutane Nukleotomie.

RM-Segm.	Sensible Störung	Motorische Störung (Muskelparese, Reflexausfall)
C5	Schulter, lateraler Oberarm	M. deltoideus, M. bizeps brachii, BSR
C6	radialer Unterarm, Dig. I	M. biceps brachii, M. brachioradialis, BSR, RPR
C7	dorsaler Unterarm, Dig. II, III	M. triceps brachii, M. pronator teres, M. pectoralis major, Thenarmuskulatur, TSR
C8	ulnarer Unterarm, Dig. IV, V	kleine Handmuskulatur, Hypothenarmuskulatur, TSR, Trömner-Zeichen, Knips-, Kinoreflex
L3	ventraler Oberschenkel vom Trochanter major bis zur medialen Knieseite	M. quadrizeps femoris, M. iliopsoas, PSR
L4	Hüfte lateral, lateraler Oberschenkel, medialer Unterschenkel, Innenknöchel	M. quadrizeps femoris, M. tibialis anterior, PSR
L5	lateraler Unterschenkel, Fußrücken, dorsale Großzehe	M. extensor hallucis longus, M. extensor digitorum brevis, TPR, Hackengang erschwert
S1	dorsaler Ober-/Unterschenkel, Außenknöchel, Fußaußenrand, Kleinzehe	Mm. peronaei, M. triceps surae, M. glutaeus maximus, ASR, Zehenstand erschwert
(BSR = Bizepssehnenreflex, RPR = Radiusperiostreflex, TSR = Trizepssehnenreflex, PSR = Patellarsehnenreflex, TPR = Tibialis-posterior-Reflex, ASR = Achillessehnenreflex)		

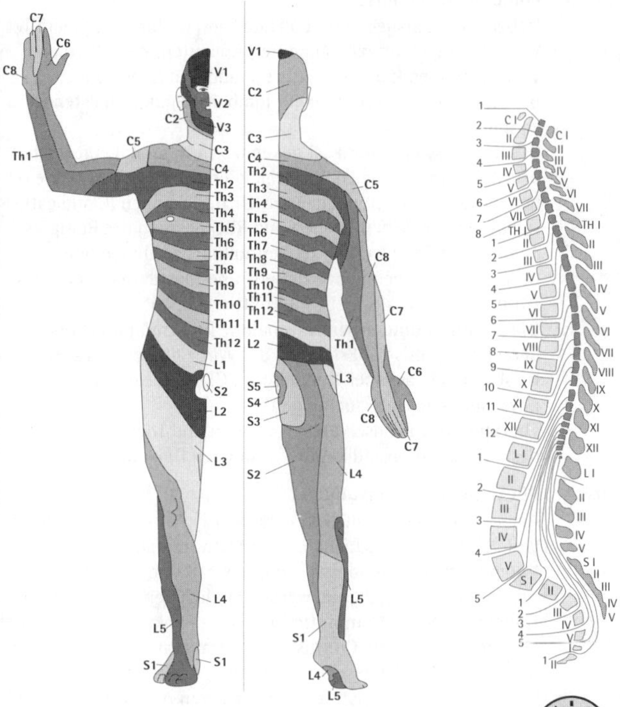

Radikuläre Dermatome

10.3.3 Lumbalkanalstenose

Neben einer anlagebedingten Enge kann es durch degenerative Veränderungen mit osteophytären Anbauten, Wirbelkörperverschiebungen (Spondylolisthesis) und Bandscheibenprotrusionen zum Syndrom der lumbalen Spinalkanalstenose kommen.

Klinik: die Symptomatik ist gekennzeichnet durch chronische belastungsabhängige Lumboischialgien, die sich unter Ruhe oder bei vornübergeneigtem Sitzen rasch zurückbilden (Claudicatio spinalis), beim Gehen, Stehen und Rückneigung des Rumpfes nehmen die Beschwerden zu, Sensibilitätsstörungen und Lähmungen können neben Blasen- und Mastdarmentleerungsstörungen, ebenfalls meist intermittierend, auftreten

Diagnostik: Röntgen-Nativaufnahme (in Schrägprojektion bei Spondylolisthesis zur Erfassung des Wirbelgleitens als sichtbares Halsband der Lachapel-Hundefigur), CT, MRT, elektrophysiologische Untersuchungen

Therapie: nach konservativem Versuch und Therapieresistenz besteht Operationsindikation zur inneren Dekompression

10.3.4 Rückenmarksverletzungen

Auch im Bereich des Rückenmarks werden offene und gedeckte Verletzungen unterschieden. Nach Schweregrad der posttraumatischen Funktionsstörung, Ausmaß und Art der substantiellen Schädigung werden ähnlich dem Schädel-Hirn-Trauma (→**86**) die **Commotio** (reversible Funktionsstörung durch stumpfe Gewalt), die **Contusio** (akut traumatisch mit medullären Ausfällen bis zur Querschnittslähmung) und die **Compressio** (z.B. zervikale Myelopathie mit radikulären Armsyndromen und spastischer Paraparese der Beine) differenziert.

0.3.5 Erkrankungen und Verletzungen peripherer Nerven

Von Verletzungen peripherer Nerven sind meist Männer betroffen. Aufgrund der exponierten Lage kommt es meist zur Ulnaris-/Peronäusläsion. Nach Seddon werden unterteilt: **Neuropraxie** (Leitungsblock ohne Strukturverletzung, spontane Rückbildung innerhalb weniger Stunden oder Tage), **Axonotmesis** (Axonunterbrechung bei erhaltener Außenstruktur, Degeneration des peripheren Axonabschnittes, Möglichkeit der Restitutio ad integrum), **Neurotmesis** (komplette Kontinuitätsdurchtrennung, meist Defektheilung, Regeneration aber möglich). Nervenregeneration mit ca. **1mm/d**

0.3.5.1 Nerven von Schulter, oberer Extremität

- **N. accessorius:** Atrophie des oberern Trapeziusanteils, Schultertiefstand, Schulterheberschwäche, besondere Verletzungsgefahr durch LK-Exstirpation im lateralen Halsdreieck
- **N. suprascapularis C4-6:** Atrophie M. supra-/infraspinatus mit Abduktions-/Außenrotationsschwäche
- **N. axillaris C5-6:** Atrophie M. deltoideus mit Abduktionsschwäche und Sensibilitätsstörung am lateralen Oberarm
- **N. musculocutaneus C5-7:** selten, Atrophie M. bizeps brachii, M. coracobrachialis, M. brachialis zu Ellenbeugungs-/Supinationsdefizit, Sensibilitätsstörung am radialen Unterarm
- **N. radialis C5-8:** als **obere** (Fallhand, Atrophie M. trizeps brachii), **mittlere** (Fallhand, Sensibilität radiale Finger), **untere Radialislähmung** (Fingerstrecker, M. abductor pollicis longus, M. extensor carpi ulnaris, Gubler-Schwellung als Handrücken--ödem), alle mit Sensibilitätsstörung der Hand radialseitig im Bereich des I.-III. Fingers bis zum Mittelgelenk, Sonderform:

Supinatorlogensyndrom als Läsion des rein motorischen R. profundus am Hals des Radius unter dem M. supinator

- **N. medianus C5-Th1:** als **obere** (Schwurhand) oder **untere Lähmung** (Thenaratrophie mit Abduktion-/ Oppositionsschwäche, **Brachialgia paraesthetica nocturna** [nächtliche Schmerzen der ersten drei Finger mit Ausstrahlung in die Beugeseite des Unterarms] beim Karpaltunnelsyndrom ⇢**318**, dazu **Hoffmann-Tinel-Zeichen** → Parästhesien bei Beklopfen des Karpaltunnels und **Phalen-Zeichen** → Dysästhesien nach passiver Extension/Flexion im Handgelenk, beim **Pronator-teres-Syndrom** (⇢**319**, Parästhesie der radialen Finger, z.T. Atrophie des M. abductor pollicis brevis (**Flaschenzeichen**] und M. flexor pollicis longus)
- **N. ulnaris C8-Th1:** zur Krallenhand mit Hypothenarschwäche Paresen des M. adductor pollicis (**Froment-Zeichen** → Daumenendgelenksbeugung zum Adduktionsersatz), Atrophie der Mm. lumbricales III/IV und Mm. interossei, Sensibilitätsstörung betont des 4. und 5. Fingers

10.3.5.2 **Nerven von Becken/unterer Extremität**

- **N. iliohypogastricus:** Schmerzen im Bereich des Beckenkamms
- **N. ilioinguinalis:** Schmerzen im Symphysenbereich
- **N. genitofemoralis:** Schmerzen im äußeren Genitale
- **N. cutaneus femoris lateralis:** Meralgia paraesthetica, Jeans-Krankheit durch Kompression unter dem Lig. inguinale zu Schmerzen im lateralen Oberschenkel
- **N. obturatorius:** zu Adduktorenparese, Schmerzen am medialen Oberschenkel
- **N. glutaeus superior:** Trendelenburg-Zeichen durch M.-glutaeus-medius-Parese

- **N. femoralis L1–4:** PSR abgeschwächt, Sensibilität im ventralen Oberschenkel und medialen Unterschenkel, bei proximaler Läsion auch Parese des M. iliopsoas
- **N. ischiadicus L4–S3:** bei Stammläsion ischiokrurale Muskulatur (Kniebeuger, Fußflexoren/-extensoren) paretisch, evtl. als Injektionslähmung (peronäusbetonte Fußparese und Fußsohlenanhidrose)
- **N. peronaeus L4–S2:** Fuß-/Zehenheberschwäche, Sensibilität lateraler Unterschenkel und Fußrücken, N. peronaeus profundus zu Fußheberschwäche und erschwertem Hackengang, dazu Sensibilitätsstörung zwischen Großzehe und 2. Zehe, bei Läsion des N. peronaeus superficialis Pronationsschwäche
- **N. tibialis L4–S3:** Wadenatrophie, Krallenstellung der Zehen, Tarsaltunnelsyndrom durch Einengung unter dem Retinaculum flexorum am Innenknöchel

EMG und ENG sind neben der neurologischen Untersuchung zur **Diagnostik** nützlich. Die **Therapie** erfolgt durch Rekonstruktion der Faszikelhüllen, um dem Nervenwachstum (1 mm/Tag) eine Leitschiene zu geben. Bei chronischen Läsionen mit Neurombildung oder Regenerationsstopp durch narbige Strikturen werden die nervalen Strukturen durch Neurolyse dekomprimiert.

10.3.6 Plexusparesen

10.3.6.1 Plexus cervicobrachialis

Führt zu heftigen Schmerzen und frühzeitigen Atrophien. Neben traumatischen Läsionen auch als Kompressionssyndrom (Skalenus-, Kostoklavikular-, Hyperabduktionssyndrom). Nach betroffenen Segmenten unterteilt in: **Erb-Lähmung** (obere

Plexuslähmung, C5-6, Arm hängt schlaff herunter mit nach hinten gedrehter Handfläche, BSR abgeschwächt, bei Mitbeteiligung von C7 als erweiterte obere mit TSR abgeschwächt) oder **Klumpke-Lähmung** (untere Plexuslähmung, C8-Th1, Krallenstellung der Hand, ulnare Sensibilitätsstörungen, Horner-Symptomatik).

10.3.6.2 Plexus lumbosacralis

Plexus lumbalis (L1-L4, Sensibilitätsstörungen am ventralen Oberschenkel, Atrophie der Hüftbeuger/Kniestrecker und Außenrotatoren/Adduktoren des Oberschenkels), **Plexus sacralis** (L4-S3, Sensibilitätsstörungen am dorsalen Oberschenkel, Atrophie der Hüftstrecker/Kniebeuger, gesamte Unterschenkel- und Fußmuskulatur/-sensibilität).

10.3.7 Trigeminusneuralgie

Unter Tic douloureux (Trigeminusneuralgie) versteht man das Auftreten attackenförmiger Schmerzen meist im Bereich des zweiten/dritten Trigeminusastes. Betroffen sind vornehmlich ältere Frauen. **Ätiologisch** wird eine Wurzelirritation im Bereich des Kleinhirnbrückenwinkels durch vaskuläre Kompression, Tumor oder Aneurysma angenommen. Oft Spontanremission.

Klinik: blitzartig einsetzende, einseitige Schmerzen, oft in Serien auftretend, die durch bestimmte Triggerreize ausgelöst werden können (z.B. Essen, Kauen)

Diagnostik: die typische Klinik ist wegweisend

Therapie: zunächst medikamentöse Therapie mit Carbamazepin, Phenytoin oder Thymoleptika; bei Therapieresistenz oder Medikamentenunverträglichkeit Anästhesie der Triggerzone, vaskuläre Dekompression nach Janetta, Thermorhizotomie oder als Ultima ratio partielle/komplette Wurzeldurchtrennung

☺ **Zeit für einen großen Kaffee ...** ☺

11 Thorax

11.1 Pathophysiologie der Atmung

Erkrankungen des Thorax zeigen vielfach das gemeinsame Merkmal der Störung des Gasaustausches. Dieser führt zu einer arteriellen Hypoxämie und respiratorischen Azidose. Nach der BGA wird die **Partialinsuffizienz** (arterielle Hypoxämie) von der **Globalinsuffizienz** (arterielle Hypoxämie und Hyperkapnie) differenziert. Nach pathogenetischen Gesichtspunkten werden **Diffusionsstörungen** (z.B. bei Lungenfibrose), **Ventilationsstörungen** (restriktiv z.B. beim Pneumothorax, obstruktiv z.B. beim Asthma bronchiale) und **Perfusionsstörungen** (z.B. bei Lungenembolie) unterschieden.

11.2 Untersuchungsmethoden

Neben der Anamnese (Schmerzen, Atemnot, Husten) dienen die Inspektion (Deformitäten, Atmungsbewegungen), Auskultation (Stridor, Dyspnoe), das Röntgen-Thorax-Bild, Lungenfunktionstests (FEV_1, Vitalkapazität) und die BGA der Routinediagnostik thorakaler Erkrankungen. Die weiterführende Diagnostik erfolgt je nach Indikation durch Bronchoskopie, Mediastinoskopie, Thorakoskopie und CT (evtl. mit Biopsie).

	Perkussionsschall	Auskultation	Rassel-/Nebengeräusche	Bronchophonie	Stimmfremitus
normaler Befund	laut, tief	vesikulär	keine	normal	normal
Infiltrate Pneumonie	gedämpft, hoch, auch tympanitisch	bronchial	klingend, hochfrequent, ohrnah; feucht: mittel-, feinblasig	verstärkt	verstärkt
Erguss, Empyem	absolute Dämpfung	abgeschwächt oder aufgehoben	keine	abgeschwächt; verstärkt über dem Erguss	abgeschwächt oder aufgehoben
Pneumothorax	hypersonor, metallisch	aufgehoben	keine	aufgehoben	aufgehoben
gr. Kaverne	metallisch	amphorisch	klingend	verstärkt	verstärkt
Obstruktion, Asthma bronchiale	hypersonor	exspiratorischer Stridor, polyphon	meist trocken; Giemen, Brummen, Pfeifen	normal bis verstärkt	normal bis verstärkt

11.3 Thoraxverletzungen

Thoraxverletzungen können neben der knöchernen Thoraxwand (Rippenfrakturen →**295**), die Lunge (Kontusion, Perforation), das Herz (Kontusion, Perforation), die Pleura (Hämatothorax, Pneumothorax), Tracheal- und Bronchialbaum (Mediastinalemphysem, Atelektase), den Ductus thoracicus (Chylothorax) und die großen herznahen Gefäße betreffen.

11.3.1 Pneumothorax

Definiert als Ansammlung von Luft im Pleuraspalt. Als **einfacher** (geschlossener, mit Lungenkollaps durch subpleurale Emphysemblasenruptur, keine Mediastinalverdrängung, oft als idiopathischer bei jungen Männern) oder **offener Pneumothorax** (Mediastinalflattern bei Atembewegungen im Rahmen penetrierender Verletzungen). Die wichtigste Kom-plikation ist die Entstehung eines **Spannungspneumothorax** durch Ventilfunktion der Öffnung und inspiratorischer Luftansammlung im Pleuraspalt, die exspiratorisch nicht mehr entweichen kann.

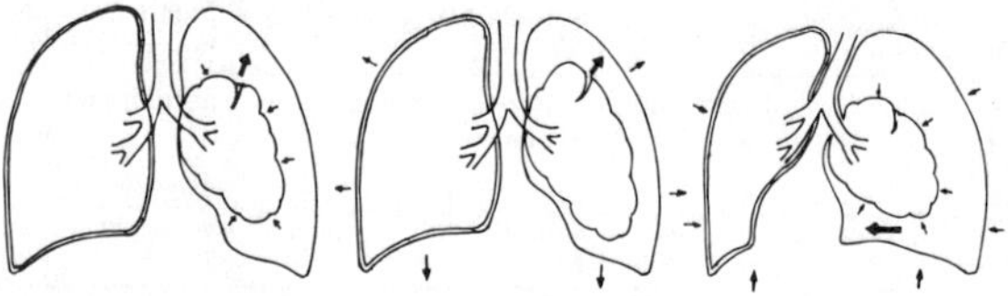

Pneumothorax, Spannungspneumothorax bei Inspiration und bei Exspiration

Dabei kommt es zu einer Mediastinalverschiebung in Richtung gesunde Lungenseite und Behinderung des venösen Rückstroms. Der Pneumothorax tritt gehäuft bei jungen Männern durch Ruptur subpleuraler Bullae bzw. bei älteren Emphysematikern auf. Rippenserienfrakturen, Stichverletzungen und Bronchusabrisse sind weitere Ursachen.

Klinik: asymptomatisch bei kleineren bis hin zur akuten Schmerzsymptomatik mit Kreislaufinsuffizienz, Tachykardie,

Halsvenenstauung, Zyanose, erniedrigtem systemischem Blutdruck und Tachypnoe beim Spannungspneumothorax, fehlendes Atemgeräusch auf der betroffenen Seite, hypersonorer Klopfschall

Diagnostik: Inspektion, Auskultation (fehlendes Atemgeräusch), Perkussion (hypersonorer Klopfschall), Röntgen-Thorax (abgrenzbarer Pleurarandschatten), CT (subpleurale Emphysemblasen)

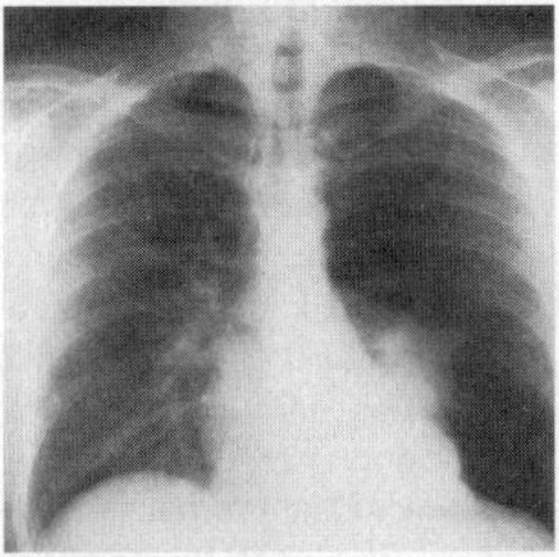

Pneumothorax links

Therapie: sofortige Thoraxdrainage (→**30**, Bülau-Drainage →**29**, im Notfall auch mit Kanüle oder Kulli), bei rezidivierendem Pneumothorax oder nachgewiesenen Emphysemblasen evtl. partielle Pleurektomie, Pleurodese oder atypische Resektion verbliebener Emphysemblasen.

11.3.2 Mediastinalemphysem

Durch Perforation (traumatisch, spontan, iatrogen) intrathorakaler Hohlorgane (Ösophagus, Trachea) entstandene Luftansammlung im Mediastinum, evtl. kranial aufsteigend bis in die Hals-/Gesichtsregion.

Cave: frühzeitige Therapie wegen der Gefahr der Entwicklung einer hochletalen Perforationsmediastinitis (→**109**).

11.4 Thoraxwand und Pleura

11.4.1 Deformitäten

Trichterbrust, Pectus excavatum

Trichterförmige Einziehung der vorderen Thoraxwand mit tiefstem Punkt am mediokaudalen Anteil des Sternums. Mehr Männer als Frauen betroffen. Die Entwicklung erfolgt während des ersten Lebensjahrs und bleibt meist asymptomatisch. Evtl. therapeutische Operation im Alter von 12-14 J. mit Osteotomie der Rippen und des Sternums und interner Fixation meist allein aus kosmetischen Gründen.

Kielbrust, Hühnerbrust, Pectus carinatum

Das Sternum ist mit den angrenzenden Rippen in seinem kaudalen Anteil spitzwinklig prominent. Diese Deformität ist zehnmal seltener als die Trichterbrust und tritt im Rahmen der standardisierten Rachitisprophylaxe heutzutage kaum noch auf.

Die **Therapie** erfolgt durch Wuchslenkung mit Anlegen einer Pelotte; eine Operation ist selten angezeigt, da die kosmetische Beeinträchtigung meist gering ist.

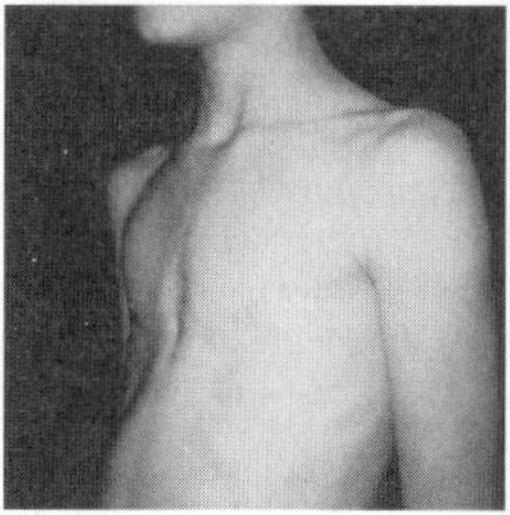

Kielbrust, 10-jährige Patientin
[IMPP-Prüfungsabbildung]

11.4.2 Pleuraerguss

Ansammlung von Flüssigkeit im Pleuraspalt. Beim **Serothorax** durch Transsudat (bei kardiovaskulärer Stauung, Hypoproteinämie, symptomatisch bei Oberbaucherkrankungen

(z. B. Aszites →244), meist rechts > links), **Pyothorax** (Pleuraempyem) durch entzündliche Exsudate (bei Pneumonie, Pleuritis), **Hämatothorax** durch Blut (oft iatrogen nach fehlerhafter ZVK-Anlage) und **Chylothorax** durch Lymphe.

Klinik: neben den Symptomen der Grunderkrankung bestimmt die Größe des Ergusses die Symptomatik, die von asymptomatischen Stadien bis zu einer ausgeprägten Dyspnoe und respiratorischer Dekompensation reicht

Diagnostik: Auskultation (aufgehobenes Atemgeräusch), perkutorische Dämpfung entlang Ellis-Damoiseau-Linie, Sonographie, Röntgen-Thorax (Verschattungen)

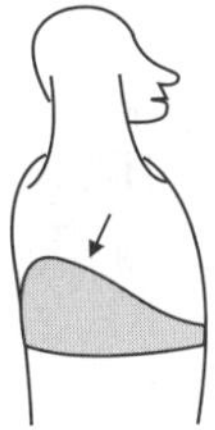

Ellis-Damoiseau-Linie

Form	Exsudat	Transsudat
Protein	> 30g/l	*< 30g/l*
spez. Gewicht	> 1016	*< 1016*
LDH	> 200 U/l	*> 200 U/l*
Glukose	< Serumkonz.	*= Serumkonz.*
Leukos	> 1000/µl	*< 1000/µl*
Farbe	bernsteinfarben	*serös*

Therapie: neben Therapie der Grunderkrankung evtl. Antibiose, Punktion und Drainage (hintere Axillarlinie im 7. ICR), bei Pleuraempyemresthöhle evtl. Dekortikation und Thorakoplastik (auch mal wieder ein IMPP-Highlight).

11.4.3 Pleuraschwarte

fibröse Verdickung der Pleura

11.4.4 Pleuritis

Akute oder chronische umschriebene oder diffuse Entzündung der Pleura übergreifend von Nachbarorganen (Begleitpleuritis bei Pneumonie, Myokardinfarkt) oder hämatogen metastatisch entstanden.

Klinik, **Formen** und **Pathogenese:**

Form	Pat	Kli
P. sicca, P. fibrinosa	fibrinöser Belag zwischen Pleurablättern, geht der P. exsudativa meist voraus	*bei forcierter Atmung Pleurareibeschmerz, Reizhusten ohne Auswurf, meist kein Fieber, Ausk: atemabhängiges Reibegeräusch (Lederknarren)*
P. exsudativa	mit Erguss einhergehend	*Atemnot, thorakales Druckgefühl, Schulterschmerz (Phrenikusreizung), subfebrile Temp. bis hohe Kontinua*
P. carcinomatosa	bei Lungen- u. Pleuratumoren	
P. tuberculosa	bei Postprimär-Tbc	
P. adhaesiva	Ausheilungsphase mit Bildung einer Pleuraschwarte	*Ko: totale Mantelschwarte „gefesselte Lunge" ⇒ Dekortikation*

Diagnostik: Auskultation (Pleurareiben, evtl. aufgehobenes Atemgeräusch bei Erguss), Röntgen-Thorax (Erguss, bei chronischer Pleuritis evtl. Schwarten)
Therapie: entsprechend der Grundkrankheit.

11.4.5 Tumoren

Thoraxwand

Unter den insgesamt seltenen **primären** Tumoren des Thoraxwandskeletts zeigen sich benigne (Chondrome, eosinophile

Granulome, fibröse Dysplasie, Hämangiome) und maligne Neoplasien (Chondrosarkom, osteogenes Sarkom, Myelome, Ewing-Sarkome →**291**). Häufiger als primäre Tumoren zeigen sich die **sekundären** (metastatische oder infiltrative) Absiedlungen im Bereich der Thoraxwand.

Pleuratumoren

Auch die Pleura zeigt wenige primäre und meist sekundäre Neoplasien. Unter den primären existieren benigne Lipome, Hämangiome, Fibrome und das **maligne Pleuramesotheliom.** Letzteres tritt als Tumor der Serosa-Deckzellen oft nach jahrelanger Asbestexposition **lokalisiert** (breitbasig oder gestielt mit besserer Prognose) **oder flächenhaft** wachsend (schlechtere Prognose) auf. Es führt zunächst zu einem (meist hämatogenen) Erguss, durch Atelektasen zu Dyspnoe und im späteren Verlauf zu ausgeprägter Schmerzsymptomatik durch lokale Infiltration. Die operative **Therapie** erfolgt (wenn überhaupt noch möglich) durch Pleurektomie bzw. Pleuropneumektomie. Bei Inoperabilität Zytostatikainstallation, Bestrahlung. Nach radikaler Resektion 5 Jahresüberlebensrate 10%.

11.5 Mediastinum

11.5.1 Mediastinitis

Entzündung des Mediastinums meist durch Hohlorganperforation (siehe auch Mediastinalemphysem →**105**), Deszension entzündlicher kollarer Prozesse (Tonsillitis, Pharyngitis) oder Übergreifen benachbarter Entzündungen (Lungenabszesse, Pleuraempyem). Schwere septische Krankheitsbilder werden durch die rasche Ausbreitung im lockeren Bindegewebe des Mediastinums begünstigt.

Klinik: die Symptomatik der Mediastinitis zeigt neben entzündlichen Allgemeinreaktionen (Fieber, Schmerzen, Tachykardie) spezielle Symptome in Abhängigkeit der Lokalisation und Funktionsstörung mediastinaler Strukturen (Stokes-Kragen bei oberer Einflussstauung, Horner-Syndrom bei Grenzstrang-befall, Singultus bei Phrenikusirritation, Dysphagie, Dyspnoe, Interkostalneuralgie etc.), dazu zeigt sich oft ein schneller Übergang in eine fulminante Sepsis
Diagnostik: Klinik, Röntgen-Thorax (evtl. Luftansammlung, Mediastinalverbreiterung), Entzündungszeichen im Blutbild
Therapie: neben hochdosierter Antibiotikatherapie Eröffnung und Entlastung des Mediastinums je nach Lokalisation der Entzündung (kollare, parasternale oder posteriore Mediastinotomie).

11.5.2 Mediastinaltumoren

Mediastinal existieren vielfältige Tumoren, die nach Lokalisation differenziert werden (und deren Lage gleichfalls beliebt vom IMPP abgefragt wird). Im **hinteren** Mediastinum finden sich v.a. neurogene Tumoren (Neurinome, Meningeome, Paragangliome), **zentral** zeigen sich Lymphome, Granulome, Teratome oder auch bronchogene Zysten. Die Raumforderungen im **vorderen** Mediastinum werden weiter unterteilt durch Lage in einer oberen (Struma (→**166**), Thymome, Lymphome) und einer unteren Etage (Perikardzysten, Lipome).

> **Merke:** *bei Myasthenia gravis Thymektomie evtl. auch ohne nachweisbaren Tumor angezeigt*

Klinik: Symptome zeigen sich meist erst in späteren Stadien und sind abhängig von Lokalisation, Art und Größe des Tumors; Zeichen der Myasthenia gravis finden sich gehäuft bei Thymomen

Diagnostik: Röntgen-Thorax (Mediastinalverbreiterung), CT, Bronchoskopie, Mediastinoskopie (transjugulär ins vordere Mediastinum), Angiographie
Therapie: transthorakale, -zervikale, -sternale oder thorakoskopische Exstirpation je nach Tumorlokalisation.

11.6 Bronchien und Lunge

11.6.1 Lungensequestration

Kongenitale Fehlbildung der Lunge, meist als zystisch umgewandelter akzessorischer Lungenlappen ohne Anschluss an das Tracheobronchialsystem. Die arterielle Perfusion erfolgt aus dem großen Kreislauf (Aorta). Zeigt sich meist asymptomatisch oder durch rezidivierende Pneumonien und Hämoptoen. Therapiert durch Resektion.

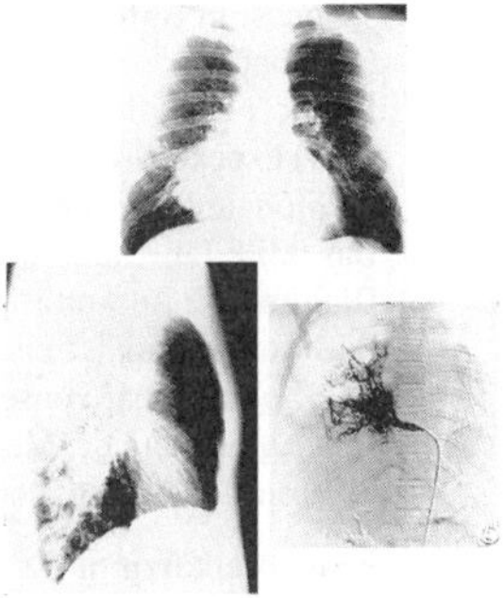

Lungensequestration

11.6.2 Zystische Fehlbildungen

Mit respiratorischen Epithel ausgekleidete Hohlräume der Lunge in unterschiedlicher Ausprägung und Häufigkeit. Wabenlunge als Sonderfall unter Befall der gesamten Lunge.

11.6.3 Arteriovenöse Aneurysmen

Mit Endothel ausgekleidete hohlraumartige Verbindungen zwischen Lungenarterie und Vene.

11.6.4 Bronchiektasien

Bronchiektasien sind Bronchusausweitungen, primär bedingt durch Wandschwäche und Mukosahypertrophie, sekundär durch spastische, chronisch-asthmatische Bronchitis mit sekundärer Infektion und Wandzerstörung. Lokalisiert sind sie meist in Unterlappen, Lingula und Mittellappen.

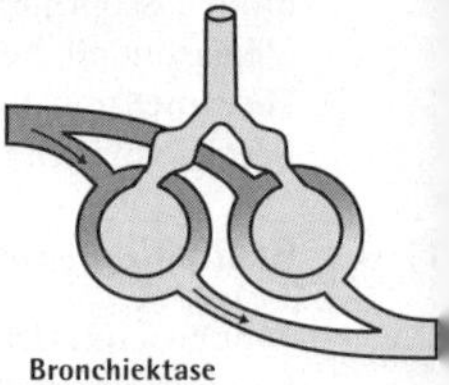

Bronchiektase

Klinik: neben der maulvollen, dreischichtigen (Schleim, Blut, Eiter) Expektoration morgens finden sich besonders rezidivierende pulmonale Infektionen.

☝ Das IMPP fährt besonders auf die Hämoptysen ab.

Diagnostik: Auskultation (grobblasige Rasselgeräusche), Röntgen-Thorax (streifige Verschattungen), CT, Bronchographie

Therapie: primär konservativ internistisch (tägliche Lagerungsdrainage, Mukolyse, Antibiose nach Antibiogramm), bei lokalisierten Ektasien oder Hämoptoe evtl. Segmentresektion.

11.6.5 Bronchialkarzinom

Das Bronchialkarzinom ist die häufigste Krebstodesursache beim Mann im Alter zwischen dem 50.-70. Lebensjahr. Es stellt 98% aller Lungentumoren. Männer sind sechsfach häufiger betroffen als Frauen. **Ätiologisch** bedeutsam ist v.a. der inhalative Zigarettenkonsum (Angabe in pack-years als Anzahl der Jahre unter Konsum von 20 Zigaretten am Tag). Aber auch Arsen, Asbest, Chromverbindungen, polyzyklische aromatische Kohlenwasserstoffe, Narben etc. stellen Kanzerogene dar. Generell zeigt sich bei allen Bronchialkarzinomen außer dem Plattenepithelkarzinom eine relativ frühe Metastasierung (oft auch in die Nebennieren). Gehäuft treten bei kleinzelligen Bronchialkarzinomen paraneoplastische Syndrome auf.

T1	< 3 cm, kein Hinweis auf Befall proximal eines Lappenbronchus
T2	> 3 cm bzw. Tumor mit partieller Atelektase oder obstruktiver Entzündung bis zum Hilus
T3	jede Größe, Infiltration benachbarter Strukturen, TU weniger als 2 cm distal der Carina, totale Atelektase, TU mit obstruktiver Pneumonie einer ganzen Lunge
T4	Infiltration von Mediastinum, großen Gefäßen, Herz, Trachea, Ösophagus; maligner Erguss
N1	peribronchiale, ipsilaterale hiläre Lk
N2	ipsilaterale mediastinale Lk
N3	kontralaterale mediastinale, Skalenus- oder supraklavikuläre Lk
M0	keine Fernmetastasen
M1	Fernmetastasen, auch Lk kontralateral hilär, an Hals und M. scalenus
Gx	Differenzierung: G1 gut, G2 mäßig, G3 schlecht differenziert, G4 undifferenziert

Die Stadieneinteilung des kleinzelligen Karzinoms erfolgt, da zum Diagnosezeitpunkt meist schon metastasiert, vereinfacht:

limited disease (30%)	Tumor begrenzt auf eine Thoraxhälfte mit oder ohne Befall des Mediastinums und der gleichseitigen supraklavikulären LK, aber ohne Pleuraerguss oder Einflussstauung
extensiv disease (70%)	ED I unter Befall der kontralateralen Hiluslymphknoten bzw. als ED II unter Befall der kontralateralen Lunge sowie alle übrigen Stadien

Histologie: Plattenepithel 45%, kleinzelliges Karzinom 25% (leitet sich von neuroendokrinen Zellen ab), Adenokarzinom 15%, großzelliges Karzinom 10%, klinisch wird häufig primär von den

„Kleinzellern" und den restlichen „Nichtkleinzellern" (NSCLC) gesprochen (wichtig v.a. für die Therapie)

kleinzelliges Bronchial-Ca (25%, undifferenziert. Ca. n. WHO-Eint)
Oat-cell-Karzinom (Haferkörnern gleichend) Oat-cell-Typ (ektope Hormonproduktion)
nichtkleinzelliges Bronchial-Ca (NSCLC)
Plattenepithelkarzinom (45%)
Adenokarzinom (15%): azinär, papillär, solide mit Schleimbildung, bronchoalveolär; Pulmonoblastom
großzelliges Bronchialkarzinom (10%): Riesenzell-Ca, klarzell. Ca (undiff. Ca. n. WHO)
andere (5%): adenosquamöses Ca, Karzinoide, Bronchialdrüsen-Ca (adenoidzystisches Ca, mukoepidermoides Ca), bronchoalveoläres Ca

Klinik: früh zeigen sich meist gar keine oder allein unspezifische Symptome, im Verlauf kann es zu Fieber, Nachtschweiß, Leistungsminderung, Gewichtsverlust, Reizhusten, Hämoptoe, Dyspnoe und Thoraxschmerzen kommen; Einflussstauung, Zwerchfelllähmung oder Heiserkeit durch entsprechende Nerveninfiltration (z.B. Recurrens-Phrenikusparese, Horner-Syndrom oder Brachialgie beim Pancoast-Tumor → Tumor der Lungenspitze mit Infiltration der ersten Rippe) zeigen sich bei sehr fortgeschrittenen Stadien. Evtl. Auftreten **paraneoplastischer Syndrome** (Sekretion von Polypeptid-hormonen bei 50% der kleinzelligen Bronchial-Ca): Cushing-Syndrom (ACTH) (→**260**), maligne Hyperkalzämie (parathormon-verwandte Peptide PTHrP), Hyperthyreose (TSH, meist kardio-vaskuläre Klinik: Tachykardie), Schwartz-Bartter-Syndrom (= SIADH, Syndrom der inadäquaten ADH-Sekretion, mit Verdünnungshyponatriämie, H_2O-Intoxikation), Lambert-Eaton-Syndrom (Schwäche und schnelle Ermüdbarkeit der proximalen Extremitätenmuskulatur = Pseudomyastheniesyndrom)

Lokalisation:

zentral hilusnah	peripher	diffus
ca. 70%	ca. 25%	*ca. 3%*
meist kleinzellig oder Plattenepithel	häufig Adeno, Sonderform: Pancoast	*Alveolarzellkarzinom*

Diagnostik: meist ist das Bronchialkarzinom ein Zufallsbefund im Röntgen-Thorax, weiter dienen Bronchoskopie, CT und Feinnadelpunktion (→**30**) der Diagnostik, als Tumormarker stehen beim SCLC die NSE (neuronspezifische Enolase) und bei den NSCLC CYFRA 21-1 zur Verfügung.

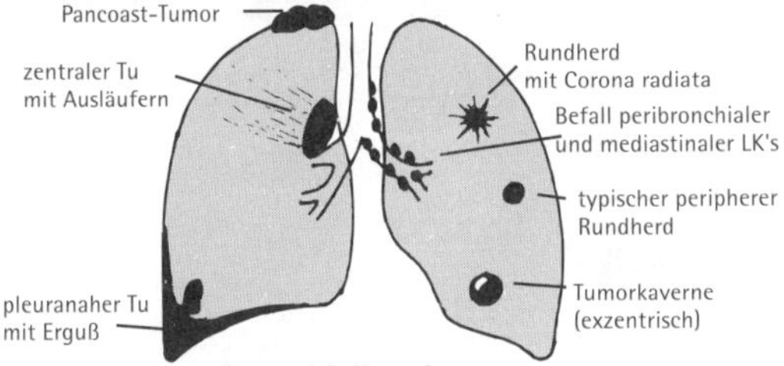

Bronchialkarzinom

Therapie: operativ bei NSCLC bis Stad. IIIa: Resektion mit kurativer Zielsetzung, d.h. Lobektomie oder Bilobektomie, Pneumektomie, Lymphknotendissektion (adjuvant Radiatio), Polychemotherapie bei Kleinzeller, z.B. ACO-Schema: Adriamycin (= Doxorubicin®), Cyclophosphamid (= Endoxan®), Oncovin (= Vincristin®), dazu evtl. Radiatio mit einer Tumorvernichtungsdosis von 50 Gy (hyperfraktioniert), meist nur palliativ; beim kleinzelligen Bronchialkarzinom und Vollremission

empfiehlt sich eine prophylaktische Bestrahlung des Schädels (30 Gy in 15 Fraktionen);
sonstige Therapie: bronchoskopische Lasertherapie, Einsetzen von Stents, Analgetika bei Tumorschmerz, beim Pancoast-Karzinom evtl. endoluminale Kleinraumbestrahlung (Brachytherapie)

> **Merke:**
> *Die 5-Jahres-Überlebensrate beträgt postoperativ 20-30%, aber 50% der Karzinome sind bereits bei Diagnosestellung inoperabel. Die Prognose von im Frühstadium diagnostizierten Bronchialkarzinomen hängt vorwiegend vom histologischen Zelltyp und Differenzierungsgrad des Tumors ab.*

☺ **Kaffee!!** ☺

12 Herz

12.1 Kongenitale Gefäßfehler ohne Kurzschluss

12.1.1 Pulmonalstenose

Angeborene, meist valvuläre Stenose mit Verschmelzung der Kommissuren oder subvalvulär (infundibulär) durch Septummuskelhypertrophie. Führt zu rechtsventrikulärer Hypertrophie und poststenotischer Dilatation der A. pulmonalis.
Klinik: Belastungstachykardie, -dyspnoe, Pressstrahlsystolikum (2. ICR li. parasternal), evtl. periphere Zyanose (bei Rechts-links-Shunt und offenem Foramen ovale, die isolierte Pulmonalstenose ist aber azyanotisch)
Diagnostik: Röntgen-Thorax (prominentes Pulmonalissegment, retrosternale Einengung, verminderte Lungengefäßzeichnung), EKG (P-pulmonale, Rechtsherzhypertrophie), Herzkatheter (Druckgradient Ventrikel-A. pulmonalis)

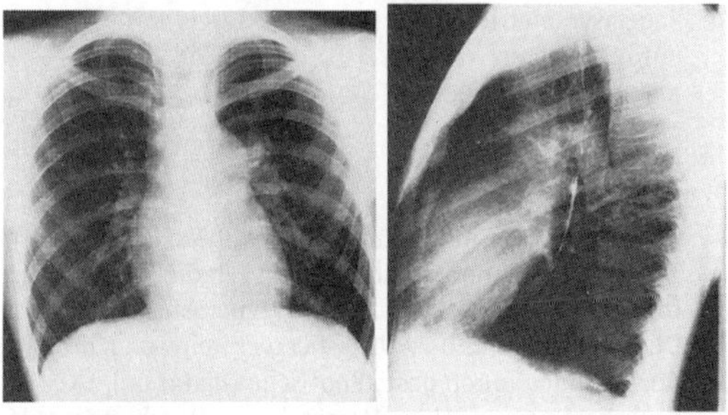

Rechtsherzvergrößerung bei Pulmonalklappenstenose
[IMPP-Prüfungsabbildung]

Therapie: > 60 mmHg Ruhedruckgradient Kommissurotomie, transventrikuläre Infundibulumresektion
Prognose: bei unkompliziertem Verlauf ist das Risiko einer Elektivoperation im Vorschulalter < 5%.

12.1.2 Aortenstenose

Stenosierung des linksventrikulären Ausflusstrakts durch valvuläre (häufigster Typ), subvalvuläre (membranös/hypertrophisch) oder supravalvuläre Engstelle (selten). Angeboren (Kommissurenverschmelzung, Segelasymmetrien mit bikuspidaler Klappenanlage) oder erworben (rheumatisch, senil-degenerativ-sklerotisch)

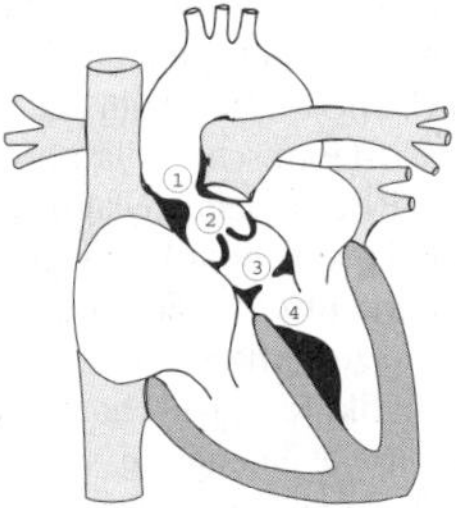

1 supravalvuläre Aortenstenose
2 valvuläre Aortenstenose
3 membranöse subvalvuläre Aortenstenose
4 idiopathische hypertrophe Subaortenstenose (IHSS) = hypertrophe obstruktive Kardiomyopathie (HOCM)

Einengungen der linksventrikulären Ausflussbahn

Klinik: Leistungsminderung, pektanginöse Beschwerden, Synkopen, Dyspnoe, spindelförmiges in die Karotiden fortgeleitetes Systolikum (2. ICR re. parasternal)
Diagnostik: Rö-Thorax (Linksherzverbreiterung, prominenter Aortenbogen durch poststenotische Dilatation), EKG (Linksherzhypertrophie), Herzkatheter (Druckgradient Ventrikel-Aorta)

Therapie: > 60 mmHg Ruhedruckgradient Kommissurotomie, Klappenersatz, Kunststofferweiterungs-Patch der Aorta ascendens, transaortale Resektion oder Inzision der fibromuskulären subvalvulären Einengung je nach Lokalisation der Stenose.

2.1.3 Aortenbogenanomalien

Gefäßmissbildungen infolge ausbleibender Rückbildung der fetal paarig angelegten Aorta und der sie verbindenden Kiemenbogenarterien.

Doppelter Aortenbogen

Doppelte Aortenbogenanlage, wobei der rechte (hintere) und linke (vordere) Bogenanteil unterschiedliche Durchmesser aufweisen kann. Kurz nach Geburt treten Dysphagie und Stridor infolge Kompression der in der Gefäßschlinge liegenden Trachea und Ösophagus auf. Frühzeitig OP anstreben mit Durchtrennen des vorderen, in der Regel schwächeren Bogens.

Rechtsdeszendierende Aorta

Rechts der Wirbelsäule deszendierende Aorta, die nur symptomatisch wird, wenn ein abnormal dorsal von Trachea und Ösophagus verlaufendes langes Lig. arteriosum besteht.

Arteria lusoria

Fehlabgang der rechten A. subclavia vom linken Bogenrand und Verlauf dorsal von Trachea und Ösophagus. Therapiert werden symptomatische Formen mit Abtrennung der A. lusoria (Arm über Kollateralgefäße versorgt).

Unterbrochener Aortenbogen

Je nach Lokalisation der Unterbrechung als Typ A (distal der linken A. subclavia), Typ B (zwischen linker A. subclavia und A. carotis communis sinistra) oder Typ C (zwischen linker A. carotis communis und Truncus brachiocephalicus). Der jeweils distale Teil der Aorta wird von einem großen Ductus Botalli gespeist. Zusätzlich bestehen häufig intrakardiale Missbildungen (z.B. VSD) End-zu-End-Anastomose der beiden Aortenstümpfe.

12.1.4 **Aortenisthmusstenose**

Angeborene Stenose der Aorta distal des Abgangs der A. subclavia sinistra, oft kombiniert mit anderen kongenitalen Herzvitien. Als präduktale (infantil, 25%, proximal des offenen Ductus Botalli) oder postduktale **Form** (adult, 75%, distal des geschlossenen Ductus Botalli).

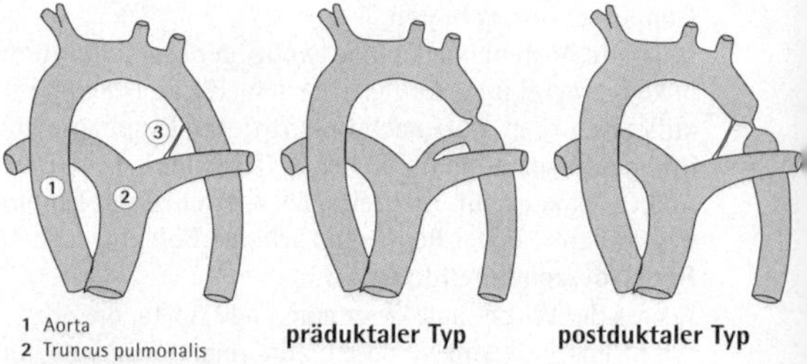

1 Aorta
2 Truncus pulmonalis
3 Ligamentum arteriosum (Rest des Ductus arteriosus Botalli)

Klinik: Präduktale Form: Zyanose der unteren Körperhälfte, Zeichen der Rechtsherzbelastung, Meso- bis Spätsystolikum über Aorta. Postduktale Form: warme Hände, kalte Füße, fehlende Femoralispulse, Hypertoniekopfschmerz (obere Körperhälfte), tastbare Kollateralen (Interkostalarterien), Epistaxis, frühsystolischer Klick, Meso- bis Spätsystolikum über Aorta
Diagnostik: Echo (Nachweis der Stenose), Rö-Thorax (präduktale Form: Kardiomegalie, Lungenstauung, postduktale Form: Einkerbung der Aorta, Rippenusuren), Herzkatheter (Druck-

bestimmung, Shunt- und Widerstandsberechnung), EKG (präduktale Form: Rechtslagetyp, Rechtsherzhypertrophie, postduktale Form: Linkslagetyp, Linksherzhypertrophie)

Therapie: operativ im frühen Säuglingsalter durch Subclavian-Patch-Plastik („flap", Arm wird über kollaterale Gefäße versorgt), bei älteren Kindern und Erwachsenen alleinige Resektion der Enge (Coarctectomy) und End-zu-End-Anastomose (kurzstreckige Stenose), Resektion und Interposition einer Gefäßprothese (Graft, langstreckige Stenose), bei der präduktalen Form zusätzlich Duktusverschluss, leichte Stenosen alternativ mittels Ballondilatation.

2.2 Kongenitale azyanotische Herz-/Gefäßfehler mit Links-rechts-Kurzschluss

2.2.1 Vorhofseptumdefekt

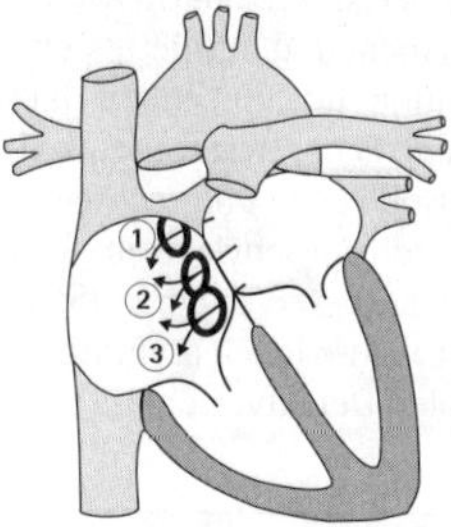

Vorhofseptumdefekte

1 Sinus-venosus-Defekt
2 Ostium-secundum-Defekt
3 Ostium-primum-Defekt

Der Vorhofseptumdefekt ist der häufigste angeborene Herzfehler des Erwachsenen-alters. Als **Ostium-primum-Defekt** (ASD I, tiefsitzend, Hemmungsmissbildung des Endokardkissens, häufig bei Down-Syndrom), **Ostium-secundum-Defekt** (ASD II, häufigste Form, Entwicklungshemmung des Septum secundum kranial der Fossa ovalis), **Sinus-venosus-Defekt** (seltener hoher Defekt an der Grenze zur oberen Hohlvene) oder **Foramen-ovale-Defekt** (25% aller Menschen haben ein sondierbares Foramen ohne LR-Shunt).

Lutembacher-Syndrom: seltene Kombination aus ASD mit Mitralstenose. Es kommt zu pulmonaler Volumenüberlastung, Rechtsherzdilatation mit reaktiver pulmonaler Hypertonie, selten Shuntumkehr mit Eisenmenger-Reaktion (zentrale Zyanose).

Klinik: häufig asymptomatisch bei LR-Shunt < 30%, ab LR-Shunt > 30% Blässe, graziler Körperbau, Leistungsminderung, Belastungsdyspnoe, evtl. Rhythmusstörungen, pulmonale Infekte

Diagnostik: Auskultation (spindelförmiges Systolikum über Pulmonalklappe als relative Pulmonalstenose), fixierte Spaltung des 2. HT (atemunabhängig), EKG (inkompletter [80%] und kompletter [10%] Rechtsschenkelblock, Rechtsherzhypertrophie, Rechtstyp bei ASD II, Linkstyp bei ASD I), Rö-Thorax (Rechtsherzhypertrophie mit Einengung des Retrosternalraums, verstärkte Lungengefäßzeichnung mit „tanzenden Hili" und prominentem Pulmonalisbogen), Echo, Herzkatheter, O_2-Partialdrucksprung zwischen Hohlvenen und rechtem Vorhof

Therapie: konservativ (Endokarditisprophylaxe, im Spätstadium Therapie der Herzinsuffizienz), Katheterverfahren (Schirmchen), operativ indiziert ab LR-Shunt > 30% (auch asymptomatische) im Vorschulalter durch transatrialen Defektverschluss mit direkter Naht oder Kunststoff-Patch

Merke: *Inoperabilität besteht bei Eisenmenger-Reaktion (Shunt-Umkehr)*

2.2.2 Ventrikelseptumdefekt

Als **häufigster kongenitaler Herzfehler** zur Hälfte kombiniert mit anderen Herzfehlern. Membranös (70%, Pars membranacea des Kammerseptums), infundibulär (unterhalb der Aortenklappe), muskulär (tiefsitzend im Pars muscularis des Kammerseptums als M. Roger) oder als Endokardkissendefekt (an der AV-Klappengrenze). Führt zur Volumenbelastung des linken Ventrikels, pulmonaler Hypertonie mit Druck- und Volumenbelastung des rechten Ventrikels.

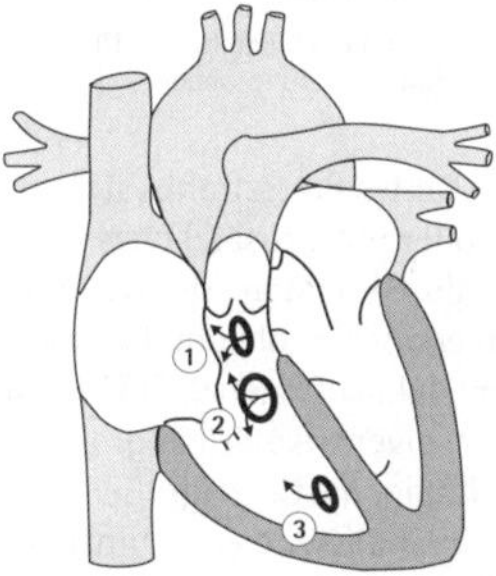

Ventrikelseptumdefekte

1 infundibulärer VSD
2 membranöser VSD
3 muskulärer VSD

Klinik: je nach Größe: kleiner VSD (< 0,5 cm^2/m^2 KO, LRS < 50%: keine Symptome außer Herzgeräusch, viel Lärm um nichts), mittelgroßer VSD (0,5 -1 cm^2/m^2 KO, LRS ca. 50%: pulmonaler Druck steigt, Belastungsdyspnoe), großer VSD (> 1 cm^2/m^2 KO, LRS > 50%: zunehmende pulmonale Hypertonie, bereits im 2. Lebensjahr drohen schwere Komplikationen).

Komplikationen sind die irreversible Pulmonalsklerose, Eisenmenger-Reaktion (Shuntumkehr) mit zentraler Zyanose, Herzinsuffizienz, Trommelschlegelfinger, Uhrglasnägel, pulmonale Infekte und Gedeihstörungen

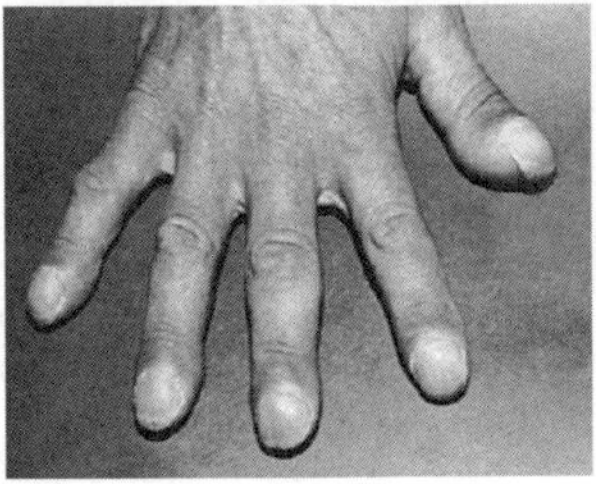

Trommelschlegelfinger (Uhrglasnägel) [IMPP-Prüfungsabbildung]

Diagnostik:
Auskultation (kleiner VSD: lautes Pressstrahlsystolikum 3. ICR parasternal links, mittelgroßer VSD: zusätzliches Mitralströmungsgeräusch durch relative Stenose, großer VSD: leiser werdendes oder fehlendes Systolikum, frühdiastolisches Decrescendo infolge Pulmonalinsuffizienz), EKG (ab mittlerem VSD Linksherzhypertrophie, biventrikulär bei großem VSD), Rö-Thorax (kleiner VSD unauffällig, mittlerer/großer VSD: Linksherzhypertrophie, betontes Pulmonalissegment, „tanzende Hili" in der Durchleuchtung), Echo, Herzkatheter

Therapie: konservativ (Endokarditisprophylaxe, im Spätstadium Therapie der Herzinsuffizienz), operativ bei mittlerem VSD elektiv im Vorschulalter, bei großem VSD durch transatrialen oder transventrikulären Patch-Verschluss des Defekts im ersten Lebensjahr

Merke: *Inoperabilität bei Eisenmenger-Reaktion*

12.2.3 Ductus arteriosus Botalli (DAB)

Definiert als persistierende fetale Verbindung zwischen Aorta und A. pulmonalis. Oft bei Frühgeburten und Rötelnembryopathie. Führt zur Volumenbelastung des linken Herzens mit Linksherzinsuffizienz sowie reversibler pulmonaler Hypertonie, Druckbelastung des rechten Herzens, spätere Entwicklung einer fixierten irreversiblen Pulmonalhypertonie, dann evtl. erneute Shuntumkehr mit zentraler Zyanose (Eisenmenger).

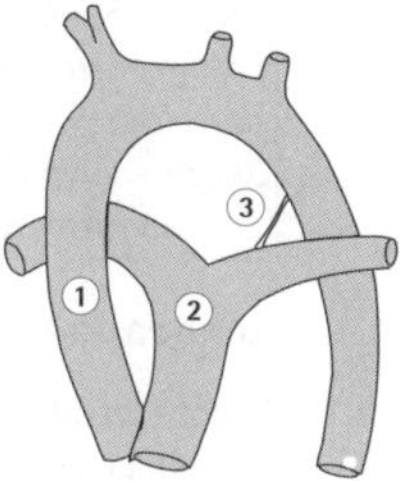

1 Aorta
2 Truncus pulmonalis
3 Ligamentum arteriosum (Rest des Ductus arteriosus Botalli)

Klinik: oft asymptomatisch, bei großem LR-Shunt ähnlich VSD: Belastungsdyspnoe, Tachypnoe, Gedeihstörungen, pulmonale Infekte, Trinkschwäche, evtl. bakterielle Endokarditis, Herzinsuffizienz

Diagnostik: Auskultation (systolisch-diastolisches Maschinengeräusch 2. ICR links parasternal fortgeleitet in den Rücken), EKG (erst Links-, später Rechtsherzhypertrophie), Rö-Thorax (Kardiomegalie bei größerem LR-Shunt, vermehrte Lungengefäßzeichnung, „tanzende Hili", prominente Arteria pulmonalis), bei pulmonaler Hypertonie Kalibersprung der peripheren Lungenarterien), Echo, Herzkatheter

Therapie: konservativ (medikamentös induzierter Verschluss des PDA mit Prostaglandin-Inhibitoren), Katheterokklusion, operativ bei Versagen der konservativen Therapie durch doppelte Ligatur des Ductus oder Durchtrennung mit Übernähung der Gefäßstümpfe

> **Merke:** *Spontanverschluss in 75% der Fälle bei Frühgeburten in der ersten Lebenswoche, ein persistierender DAB sollte auch bei geringem Shunt wegen der Gefahr der Ausbildung einer Endokarditis therapiert werden.*

12.3 Kongenitale zyanotische Herzfehler

12.3.1 Fallot-Tetralogie

Kombinierter angeborener Herzfehler mit RL-Shunt bestehend aus Pulmonalstenose (→**117**, meist subvalvulär), hochsitzendem VSD (→**123**), Dextroposition der Aorta (über dem VSD reitende Aorta) und Rechtsherzhypertrophie (Pentalogie: Tetralogie + ASD →**121**). Häufigster zyanotischer Herzfehler nach dem ersten Lebensjahr.

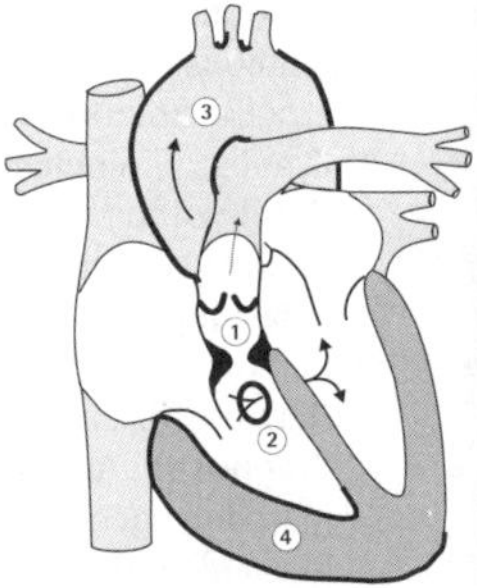

Fallot-Tetralogie
1 Pulmonalstenose
2 Ventrikelseptumdefekt
3 Reitende Aorta
4 Rechtsherzhypertrophie

Klinik: früh zentrale Zyanose, Belastungsdyspnoe, hypoxämische Anfälle, Synkopen, Krämpfe, Trommelschlegelfinger/-zehen, Uhrglasnägel, Polyglobulie, Herzbuckel, Gedeihstörungen, Hockstellung (system. art. Widerstand hoch -> Lungendurchblutung hoch), arterielle Embolien (Polyglobulie), Endokarditis, Rechtsherzinsuffizienz

Diagnostik: Auskultation (Frühsystolikum, P.m. 2./3. ICR links parasternal über Pulmonalklappe), Palpation (Schwirren), EKG (Rechtshypertrophie, Rechtstyp), Rö-Thorax (Holzschuhform, verminderte Lungenperfusion), Echo, Doppler, Herzkatheter

Therapie: konservativ: Endokarditisprophylaxe, Beta-blocker, palliativ: zur Verbesserung der Lungenperfusion (system-pulmonaler Shunt, Blalock-Taussig- oder Waterston-Anastomose, transventrikuläre Pulmonal-kommissurotomie nach Brock), Korrekturen: VSD-Patch-Verschluss, Resektion infundibulärer Ausfluss-bahnstenosen, Pulmonalklappen-kommissurotomie, Erweiterung der A. pulmonalis und des rechten Ausflusstrakts mittels Erweiterungs-Patch, evtl. Ligation primär palliativer systempulmonaler Shunts.

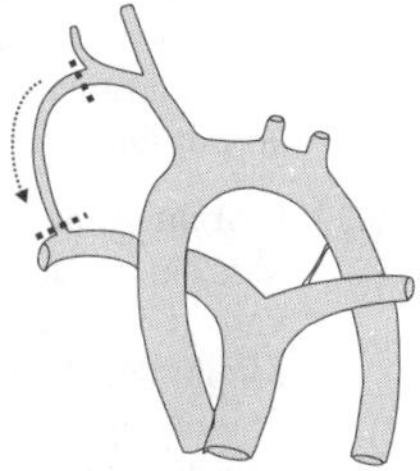

Anastomose n. Blalock-Taussig

12.3.2 Transposition der großen Arterien

Kombinierter kongenitaler Herzfehler (RL-Shunt), bei dem die Aorta aus dem rechten Ventrikel und die A. pulmonalis aus dem linken Ventrikel entspringt. Es bestehen zwei voneinander getrennte Kreisläufe. Überlebensfähigkeit besteht nur bei zusätzlichen Shuntver-bindungen: ASD, VSD, PDA.

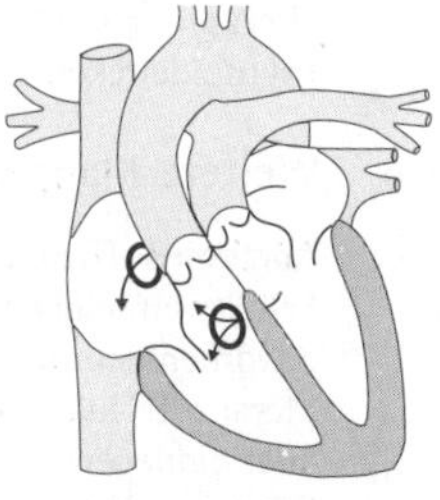

Transposition der großen Arterien (mit ASD und VSD)

Klinik: zunehmende Zyanose, Dyspnoe, Herzinsuffizienz
Diagnostik: Auskultation (leise Herzgeräusche), EKG (Zeichen der beidseitigen Herzhypertrophie), Rö-Thorax (erhöhte Lungengefäßzeichnung, Eiform des Herzens), Echo, Herzkatheter
Therapie: medikamentös PGL-E1, um den Ductus offenzuhalten, operativ durch Ballon-Atrioseptostomie (Rashkind zur Bildung eines künstlichen ASD), Totalkorrektur: Switch-OP oder Vorhofumkehrung nach Mustard oder Senning.

12.3.3 Ebstein-Anomalie

Missbildung und Translokation der Trikuspidalklappe mit Verlagerung in den rechten Ventrikel (atrialisierter Ventrikel).
Klinik: Rechtsherzinsuffizienzzeichen (Leberstauung, Aszites, Stauungsgastritis, kardiale Kachexie), Zyanose, Belastungsdyspnoe, Leistungsminderung
Diagnostik: Auskultation (weiches Systolikum 4. ICR rechts parasternal, galoppierender Rhythmus, breite Spaltung des 2. HT), EKG (kompletter oder inkompletter Rechtsschenkelblock, Arrhythmien, z.T. WPW), Rö-Thorax (kugelige Herzform, rechtsatriale Vergrößerung), Echo, Herzkatheter, Doppler
Therapie: konservativ Endokarditisprophylaxe, operativ Trikuspidalrekonstruktion, künstliche Klappe.

12.4 Weitere Klappenfehler

12.4.1 Aorteninsuffizienz

Schlussunfähigkeit der Aortenklappe. Selten kongenital, meist erworben bei rheumatischer oder bakterieller Endokarditis, Mesaortitis luica, Aneurysma dissecans, posttraumatisch (akut) oder Bindegewebserkrankungen (Marfan). Die Aorteninsuffizienz führt zu erhöhtem Schlagvolumen mit Volumenbelastung des linken Ventrikels.

Klinik: lange asymptomatisch, dann pulssynchrones Kopfnicken (Musset-Zeichen), sichtbarer Kapillarpuls (Quincke-Zeichen), Karotidenpulsationen, Warnzeichen bei drohender Dekompensation sind AP, Dyspnoe, Schwindel
Diagnostik: Auskultation (hochfrequentes diastolisches Decrescendo, P.m. Erbscher Punkt, systolisches spindelförmiges Geräusch [relative Aortenstenose], Austin-Flint-Geräusch [Beeinträchtigung der Mitralklappenöffnung], leiser 2. HT, Spitzenstoss), Pulsus celer et altus, hohe Blutdruckamplitude (Wasserhammerpuls), EKG (Linksherzhypertrophie), Echo, Doppler, Rö-Thorax (linksverbreitertes Herz, Dilatation, Aortenelongation mit Schuhform), Herzkatheter
Therapie: konservativ (Endokarditisprophylaxe, Therapie Herzinsuffizienz), operativer Klappenersatz

12.4.2 Mitralklappenstenose

Meist rheumatisch, selten infektiös entstandende Stenose der Mitralklappe. Führt zu Druckbelastung des linken Vorhofs mit Lungenstauung, pulmonaler Hypertonie und Druckbelastung des rechten Ventrikels. Später auch Stauung im großen Kreislauf.
Klinik: evtl. Vorhofflimmern bei Arrhythmia absoluta, Lungenstauung, pulmonale Hypertonie, Dyspnoe, Husten (Asthma cardiale), Hämoptoe, Heiserkeit, später Rechtsherzinsuffizienz, Halsvenenstauung, Stauungsleber /-niere, periphere Ödeme, Leistungsminderung, periphere Zyanose, Facies mitralis, arterielle Embolien (20%), bakterielle Endokarditis, Lungenödem
Diagnostik: Auskultation (lauter paukender 1. HT, Mitralöffnungston, protodiastolisches Decrescendo, präsystolisches Crescendo, evtl. Graham-Steel-Geräusch), EKG (P-mitrale, evtl. Vorhofflimmern, Arrhythmia absoluta, Rechtstyp, Rechtsherzhypertrophie, Rechtsschenkelblock), Rö-Thorax

(vergrößerter linker Vorhof, stehende Eiform mit Erweiterung der A. pulmonalis, Drehung der Herzachse bei Rechtsherzhypertrophie, evtl. Kerley-B-Linien), Echo (unvollständige Mitralöffnung - Domstellung, Aufhebung des M-Musters des vorderen Segels, Vorhofthromben), Doppler

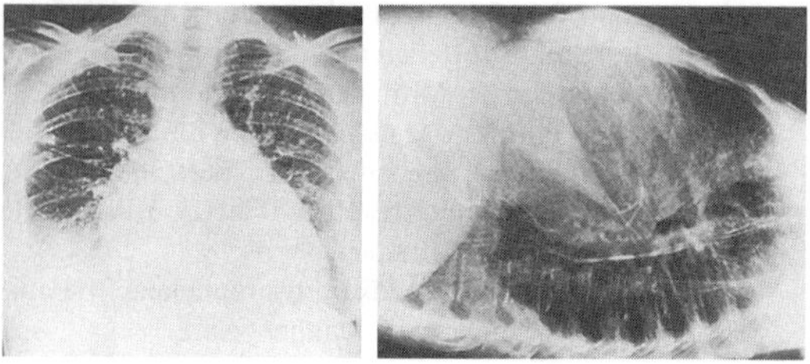

Dekompensierte Mitralklappenstenose
[IMPP-Prüfungsabbildung]

Therapie: konservativ (Diuretika, Betablocker, Ca-Antagonisten, Digitalis wg. Vorhofflimmern, Thromboembolieprophylaxe, Endokarditisprophylaxe), perkutane Mitralklappensprengung durch Ballondilatation, operativ Valvuloplastik, Klappenersatz

12.4.3 Mitralklappeninsuffizienz

Schlussunfähigkeit der Mitralsegel durch Endokarditis (rheumatisch und bakteriell), Erweiterung des linken Ventrikels (relative MI), Mitralklappenprolaps, Papillarmuskelriss bei Herzinfarkt (akut) oder bei HOCM (hypertrophische obstruktive Kardiomyopathie). Führt zu systolischem Reflux in den linken Vorhof, Volumenbelastung des linken Vorhofs und Ventrikels, später Linksherzinsuffizienz und pulmonale Hypertonie/Rechtsherzinsuffizienz

Klinik: Dyspnoe, Zyanose, Stauungsbronchitis, rostbrauner Auswurf, Asthma cardiale, Lungenödem, akut zu rascher linksventrikulärer Dekompensation mit Lungenödem und kardiogenem Schock (→**57**)
Diagnostik: Auskultation (leiser 1. HT, bandförmiges hochfrequentes Holosystolikum mit P.m. Herzspitze und Fortleitung in Axilla, evtl. 3. HT), EKG (P-mitrale, Vorhofflimmern mit absoluter Arrhythmie, Linksherzhypertrophiezeichen), Rö-Thorax (Vergrößerung linker Vorhof und linker Ventrikel, mitralkonfiguriertes Herz, Einengung des Retrokardialraums, Kerley-B-Linien), Echo, Doppler, Herzkatheter
Therapie: konservativ (Herzinsuffizienz, Thromboembolieprophylaxe, Endokarditisprophylaxe), operative Anuloplastik, Klappenersatz

12.4.4 Mitralklappenprolapssyndrom (M. Barlow)

Systolische Vorwölbung von Mitralklappenanteilen in den linken Vorhof als häufigste Form der Klappenveränderungen im Erwachsenenalter. Angeboren bei Marfan-Syndrom oder anderen Bindegewebsstörungen oder erworben.
Klinik: meist asymptomatisch, evtl. Arrhythmien, Palpitationen, Synkopen, atypische AP
Diagnostik: Auskultation (mesosystolischer Klick mit spätsystolischem Herzgeräusch), Echo (systolischer Prolaps der Mitralsegel in den linken Vorhof - Hängemattenform), Doppler
Therapie: symptomatisch Betablocker bei Rhythmusstörungen und AP, Endokarditisprophylaxe bei Mitralinsuffizienz, selten Klappenersatz bei hämodynamisch wirksamer Mitralinsuffizienz

12.4.5 Trikuspidalklappenstenose

Angeborene oder meist erworbene (rheumatisch, bakteriell) Einengung des Ostiums. Führt zu Rückstau in den großen Kreislauf.

Klinik: Aszites, Ödeme, Belastungsdyspnoe, gestaute Halsvenen, Leberstauung

Diagnostik: Auskultation (diastolisches linksparasternales (4. ICR) atemabhängiges Decrescendo), Rö-Thorax (rechtsatriale Dilatation)

Therapie: Kommissurotomie oder Klappenersatz

12.4.6 Trikuspidalklappeninsuffizienz

Angeborene oder erworbene (rheumatisch, bakteriell) organische, weit häufiger aber sekundär-funktionelle (relative) Schlussunfähigkeit der Klappe (Rechtsherzdilatation mit Ausweitung des Ostiums). Rückfluss in den rechten Vorhof mit Stauung im großen Kreislauf.

Klinik: Aszites, Ödeme, Belastungsdyspnoe, gestaute Halsvenen, Leberstauung

Diagnostik: Auskultation (holosystolisches Geräusch links parasternal im 5. ICR), Rö-Thorax (rechtsatriale Dilatation)

Therapie: Anuloplastik, Anulusersatz, Klappenersatz

12.5 Koronare Herzkrankheit

Klinische Manifestation einer unzureichenden Koronardurchblutung durch Koronarsklerose, -spasmus oder Koronarthrombose.

Risikofaktoren 1. Ordnung: Fettstoffwechselstörungen, Hyperfibrinogenämie, Nikotinabusus, Hypertonie, Diabetes mellitus und **2. Ordnung**: Adipositas, Stress, Bewegungsmangel,

zusätzlich familiäre Disposition, Lebensalter, männliches Geschlecht.
Klinik: stumme Ischämie (latente KHK, ca. 30%), manifeste Ischämie (Angina pectoris: retrosternaler Schmerz (DD→**186**, →**139**), Ausstrahlung in linken Arm und Hals, Nitro positiv, Herzinfarkt: stärkere Symptomatik als bei AP, Linksherzinsuffizienz, Rhythmusstörungen, plötzlicher Herztod)
Einteilung: stabile AP: belastungsabhängig, in Ruhe abklingend, regelmäßige Abstände, kurze Dauer, instabile AP: jede Erst-AP, zunehmende Schwere/Dauer/Häufigkeit, Ruhe-AP (Infarktrisiko 25%), Sonderformen: Prinzmetall-, Walking-through-Angina
Diagnostik: Anamnese, Langzeit-/Ruhe-EKG, Ergometrie (horizontale oder deszendierende reversible ST-Senkungen, ST-Anhebung, Rhythmusstörungen), Angiographie, Myokard-Szinti

Stadien	
Grad I	25-49% Stenose
Grad II	50-74% Stenose
Grad III	75-99% Stenose (kritische Stenose, Belastungs-Ap)
Grad IV	100% kompletter Verschluss (Infarkt)

Therapie: Beseitigung der Risikofaktoren, symptomatisch: Nitrate, Betablocker, Ca-Antagonisten, Thrombozyten-aggregationshemmer, Revaskularisationsverfahren: PTCA, ACVB (aortokoronarer Venen-Bypass mit V. saphena magna oder bei Varicosis

V. saphena parva oder V. cephalica), IMA-Bypass (A. mammaria interna links, Sonderform: A. gastroepiploica), Endarteriektomie, transmyokardiale Revaskularisation

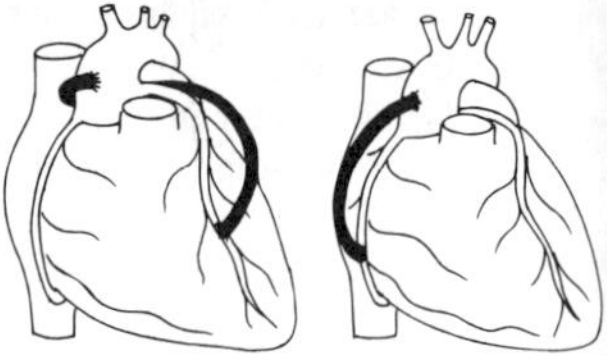
Aortokoronarer Bypass

12.6 Prinzipien der Schrittmachertherapie

IMPP-relevant ist v.a. die Terminologie:

- 1. Buchstabe Stimulationsort (Pacing): A Atrium, V Ventrikel, D dual (atrial und ventrikulär)
- 2. Buchstabe Wahrnehmungsort (Sensing): wie Pacing
- 3. Buchstabe Betriebsart: I inhibiert (Impuls bei Spontanerregung des Herzens inhibiert), T getriggert (Impulsgabe fällt bei Spontanerregung in die Refraktärzeit), D dual (I und T)
- 4. Buchstabe Programmierbarkeit

Dementsprechend resultieren verschiedene **Formen der Schrittmacher**. Die häufigsten sind

- VVI: häufigster, Nachteil: retrograde Vorhoferregung, 20% Schrittmachersyndrom (Verlust der Vorhofsystole mit reflektorischem Blutdruckabfall)
- AAI: nur bei intakter AV-Überleitung, Vorteil: HZV >20% als VVI, kein Schrittmachersyndrom
- DDD: physiologischer Zweikammer-Schrittmacher, v.a. bei AV-Block

Indikationen zur Schrittmacheranlage sind: temporär (nach Herzoperationen, Myokardinfarkt durch epikardiale Elektroden bzw. transvenös, Anfallsprophylaxe nach Adam-Stokes-Anfällen bzw. bei Karotissinussyndrom) oder permanent (Asystolie, Sinusknotensyndrom, Bradyarrhythmia absoluta, höhergradiger SA- oder AV-Block, trifaszikulärer Block, bradykardiebedingte Herzinsuffizienz, rez. supraventrikuläre Tachykardien ohne Kammerflimmern, AV-Block I. und II. Grades bei insuffizienter antiarrhythmischer Therapie)

12.6.1 Automatischer implantierbarer cardioverter Defibrillator (AICD)

Indiziert bei erhöhtem Risiko eines plötzlichen Herztodes durch Kammerflimmern, rezidivierende ventrikuläre Tachykardien oder Zustand mit Kammerflimmern bei deutlich eingeschränkter Ventrikelfunktion.

12.7 Herztumoren (Vorhofmyxom)

Echte Neoplasie in Form eines polyploiden gallertigen, meist gestielten Tumors, der von pluripotenten endokardialen Mesenchymzellen ausgeht. Stellt 50% aller benignen primären Herztumoren. Lokalisiert zu 86% in der Fossa ovalis des linken Vorhofs.

Klinik: Vorhofverlegung mit Imitation einer Mitralstenose (pulmonale Stauung, Schwindel, Synkopen beim Aufrichten, frühdiastolischer Tumorplop), arterielle Embolien (zerebral, koronar, peripher)

Diagnostik: Echo, MRT, Herzkatheter

Therapie: operative Resektion

12.8 Erkrankungen der Aorta

12.8.1 Aortenaneurysmen

Umschriebene Ausweitung der Aortenwand über 5-6 cm.
Als **Aneurysma verum** (echtes Aneurysma, Ausweitung aller drei Wandschichten), **A. spurium/falsum** (falsches Aneurysma, Verletzung der Gefäßwand mit paravasaler Hämatombildung) oder **A. dissecans** (dissezierendes Aneurysma, Einblutung in die Gefäßwand nach Intimariss mit oder ohne Wiederanschluss an das Gefäßlumen).

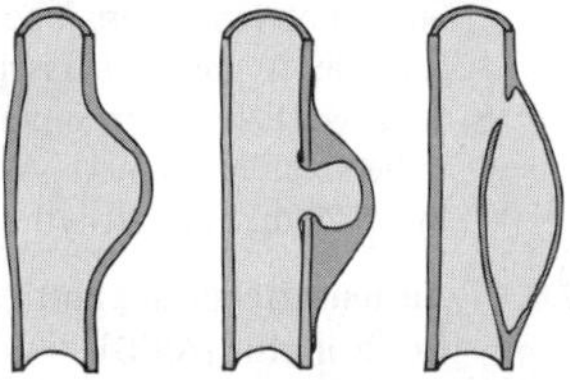

Aneurysma verum **Aneurysma spurium** **Aneurysma dissecans**

Je nach **Form** werden das A. sacciforme (sackförmig), das A. fusiforme (spindelförmig), das A. cuneiforme (kahnförmig) und das A. serpentium (schlangenförmig) differenziert.
Die **Ursache** ist arteriosklerotisch (v.a. abdominal, iliakal), entzündlich (mykotische Aneurysmen), traumatisch (meist perforierende, selten stumpfe Gewalteinwirkungen), iatrogen (Katheter), funktionell (selten, poststenotisch) oder angeboren (Gefäßwandfehlbildung, Marfan-Syndrom)
Klinik: Rückenschmerz, Schmerzen linke Thoraxseite, Dyspnoe, Dysphagie, retrosternales Druckgefühl, obere Einflussstauung, Heiserkeit (Recurrensläsion), Horner-Syndrom, evtl. zeigen sich Embolien, Thrombosen, Penetration (Kompression, Arrosion benachbarter Gefäße) oder Perforation (frei in benachbarte Räume od. gedeckt mit Kompression durch paravasales Hämatom)

Diagnostik: Angiographie, Rö-Thorax (Mediastinalverbreiterung, rechts verdrängte Trachea), Angio-CT, Echo
Therapie: Resektion und Ersatz des Aneurysmas mittels Dacron-Gefäßprothese, bei Aneurysmen der aszendierenden Aorta bei gleichzeitiger Aortenklappeninsuffizienz Composite-Graft als Gefäßprothese für Aorta ascendens und Bulbus aortae mit künstlicher Klappe.

12.8.2 Aortendissektion

Aneurysmabildung durch spontanen Einriss im Bereich der Intima meist über der Aortenklappenebene, in der kleinen Kurvatur des Aortenbogens oder am Aortenisthmus. Durch zystische Medianekrose (Aorta ascendens), Arteriosklerose (Aorta descendens), selten Marfan-Syndrom. Fast alle Patienten weisen eine jahrelange Anamnese einer Hypertonie auf.

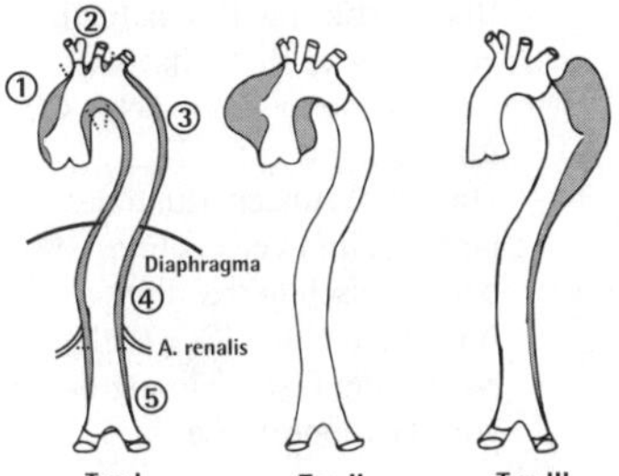

Aneurysma dissecans aortae (Eint nach De Bakey)
Abschnitte der Aorta 1–5

Einteilung nach DeBakey	
Typ I	Dissektion der gesamten Aorta
Typ II	Dissektion der Aorta ascendens
Typ III	Dissektion kaudal der A. subclavia sinistra

Einteilung nach Stanford	
Typ A	Einriss im Aortenbogenbereich (60%)
Typ B	Einriss distal Abgang A. subclavia links (40%)

Klinik: plötzlicher messerstichartiger Schmerz im Brustraum, evtl. akute Aorteninsuffizienz, Koronararterienverschluss, Perikardtamponade, Pulsdefizit peripherer Gefäße

Diagnostik: Rö-Thorax (evtl. vergrößerter Herzschatten, Hämatothorax links), Echo, CT, Aortographie

Therapie: Ausschaltung des Einrisses und Verbindung pathologisch getrennter Aortenschichten (Gewebekleber, Naht) oder Ersatz/Einsatz durch/von Dacronprothese

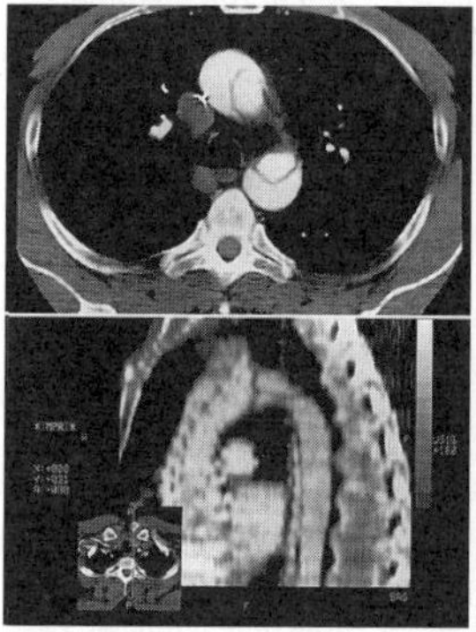

Aneurysma dissecans

12.8.3 Traumatische Aortenruptur

Traumatisch bedingte Ruptur (komplett aller Wandschichten, inkomplett nur Intima und Media = gedeckte Perforation mit erhaltenem Lumen) meist durch stumpfes Dezelerationstrauma (typische Lenkradverletzung bei Auffahrunfall). Betrifft fast ausschließlich den Isthmusbereich (oft Quereinrisse in Höhe des Ligamentum Botalli). Komplett (selten, mit Blutung ins Mediastinum und in die freie linke Pleurahöhle) oder inkomplett (häufiger, Intima und Media betroffen).

Klinik: messerstichartige Schmerzen im Brustraum, nach primärem Schmerz, evtl. Pulsabschwächung untere Extremität bis zum Pulsdefizit, Querschnittssymptomatik (Rückenmarkischämie), periphere Embolien
Therapie: sofortige Operation, bei ausgeklemmtem Aortensegment fortlaufende Naht

12.9 Erkrankungen des Perikards

12.9.1 Akute Perikarditis

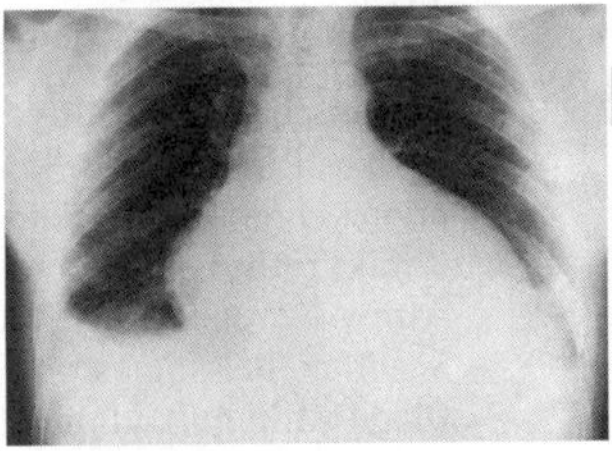
Perikarderguss
[IMPP-Prüfungsabbildung]

Entzündung des Perikards, oft mit Perikarderguss und subepikardialer Myokarditis. Infektiös meist viral (Influenza, Coxsackie B), selten bakteriell (akut bei Septikopyämie, chronisch v.a. Tbc), immunologisch (SLE, rheumatisches Fieber, Postmyokardinfarktsyndrom), als Pericarditis epistenocardiaca (2-3 Tage postinfarziell) oder im Rahmen einer Urämie, als Tumorperikarditis oder posttraumatisch.
Formen: P. sicca (trockene, fibrinös, kein Perikarderguss, zu Beginn und Ende einer Perikarditis v.a. bei Urämie/ Infarkt), P. exsudativa (feuchte, Perikarderguss, v.a. Tbc, Virusinfekte, rheum. Fieber)
Klinik: stechender retrosternaler Schmerz (DD→**186**, →**132**), verstärkt im Liegen und atemunabhängig Dyspnoe, Tachypnoe, Fieber, evtl. Herzbeuteltamponade mit Einflussstauung, leisen Herztönen, Pulsus paradoxus, Hypotonie

Diagnostik: Auskultation (Perikardreiben), Perkussion (verbreiterte Herzdämpfung), EKG (Niedervoltage, T-Negativierung), Echo, Rö-Thorax (Herzschatten-vergrößerung, Herztaille verstrichen, Bocksbeutel-form)
Therapie: konservativ der Grunderkrankung (Antibiose, Antiphlogistika [Steroide], Dialyse bei Urämie), symptomatisch (NSAR, Diuretika bei Erguss, Perikardpunktion), operativ bei zunehmender lebensbedrohlicher Kreislaufdepression oder rezidivierenden Ergüssen, bei Trauma: Übernähung der Verletzungsstelle, Urämie: Perikardfensterung und somit Abfluss des Ergusses in die Pleurahöhlen, alternativ: Perikardresektion

12.9.2 Chronische Perikarditis

Narbige Perikardkonstriktion nach akuter Perikarditis oder als primär chronische Perikarditis (meist nach Tbc, Panzerherz).
Klinik: Einflussstauung, Kussmaul-Zeichen, Lebervergrößerung, Aszites (65%), Ödeme, Stauungszirrhose, Low-cardiac-output-Syndrom (Belastungsdyspnoe, Hypotonie, Tachykardie)
Diagnostik: Auskultation (leise HT, früher 3. HT), EKG (Niedervoltage, T-Negativierung), Echo (verkalkte Perikardschwielen, vermind. Bewegung der Ventrikel, Erweiterung der Vv. cavae), Rö-Thorax (Kalkeinlagerungen)
Therapie: konservativ (Diuretika, Tuberkulostatika), operative Entschwielung (Dekortikation), Perikardektomie

12.10 Herztransplantation

Operativer Ersatz eines erkrankten Herzens durch ein Spenderherz. Indiziert bei **terminaler Herzinsuffizienz**, die konservativ nicht mehr zu beeinflussen ist. **Kontraindikationen** sind eine schwere pulmonale Hypertonie, akute oder chronische

Infektionskrankheiten, Malignome, aktuelles Ulkusleiden, Leber-/ Niereninsuffizienz, prognostisch ungünstige Systemerkrankungen, Alkohol-/Drogenabhängigkeit, ungeeignetes psychosoziales Umfeld, mangelnde Compliance und ein Alter > 70 Jahre.

Spenderauswahl: ABO-Blutgruppengleichheit, fehlende zytotoxische Antikörper im Empfängerserum gegen Spenderlymphos, fehlende Kälteantikörper, ähnliches Körpergewicht/-größe, < 55 Jahre (KHK), Dokumentation des Hirntodes (zwei unabhängige Neurologen)

Verfahren: orthotop (Standard, Exzidierung des Empfängerherzens auf Vorhofebene mit Durchtrennung der großen Gefäße, Anastomosierung des Spenderherzens am linken/rechten Vorhof und Gefäße mit EKZ) oder heterotop (Empfängerherz bleibt in situ, Verbindung beider Herzen über Seit-zu-Seit-Anastomosen beider Vorhöfe und End-zu-Seit-Anastomosierung der großen Gefäße)

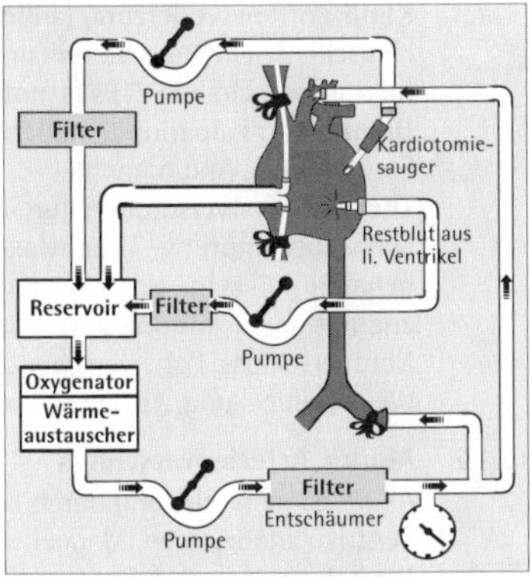

Extrakorporale Zirkulation (EKZ)

Prognose: 1/10-Jahres-Überlebensrate 85%/75%. Bei heterotopen Transplantationen sind die Ergebnisse etwas schlechter

13 Gefäße

13.1 Arterien und Venen

13.1.1 Verletzungen

Unterteilt werden nach Entstehungsmechanismus die Verletzungen von Arterien und Venen in **direkte** (95%, durch scharfe oder stumpfe Traumata) und **indirekte Verletzungen** (5%, durch Überdehnung, Zerrung, Torsion, Arteriospasmus, Dezelerationstrauma).

Klinik: offene Verletzung (äußere, anfangs pulsierende Blutung, klinische Zeichen des Volumenmangels), geschlossene Verletzung (periphere Ischämie, 6 Ps [s. unten], fehlende äußere Wunde)

Diagnostik: Palpation peripherer Pulse, Ultraschall, Doppler-Sonographie, Angiographie

Therapie: Erstversorgung durch Kompression, Schockbekämpfung/-prophylaxe, keine Wärme- /Kälte-behandlung, keine Hoch-/Tieflagerung, kein Tourniquet, endgültige Versorgung durch Gefäßrekonstruktion: direkter Nahtverschluss, Patchverschluss, Interponate oder Bypass, Weichteildeckung, Antibiose

13.1.2 Akuter Arterienverschluss

Akute Lumenverlegung durch Embolie (Vorhofflimmern, Infarkt, Ventrikelaneurysmen, Klappenvitien, 90% kardial) oder lokale Thrombose (Arteriosklerose, periphere Aneurysmen, Gefäßprothesendissektion, 10% extrakardial). Häufige **Lokalisationen** sind die Extremitätenarterien, Karotiden und Mesenterialarterien (meist A. mesenterica superior).

Klinik: bei **arteriellen Embolien** (Extremitäten: 6 Ps nach Pratt - pain, paleness, paraesthesia, pulslessness, paralysis, prostration.

Mesenterial: erst Abdominalschmerz, Durchfall, Schock (1.-6. h), dann freies Intervall, beginnende Leukozytose (6.-12. h), schließlich blutige Stühle, paralytischer Ileus (→**233**), akutes Abdomen (→**229**). Karotiden: neurologische Symptomatik nach Lokalisation, TIA bis Complete stroke →**84**), bei **arterieller Thrombose** (meist ausreichender Kollateralkreislauf, selten akute Symptomatik, meist im Rahmen einer chronischen AVK).
Diagnostik: Anamnese, Klinik, Doppler, Angiographie (DSA), Labor (Laktat erhöht beim Mesenterialinfarkt)
Therapie: Extremitäten/Karotis:
Analgesie, Heparin, Tieflagerung der Extremität, innerhalb von 6 h Embolektomie mittels Fogarty-Katheter oder direkte Embolektomie, Fibrinolyse bei peripheren Verschlüssen, keine RR-Senkung < 160/80 mmHg. **Mesenterial:** Revaskularisation, Resektion nekrotischer Darmabschnitte

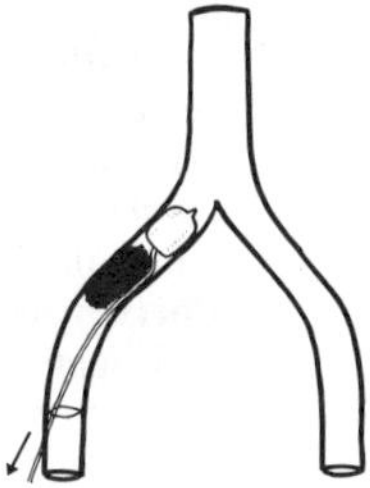
Thrombektomie mit Fogarty-Ballonkatheter

13.1.3 Periphere arterielle Verschlusskrankheit

Durchblutungsstörungen versorgungsabhängiger Gewebe durch stenosierende bzw. obliterierende Gefäßprozesse (periphere AVK). Entsteht durch Arteriosklerose (ca. 90%), Thrombangiitis obliterans, Angiitiden oder posttraumatisch. Nach Lokalisation unterteilt in: **Beckentyp** (Aorta abdominalis, Aa. iliacae), **Oberschenkeltyp** (A. femoralis) und **Unterschenkeltyp** (A. tibialis ant. o. post.)

Einteilung nach Fontaine-Ratschow	
Grad I	asymptomatische Stenose, kompensierte Durchblutungsstörung mit erhaltener Organfunktion
Grad II	Claudicatio intermittens (Belastungsschmerz) **a** bei Gehstrecke > 200 m, **b** bei Gehstrecke < 200 m
Grad III	Ruheschmerz, Dauerinsuffizienz
Grad IV	Nekrose, Gangrän

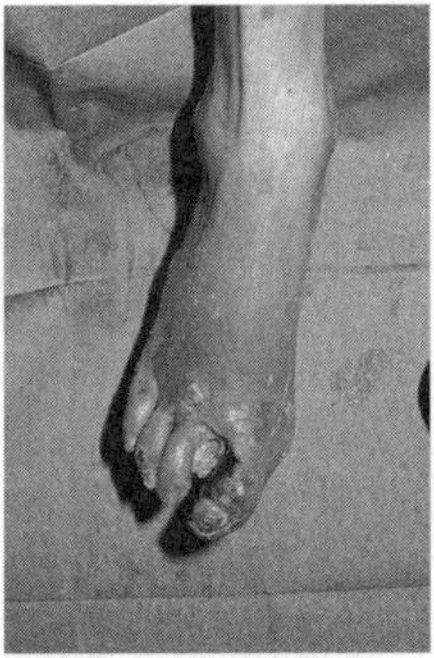

Arterielle Verschlußkrankheit
[IMPP-Prüfungsabbildung]

Klinik: Beckentyp (Claudicatio intermittens, Glutealschmerzen, beim Bifurkationstyp mit Verschluss der A. iliaca communis Leriche-Syndrom = Aortenbifurkationssyndrom), **Oberschenkeltyp** meist A. femoralis superficialis ab Bifurkation (Claudicatio intermittens im Wadenbereich), **Unterschenkeltyp** (Schmerzen und Brennen im Fußbereich, trophische Störungen)

Diagnostik: Anamnese, Inspektion, Pulspalpation, Gefäßauskultation (Stenosegeräusch), Funktionstests (z.B. Lagerungsprobe nach Ratschow, Gehtest, Allen-Test = Kompression A. radialis oder A. ulnaris bei gehobenem Arm lässt Hand abblassen), Doppler-Sono, Duplex-Sono, DSA

Therapie: allgemein: Behandlung der Risikofaktoren, Patientenaufklärung (Rauchkarenz), Fußpflege, medikamentös:

ASS, Prostaglandine oder Pentoxyphyllin, ggf. Hämodilution, lokale Lyse, physikalisch: z.B. Gehtraining (bis Stadium II), operativ: perkutane translunarem Angepasste (PTA), Thorakotomie, Stents, Sympathetischem L2-4, Thrombend-arteriektomie, Kunststoff-Bypass, Amputation (im Stadium III bis IV)

13.1.4 Neuromuskuläres Kompressionssyndrom

Auch als Schultergürtelsyndrom oder "thoracic outlet syndrome" bezeichnet. Die anatomische Engstelle zwischen erster Rippe, Klavikula und M. scalenus anterior führt bei bestimmten Bewegungen zur Kompression der A. subclavia und des Plexus brachialis (auch bei Halsrippe!). Weitere Formen sind das **Skalenussyndrom** (Auslösung durch Blick nach hinten oben der gleichen Seite) oder **kostoklavikuläre Syndrom** (Auslösung durch Hyperabduktion des gleichseitigen Armes, s. →**99**).

Klinik: intermittierend Schmerzen, Parästhesien und Taubheitsgefühl an Arm u. Hand, periphere Pulsqualität ist abhängig von Armbewegung

Diagnostik: Klinik, Röntgen, Doppler, Angiographie (in Ruhe und unter Provokation durch Adson-Test: Schwächung des Radialispulses durch Kopfreklination und Rotation zur betroffenen Seite)

Therapie: Krankengymnastik, operative Dekompression durch Resektion der ersten Rippe (Halsrippe →**162**), Durchtrennung des M. scalenus anterior

Form	Skalenussyndrom	Kostoklavikulär syndrom	Pectoralis-minor-Syndrom
Komprim. von	A. subclavia und Plexus brachialis	V. subclavia und Plexus brachialis	Vasa subclavia und/od. Plexus brachialis
durch	M. scalenus anterior, med. und erste Rippe (hintere Skalenuslücke)	Klavikula und erste Rippe	Sehne des M. pectoralis minor
Auslöser	anatomische Normvarianten wie Halsrippe o.ä.	Arbeiten über Kopf oder schweres Tragen, v.a. bei Rippen- u./od. Klavikulaanomalien	Schulterabduktion und -retroversion (Hyperabduktions-syndrom)

13.1.5 Digitalarterienverschlüsse

Einengung der digitalen Endstrombahn durch Thrombendangiitis obliterans, Vibrationstrauma, M. Raynaud (Ischämie durch Vasokonstriktion, bei Sklerodermie, SLE, Sharp-Syndrom, Dermatomyositis, cP, Thoracic-outlet-Syndrom) oder Intoxikation mit Secalealkaloiden (Ergotismus)

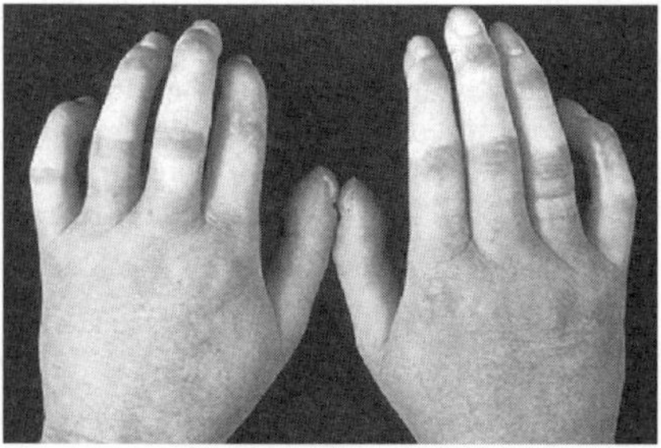

Raynaud-Syndrom

Klinik: intermittierende Schmerzen der Finger oder Hände durch passagere Ischämien, Dauerschmerz mit weißen kalten Fingern und Fingerkuppennekrosen (nicht beim primärem M. Raynaud), Trikolore-Phänomen: Ischämie (weiß), Zyanose (blau), reaktive Hyperämie (rot)
Diagnostik: Oszillographie, DSA-Angiographie, Faustschlussprobe, Kälteprovokation
Therapie: Nikotinverzicht, Meidung von Kälte, ASS 100 mg/d, Prostaglandinderivate, thorakale Sympathektomie.

> **Merke:** *Ergotismus wird auch als Kribbelkrankheit bezeichnet und entsteht durch eine Vergiftung mit Mutterkornalkaloiden.*

13.1.6 Aortenbogensyndrom (Takayasu-Syndrom)

Stenose oder Verschluss mindestens einer vom Aortenbogen abgehenden Stammarterie durch Arteriitis (Frauen, 25.-40. Lebensjahr) oder seltener Arteriosklerose und extravasale Kompression
Klinik: abgeschwächte oder fehlende Karotis- bzw. Armpulse, Stenosegeräusche, Amaurosis fugax, belastungsabhängige Schmerzen der oberen Extremität, transitorische ischämische Attacken (TIA), irreversible neurologische Ausfälle
Therapie: in Abhängigkeit der Grunderkrankung: bei Arteriitis Immunsuppressiva, bei Arteriosklerose ggf. Revaskularisation durch PTA, Thrombendarteriektomie oder Bypass

13.1.7 Subclavian-Steal-Syndrom

Hochgradige Stenose der A. subclavia proximal des Abgangs der A. vertebralis. Belastung des gleichseitigen Armes bedingt eine Strömungsumkehr in der A. vertebralis. Dadurch Minderdurchblutung im vertebrobasilären Stromgebiet.

Klinik: Schwindel, Sehstörungen, Schwächegefühl und Sensibilitätsstörung der oberen Extremität

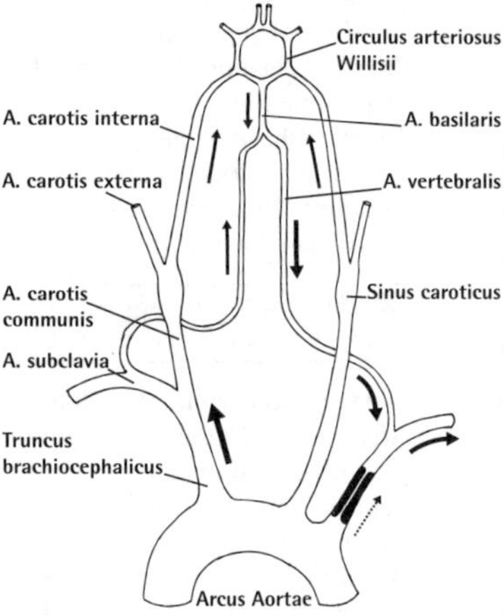

Subclavian-Steel-Syndrom

Diagnostik: seitendifferenter RR, Provokationstest: beim symptomatischen Subclavian-Steal-Syndrom kann der Schwindel nach Armarbeit unter Ischämiebedingung (Armmanschette mit P > systol. RR) ausgelöst werden, Doppler-, Duplex-Sonographie, DSA

Therapie: PTA der A. subclavia, Bypass von Aorta descendens zu A. subclavia (z.B. Dacron-Prothese) oder von der A. carotis communis zu A. subclavia

13.1.8 Vaskulitiden

Werden unterteilt nach der Klassifikation der Chapel Hill Consensus Conference 1992

- **große Gefäße:** M. Horton (Riesenzellarteriitis, Arteriitis temporalis), Takayasu-Syndrom
- **mittlere Gefäße:** Panarteriitis nodosa, Kawasaki-Erkrankung
- **kleine Gefäße:** Wegener-Granulomatose, Churg-Strauss-Syndrom, mikroskopische Panarteriitis, Purpura Schoenlein-Henoch, kutane leukozytoklastische Vaskulitis, essentielle kryoglobulinämische Vaskulitis

13.1.9 Thrombophlebitis

Entzündung einer oberflächlichen Vene (Thrombophlebitis superficialis) oder als Varikophlebitis bei varikös erweiterten Venen. Typischerweise lokalisiert an der unteren Extremität.
Klinik: lokalisierte Schmerzen, Rötung entlang der thrombosierten Vene, strangförmig verdickte, druckschmerzhafte, thrombosierte Vene, selten Fieber
Diagnostik: Klinik
Therapie: Mobilisation, lokal: Alkoholumschläge, Heparinsalbe, Kompressionsverband, ggf. Antiphlogistika, Analgetika, Heparin

13.1.10 Phlebothrombose

In-/kompletter thrombotischer Verschluss einer tiefen Vene durch Immobilisation (oft postoperativ), chronisch venöse Insuffizienz, Abflusshindernis, paraneoplastisch, Hyperviskosität (Polyglobulie, Exsikkose, Faktor-XII-Mangel) oder Hyperkoagulabilität durch angeborene Blutgerinnungsstörung (AT-III-Mangel, Protein-S-Mangel, Protein-C1-Mangel). Die **Virchow-Trias** aus herabgesetzter Strömungsgeschwindigkeit, Gefäßwandschäden und

veränderter Blutzusammensetzung faßt die pathogenetischen Faktoren zusammen.
Klinik: Schweregefühl, seitendifferenter Umfang, lokale Druckschmerzhaftigkeit, Hautrötung, Überwärmung.
Komplikationen sind die Lungenembolie (→**152**) mit pulmonaler Hypertonie und das postthrombotische Syndrom (= anhaltende chronisch venöse Insuffizienz)
Diagnostik: Homans-Test (Wadenschmerz bei Dorsalflexion des Sprunggelenks), Payr-Zeichen (Druckschmerz der Plantarmuskulatur, →**337**), Meyer-Druckpunkte (Druckschmerz entlang der Tibiakante), Lowenberg-Test (Schmerzen bei Manschettendruck zw. 60 u.120 mmHg), Duplex-Sono, Phlebographie
Therapie:
Unterschenkelvenenthrombose: niedermolekulares Heparin s.c., Kompression, sobald V. poplitea betroffen: Heparin, Bettruhe, Beine hochlagern, dann volle Mobilisation, anschließend orale Antikoagulation, in ausgedehnten Fällen: Fibrinolyse (Streptokinase, rtPA), operative Thrombektomie

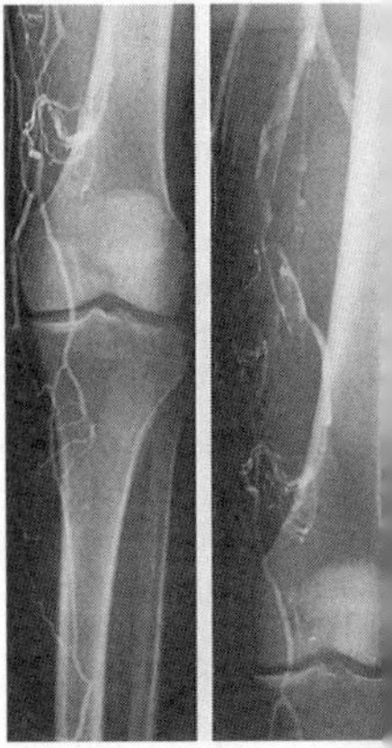

Phlebothrombose der V. femorali
[IMPP-Prüfungsabbildung]

13.1.11 Phlegmasia coerulea dolens

Akuter thrombotischer Verschluss des gesamten venösen Querschnitts einer Extremität mit Behinderung des arteriellen Einstroms. Gehäuft im 3.-5. Lebensjahrzehnt
Klinik: Extremität: kühl (keine Überwärmung!), geschwollen,

schmerzhaft, Haut: livide, zyanotisch, mit Petechien und Nekrosen
Therapie: operative Thrombektomie, Volumenersatz, häufig Amputationen notwendig

Merke: *hohe Letalitätsrate (22-40%)*

3.1.12 Paget-von Schroetter-Syndrom

Akuter thrombotischer Verschluss der V. axillaris und/oder V. subclavia durch Halsrippe (→**162**), Tumoren (Lymphknoten), Überanstrengung (Tennis), Schultergürtelsyndrom, medikamentös (Ovulationshemmer), Subklaviakatheter oder Strahlenschäden
Klinik: Armschwäche, livide Armschwellung, Kollateralvenen, akuter Schmerz
Diagnostik: Duplex-Sono, Phlebographie, CT
Therapie: Heparinisierung (gute Spontanrekanalisation), kausale Therapie (z.B. Entfernen der Halsrippe)

3.1.13 Varikose (Krampfadern)

Eine Varikose (Erweiterung der venösen Abflussbahn) entsteht primär idiopathisch (konstitutionell, angeborene Bindegewebsschwäche) oder sekundär als Folge anderer Venenerkrankungen (meist Phlebothrombose, Insuffizienz der Vv. perforantes). Je nach Lokalisation werden die Stammvarikose (V. saphena magna/parva), die sogenannte Nebenastvarikose, die intrakutane retikuläre Varikose und die subkutane Besenreiservarikose differenziert.
Klinik: leichte Ermüdbarkeit, Schweregefühl, Brennen der Fußsohlen bis zum Bild der chronisch-venösen Insuffizienz mit Venenerweiterungen an den Seiten der Füße (Corona phlebectatica paraplantaris), Knöchelödemen, Hyper-

pigmentierungen (Purpura jaune d'ocre), abakteriellen Entzündungen (Hypodermitis), Induration (Dermatosklerose), Depigmentierungen (Capillaritis alba), Ulcus cruris venosum
Diagnostik: Perthes-Test (Prüfung d. tiefen Beinvenen und Vv. perforantes), Trendelenburg-Test (Prüfung der Vv. perforantes und der V. saphena magna), Pratt-Test (Prüfung einzelner Vv. perforantes), Mahorner-Ochsner-Test
Therapie: Kompressionsbehandlung, Bewegung, Ligatur insuffizienter Vv. perforantes, Sklerosierung, Stripping, dazu physikalische Maßnahmen: z.B. Abduschen der Beine mit kaltem Wasser, Antivarikosa (z.B. Aescin-Roßkastanienextrakt)

13.1.14 Lungenembolie

Akuter Verschluss der arteriellen Lungenstrombahn als Thrombembolie, selten Luft (iatrogen), Fett, Fremdkörper, Fruchtwasser provoziert durch Immobilisation, Exsikkose, Rauchen, orale Kontrazeptiva, Neoplasmen, Schwangerschaft. Zu 90% Thrombembolie aus tiefen Bein- oder Beckenvenen

Klinik	
Grad I	Verschluss peripherer Äste, oft klinisch asymptomatisch, evtl. Thoraxschmerz mit mäßiger Dyspnoe
Grad II **Grad IIII**	Verschluss von Segmentarterien/Pulmonalarterienästen, plötzlich einsetzende Dyspnoe, Tachypnoe, Husten, Tachykardie atemabh. Brustschmerz, Fieber, Hypotonie, Schock
Grad IV	Verschluss des Pulmonalarterienstamms, Synkope, Schweißausbruch, Galopprhythmus, Zyanose, Schock bis Exitus letalis

Diagnostik: Anamnese (Z.n. OP, Immobilisation), Klinik, BGA, EKG (Sinustachykardie, Rechtsherzbelastung mit Steiltyp in S_I Q_{III}), Rö-Thorax (gestaute Hili und verminderte periphere Gefäßzeichnung - Westermark-Zeichen, Zwerchfellhochstand,

Pleuraerguss →**106**), Szintigraphie, Pulmonalisangiographie (größte Aussagekraft)

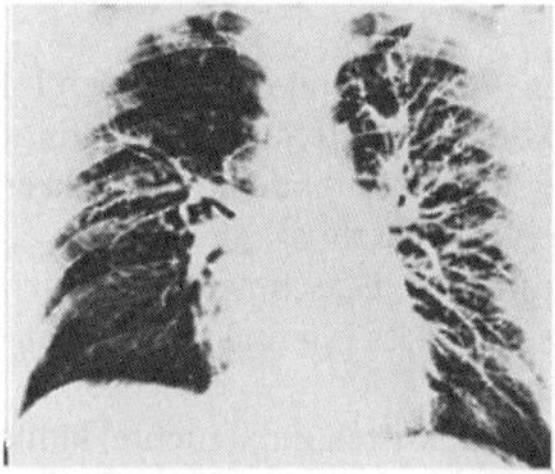

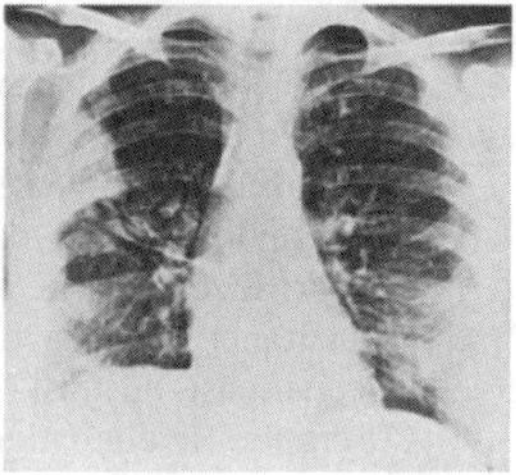

Lungenembolie (Pulmonalisangiographie/oben):
fast vollständig fehlende Perfusion der re. Unter- und Oberlappenarteri
Lungeninfarkt (Rö/unten):
dreiecksförmige Verschattung im re. Mittellgeschoß, Verschattung im Untergeschoß als Ausdruck eines Lungeninfarkts auf dem Boden der Lungenembolie

Therapie: Hochlagerung des Oberkörpers, Sedation, Analgesie, Nasensonde (O_2), evtl. Beatmung, Heparin, später orale Antikoagulation, evtl. Lyse, Embolektomie

3.2 Lymphgefäße

3.2.1 Lymphödem

Stauung der Lymphbahnen primär: angeboren, familiär bedingt oder sekundär: behinderter venöser Abstrom, Zerstörung oder Verlust des Lymphgefäßsystems
Klinik: Umfangsdifferenz, Schwere-, Spannungsgefühl, Bewegungseinschränkung, hartes, indolentes Ödem (manchmal bis Elephantiasis), Ausbreitung von distal nach proximal

Therapie: Lymphdrainage (Kompressionsmaßnahmen, Hochlagerung)

13.2.2 Lymphangiitis

Oberflächliche lymphogene Ausbreitung einer akralen Infektion. Entsteht bei lokalen Infektionen durch Staphylococcus aureus (Furunkel, Abszess) oder β-hämolysierende Streptokokken (Phlegmone →**49**, Erysipel →**50**, Fasziitis)

Klinik: schmerzhafte, vergrößerte LK, schmerzhafter, geröteter, subkutaner Strang, evtl. sekundäres Lymphödem (selten, Elephantiasis nostras)

Therapie: Herdbeseitigung, Ruhigstellung, feuchte, kühlende Umschläge, Antibiotika, Antiphlogistika, Antipyretika

☺ **... zu viel Kaffee ist vielleicht auch nicht so gesund... wie wär's mit einer Tasse Kräutertee ... zur Entspannung? ...☺**

14 Gesicht und Mundhöhle

14.1 Traumatologie

14.1.1 Nasenfraktur

Frakturen im knöchernen oder knorpeligen Anteil des Nasenskeletts mit oder ohne Dislokation. Diagnostiziert durch seitliche Röntgenaufnahme.

Therapie: Reposition bei Dislokation, Fixation durch Heftpflasterzug, Gips-/Metallschiene, evtl. Septumplastik nach Cottle

14.1.2 Jochbeinfraktur

Die Jochbeinfraktur tritt isoliert oder in Kombination mit anderen Gesichtsschädelfrakturen auf.

Klinik: Abflachung des prominenten Jochbeinbogens, Kiefersperre/-klemme, Doppelbilder durch Bewegungseinschränkung des Bulbus, Hypästhesie des N. infraorbitalis, evtl. Sprengung der Sutura frontozygomatica, Monokelhämatom, Nasenbluten

Therapie: Draht- oder Plattenosteosynthese im Bereich der Sutura frontozygomatica

14.1.3 Oberkiefer-/Mittelgesichtsfraktur

Nach den typischen Frakturverläufen unterteilt in:

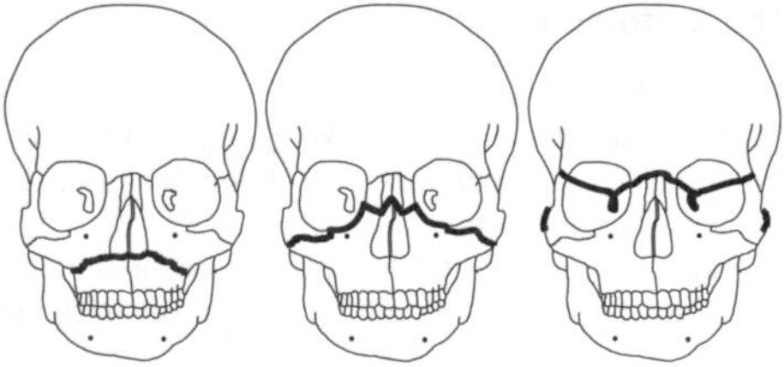

Mittelgesichtsfrakturen (Einteilung nach Le Fort)

- **Le Fort I:** Frakturlinienverlauf horizontal in Höhe des Kieferhöhlen- und Nasenbodens, tiefe maxilläre Querfraktur
- **Le Fort II:** Frakturverlauf quer in Höhe der Nasenwurzel und bilateral durch den Infraorbitalrand, Pyramidenfraktur der Maxilla
- **Le Fort III:** vollständige Lösung des Gesichtsschädels vom Hirnschädel, häufige Liquorfisteln wegen Frakturverlauf durch die Siebbeinhöhlen

Klinik: Okklusionsstörungen, "dish face" (Abflachung und Verlängerung des Mittelgesichtes)

Therapie: unter Antibiotikaprophylaxe operative Frühversorgung, evtl. Duraplastik

14.1.4 Orbitabodenfraktur (Blow-out-Fraktur)

Fraktur des Orbitabodens durch isolierte Gewalteinwirkung (oft Squash- oder Tennisball, Faustschlag) mit möglicher

Einklemmung von Orbitainhalt und Absinken des Orbitabodens in die Kieferhöhle. Typisch ist ein posttraumatischer Enophthalmus, ein Monokelhämatom, das Auftreten von Doppelbildern (Diplopie) und eine eingeschränkte Augenbeweglichkeit.

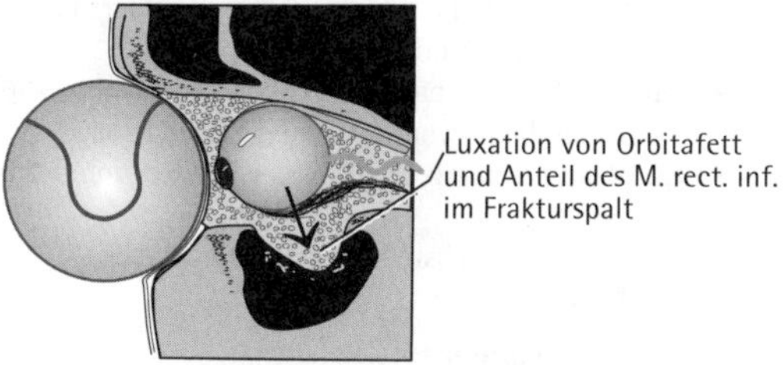

Blow out fracture

Therapie: bei persistierenden Doppelbildern und Irritation des N. infraorbitalis operative Reposition und Stabilisierung mit lyophilisierter Dura oder durch Einlage eines Kunststoffstempels in die Kieferhöhle.

14.1.5 Frontobasale Fraktur

Fraktur der Schädelbasis nach frontaler Gewalteinwirkung. Es kann zur nasalen Liquorrhö, zur Ausbildung eines Brillen- oder Monokelhämatoms kommen. β_2-Transferrin in der Immunelektrophorese ist beweisend für eine Liquorrhö. Die Fistel ist typischerweise im Bereich der Siebbeinzellen und Lamina cribrosa lokalisiert.

Cave: aufsteigende Infektion mit konsekutiver Meningitis.

Die Einteilung erfolgt nach **Escher** in:

- **Typ I** hohe frontobasale Fraktur: durch Gewalteinwirkung auf das Stirnbein mit Einstrahlung von oben in die Nebenhöhlen
- **Typ II** lokalisierte/mittlere frontobasale Fraktur: durch Gewalteinwirkung auf Stirn-Nasenwurzelbereich mit Stirn-Siebbeinkompression
- **Typ III** tiefe frontobasale Fraktur: Le Fort I-III (→**156**), bei II-III evtl. Einstrahlung von unten in die Schädelbasis
- **Typ IV** lateroorbitale frontobasale Fraktur: von Orbitadach und Stirnhöhle

Therapie: bei Liquorfistel operative Duraplastik, Antibiotikaprophylaxe

14.1.6 Unterkieferluxation

Meist als uni- oder bilaterale vordere Luxation. Führt zur federnden Kiefersperre (Mund kann nicht geschlossen werden).
Therapie: Reposition durch Daumendruck nach kaudal und dorsal mit dem Handgriff nach Hippokrates

14.2 Gaumenspalte (Palatoschisis)

Kongenitale Spaltbildung des Gaumens, die entweder nur den weichen Gaumen (Velumspalte) oder zusätzlich auch den harten Gaumen (typische Gaumenspalte) betreffen kann. Können in Kombination mit Lippen- und Kieferspalten (Lippen-Kiefer-Gaumenspalte) auftreten. Gaumenspalten können zu erheblichen Ernährungsproblemen, rezidivierenden Atemwegsinfekten und Sprechstörungen führen.
Die **Therapie** erfolgt durch sofortige Einlage einer Kunststoffplatte (Obturator), möglichst frühzeitigen operativen Verschluss durch Uranoplastik und kieferorthopädische Korrektur im Jugendalter.

14.3 Speicheldrüsenerkrankungen

14.3.1 Sialadenitis

Akut eitrige (Streptokokken/Staphylokokken, meist Parotis, verringerter Speichelfluss, bei Immunsuppression oder Speichelstein meist Submandibularis, Therapie durch Antibiose und Aprotinin), seröse (viral, z.B. bei Mumps) oder chronisch rezidivierende Infektion. Prädisponierend sind Speichelsteine, Immunsuppression und ein verminderter Speichelfluss.

14.3.2 Sialolithiasis

Speichelsteinbildung. Gehäuft in den Ausführungsgängen der Glandula submandibularis. Meist Kalziumphosphat-/karbonatsteine. Je nach Lage des Steins Gangschlitzung oder Exstirpation der Drüse.

14.3.3 Sialadenosen

Nichtentzündliche, schmerzhafte Schwellung durch autonome Dysregulation. Meist bilateral der Glandula parotis, oft bei Xerostomie.

14.4 Speicheldrüsentumoren

14.4.1 Benigne Sialome

Zu den benignen Sialomen zählen das **pleomorphe Adenom** (häufigster Speicheldrüsentumor, rund, schmerzlos, 80% in der Parotis lokalisiert, Therapie durch partielle Parotidektomie, oft Rezidive, gehäuft bei Frauen) und die nicht pleomorphen Tumoren wie das **Zystadenolymphom** (Warthin-Tumor, weich, selten Entartung, meist Männer, Therapie durch Enukleation) und das **Onkozytom** (monomorph mit Kapselbildung).

14.4.2 Maligne Speicheldrüsentumoren

Maligne Speicheldrüsentumoren sind der **Azinuszelltumor** (meist in der Parotis, selten Metastasen, radikale Parotidektomie), der **Mukoepidermoidtumor** (epidermale mit schlechter, muköse mit guter Prognose, Operation individuell), das **adenoidzystische Karzinom** (Zylindrom, häufigstes Karzinom, meist in kleinen Speicheldrüsen, langsames Wachstum entlang Nerven, spät aber häufig hämatogene Metastasen) und das **Plattenepithel-** oder **Adenokarzinom** (treten auch in pleomorphen Adenomen auf).

5 Hals

5.1 Fehlbildungen

5.1.1 Mediale Halsfistel und -zyste

Entsteht durch teilweise persistierenden Ductus thyreoglossus in der Mittellinie des Halses vom Foramen caecum ausgehend. Meist erst im 2.-5. Lebensjahr auffallend. Es bildet sich ein meist in Höhe des Zungenbeins gelegener zystischer Tumor, der bei Infektion nach außen durchbrechen und somit eine sekundäre Fistel bilden kann. Die **Therapie** erfolgt durch Exstirpation der Zyste mit dem mittleren Zungenbeinanteil und der Verbindung zum Foramen caecum.

5.1.2 Laterale Halsfistel und -zysten

Laterale Halsfisteln entstehen durch Persistenz der primitiven Kiemengänge, meist des 2. Ganges. Meist schon bei Geburt vorhanden. Vom hinteren Gaumenbogen verläuft die Fistel nahe dem N. hypoglossus, dann durch die Karotisgabel bis zum Vorderrand des M. sternocleidomastoideus. **Therapiert** durch radikale Exstirpation.

5.1.3 Tortikollis (Caput opstipum, Schiefhals)

Schiefhaltung des Kopfes durch einseitige bindegewebige Umwandlung eines M. sternocleidomastoideus. Dadurch **Drehung** des Kopfes **zur gesunden Seite** und **Neigung zur erkrankten Seite.** Tritt meist bereits postnatal auf. Je nach Ausprägung neben konservativer krankengymnastischer Therapie Resektion von Muskelansatz oder -ursprung und Fixation mit Thorax-Diademgips in überkorrigierter Stellung als Therapieoptionen.

15.1.4 Halsrippe

Meist im Bereich des 6. oder 7. Halswirbelkörpers gelegene Assimilations-störung, bei der häufig nur dorsal rippenähnliche Stummel mit knorpeliger oder bindegewebiger Verbindung zum Sternum ausgebildet sind. Klinik und Therapiebedürftigkeit resultieren aus Kompression des Nerven- und Gefäßstranges. De **Adson-Test** (Kopfdrehung zur erkrankten Seite und tiefe Inspiration führen
zur Unterdrückung des Radialispulses) ist oft positiv.
Resektion der Rippe bei konservativ therapie-refraktären symptomatischen Patienten.

5.2 Schilddrüse

5.2.1 Allgemeines

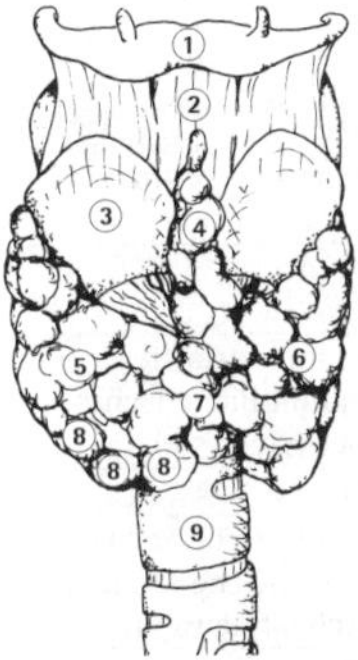

Anatomie der Schilddrüse

1 Os hyoideum
2 Membrana thyrohyoidea
3 Cartilago thyroidea
4 Lobus pyramidalis
5 Lobus dexter
6 Lobus sinister
7 Isthmus glandulae thyroideae
8 Lobuli
9 Trachea

5.2.1.1 Schilddrüsenhormone

Die Auswirkungen von Über- bzw. Unterproduktion von Schilddrüsenhormonen stellt folgende Tabelle dar:

Organ	Hormonmangel	Überangebot
Gesamt-stoffwechsel	O_2-Verbrauch ↓, Wärmeproduktion ↓, Energieumsatz ↓	O_2-Verbrauch ↑, Wärmeproduktion ↑, Energieumsatz ↑
Wachstum	Entwicklungsverzögerung	Reifung (Skelett, ZNS) ↑
ZNS	Erregbarkeit ↓, Apathie, Koma	Erregbarkeit ↑, Unruhe, Tremor, Koma
Muskel	Hyporeflexie	Hyperreflexie
Herz-Kreislauf	Bradykardie (selten), Schlagvolumen ↓ RR-Amplitude ↓	Tachykardie, Schlagvolumen ↑, RR-Amplitude ↑
GI-Trakt	Darmpassage verlangsamt	Darmpassage beschleunigt

15.2.1.2 Diagnostik

Typische diagnostische Verfahren für Erkrankungen der Schilddrüse sind die Sonographie und die Szintigraphie

15.2.1.3 Sonographie

Typische Befunde zeigt die folgende Tabelle:

Schilddrüsenerkr.	Befund	s.S.
M. Basedow	inhomogenes Echomuster, diffuse Echoarmut	→**167**
Hashimoto-Thyreoiditis	inhomogen, echoarm	→**165**
Zyste	echofreier Knoten mit dorsaler Schallverstärkung (mit Binnenechos: Blutung in degenerierte Zyste)	
hochdifferenz. Ca	echoarme Knoten	→**169**
Struma	dichtgepackte, kolloidreiche Follikel, echoreiche und echogleiche Knoten, häufig regressiv echoarme Herde	→**166**

15.2.1.4 Szintigraphie

Darstellung von Lage, Form und Größe aktiv speichernden Schilddrüsengewebes durch Aufzeichnung der Aufnahme radioaktiver Nuklide mit der γ-Kamera. Gebräuchliche Nuklide sind ^{99m}Tc (t1/2 = 6h), ^{123}J (t1/2 = 12h) und ^{133}J (t1/2 = 8d).
Typische Befunde sind der „kalte" Knoten (keine Nuklidspeicherung, bei Karzinom, Thyreoiditis, Zyste) und der „heiße" Knoten (intensive Speicherung, übriges Gewebe speichert nur gering oder gar nicht) bei autonomem Adenom, dabei kann das paranoduläre Schilddrüsengewebe durch eine Suppressionsszintigraphie (nach T4-Gabe über 2 Wochen) in der Aktivität unterdrückt werden).

15.2.2 Thyreoiditiden

15.2.2.1 Akute Thyreoiditis

Meist bakteriell, seltener viral, traumatisch oder strahlenbedingte Entzündung mit Entzündungszeichen, Lk-Vergrößerung, Leukozytose, BSG-Erhöhung. Wird **therapiert** mit Antibiotika, Antiphlogistika, bei Abszess: Drainage (Kultur, Zytologie)

15.2.2.2 Subakute Thyreoiditis (de Quervain)

Parainfektiös (z.B. Coxsackie, Mumps, Adenovirus), meist nach Infektion der oberen Atemwege. Führt zu Schmerzen, v.a. über Schilddrüse, auch projiziert auf Unterkiefer, Hinterkopf, Ohr, und zu hoher Berührungsempfindlichkeit der Schilddrüse. Die Sonographie zeigt fleckige Echoarmut. Die Szintigraphie eine verminderte Nuklidanreicherung. Punktion: granulomatöse Thyreoiditis mit Riesenzellen. Klinisch sind passagere Hyper- oder Hypothyreose möglich. Sonderform (?) ist die chronisch invasiv fibrosierende Riedel-Struma („eisenharte" Struma).

Therapie mit NSAR, evtl. Kortikosteroide. In 2/3 der Fälle Spontanheilung.

15.2.2.3 Chronische Thyreoiditis (Hashimoto)

Häufigste Ursache einer primären Hypothyreose, v.a. bei Frauen (w:m=4:1). Gelegentlich mit anderen Autoimmunerkrankungen, v.a. immunogener NNR-Insuffizienz assoziiert. Der Beginn ist meist unmerklich, es zeigen sich Symptome einer Hypothyreose mit einer „gummiartigen" Struma.

Labor: TAK (in 70%) und MAK (in 95%) erhöht. Punktion/Histo: lymphozytäre Infiltrate.

Therapie durch T4-Substitution (Euthyrox) bei Hypothyreose, Thyreoidektomie bei V.a. Malignität oder mechanischer Beeinträchtigung

15.2.3 Struma

15.2.3.1 Stadieneinteilung

Grad	Merkmale
0	keine Struma
1a 1b	tastbar, auch bei Reklination nicht sichtbar tastbar, nur bei Reklination sichtbar
2	auch ohne Reklination sichtbar
3	aus Entfernung sichtbar, lokale Komplikationen (Säbelscheidentrachea = Trachealkompression)

15.2.3.2 Struma mit euthyreoter Funktion (blande Struma)

Nichtentzündliche oder maligne Schilddrüsenvergrößerung mit normaler Hormonproduktion und -sekretion. Meist endemisch durch alimentären Jodmangel oder sporadisch (Jodbedarf erhöht in Gravidität oder Wachstum) bedingt.

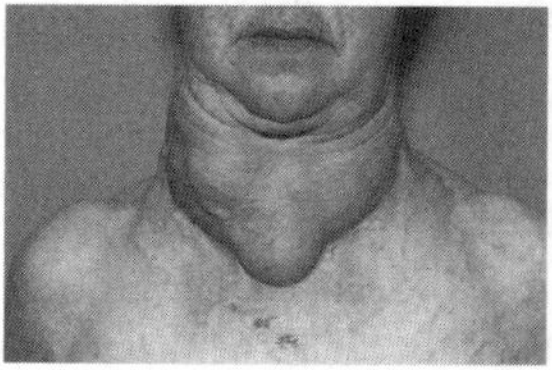

Struma, inspiratorischer Stridor

endemisch	alimentärer Jodmangel
sporadisch	Jodbedarf ↑ (z.B. Gravidität, Wachstum), strumigene Substanzen

Führt über endokrine Rückkopplung zum Schilddrüsenwachstum mit Struma diffusa/nodosa.

Struma diffusa	*uniforme Hyperplasie*
Struma nodosa	*fokale Hyperplasie*, mit normaler, fehlender oder autonomer Funktion

$FT_{3/4}$ und TSH sind normal. Lokale Komplikationen sind Schluckstörungen und die obere Einflussstauung.
Therapie primär medikamentös mit Levothyroxin kombiniert mit Jod, evtl. operative Strumaresektion oder Radiojodtherapie.

15.2.3.3 **Hyperthyreote Struma - Morbus Basedow**

Immunogene Hyperthyreose durch Bildung von schilddrüsen-stimulierenden TSH-Rezeptor-Autoantikörpern (TSH-R-Ak). Bevorzugt Frauen im Alter von 30-40 betroffen. In der Schilddrüse kommt es zur Hyperplasie und lymphozytären Infiltration; auch in der Haut zeigen sich Infiltrationen mit Lymphozyten und Mukopolysacchariden (Myxödem). Oft zeigt sich in Kombination eine endokrine Orbitopathie, die bis in einen malignen Exophthalmus mit Hornhauteinschmelzung münden kann. **Merke**: die endokrine Orbitopathie kann auch ohne Hyperthyreose in eu-/hypothyreoter Stoffwechsellage auftreten.

Klinik: Struma (→**164**), Exophthalmus, Tachykardie (Merseburger-Trias), häufig isoliertes Auftreten mit oder ohne prätibialem Myxödem. Dazu verstärkter Haarausfall, innere Unruhe, schweißige, warme Haut und feinschlägiger Fingertremor. Bei Vorliegen einer endokrinen Orbitopathie evtl. zusätzlich periokuläres Ödem, verstärkter Tränenfluss, Augenmuskelparesen, **Stellwag-Zeichen** (seltener Lidschlag), **v. Graefe-Zeichen** (Zurückbleiben des Oberlides bei Blicksenkung), **Dalrymple-Zeichen** (sichtbare Sklera am oberen Hornhautrand), **Möbius-Zeichen** (Konvergenzschwäche), **Gifford-Zeichen** (erschwertes Ektropionieren des Oberlides durch Levatorspasmus). Der maligne Exophthalmus ist gekennzeichnet durch Lidödem, Chemosis und verminderte Hornhautsensibilität.
Diagnostik: Klinik, TSH basal erniedrigt, $FT_{3/4}$ erhöht (90%), TSH-R-Ak erhöht (80%), MAK (= TPO AK) erhöht (80%)

Therapie: konservativ-thyreostatische Therapie über 12-18 Monate, operative „Subtotalresektion" oder Radiojodtherapie nach Vorbehandlung in euthyreoter Stoffwechsellage. Bei malignem Exophthalmus hohe Prednisolondosen.

Merke: *typische, wenn auch seltene Komplikation der Operation ist die Läsion des N. recurrens, bei bilateraler Parese stehen die Stimmbänder in Paramedianstellung und es resultiert starke Atemnot bei geringer Heiserkeit*

15.2.3.4 Thyreoidale Autonomie

Meist lokalisierte Unabhängigkeit der Schilddrüsenfunktion von hypophysärer TSH-Kontrolle mit vermehrter Bildung von Schilddrüsenhormonen. Entwickelt sich oft in lange vorbestehender Struma bei älteren Patienten.

Klinik: Hyperthyreose mit überwiegend kardiovaskulären Symptomen

Diagnostik: TSH basal erniedrigt, $FT_{3/4}$ erhöht (FT_3 ggf. isoliert), Sonographie (autonomes Adenom: echoarm, mit regressiven Veränderungen; multifokale/disseminierte Autonomie: echoarme und echoreiche, zystische Areale/Knoten), Szintigraphie („heißer" Knoten bzw. multifokale/disseminierte Nuklidaufnahme bei supprimiertem TSH, →**164**)

Therapie: initial thyreostatisch-medikamentös, aber frühzeitig OP (Enukleation) oder Radio-Th (Spontanremission sehr selten!)

15.2.4 Schilddrüsenkarzinome

Stadien	
Tx	Primärtumor kann nicht beurteilt werden
T0	kein Anhalt für Primärtumor
T1	Tumordurchmesser < 1 cm
T2	1-4 cm
T3	> 4 cm
T4	Tumor jeder Größe mit Ausbreitung jenseits der Schilddrüse (a unifokal, b multifokal)
N1a	ipsilateral Hals-LK
N1b	bilateral, in der Mittellinie, kontralateral oder mediastinal
M 0/1	fehlende bzw. vorhandene Fernmetastasen

Einteilung

- **follikulär (25%):** imitiert histologisch normales thyreoidales Gewebe, frühe hämatogene Metastasierung (Lunge, Knochen), gehäuft in Gebieten mit Jodmangel
- **papillär (55%):** Altersgipfel 2.-3. Dekade und höheres Lebensalter, langsames Wachstum, regionale LK-Metastasierung, Lungenmetastasen, günstigste Prognose
- **anaplastisches Ca (= undifferenziertes Ca, 10%):** histologisch undifferenziert, keine Jodspeicherung, lokal invasives Wachstum, Lungenmetastasen, schlechteste Prognose
- **medulläres Ca (= C-Zell-Ca, 5%):** entsteht aus Kalzitonin-bildenden C-Zellen der Schilddrüse (1/3 familiär auftretend, d.h. Kalzitoninbestimmungen nach Pentagastrinstimulation und Ausschluss eines Phäochromozytoms (→**263**), MEN-Syndrom →**173**)

Klinik: konsistenzvermehrter, bis harter Knoten, Fixation, vergrößerte regionäre Lymphknoten, evtl. Kompressions- und Infiltrationszeichen: Heiserkeit, Stridor (N. recurrens), Horner-Syndrom (Miosis, Ptosis, Enophthalmus durch Sympathikus-Läsion), Dysphagie, obere Einflussstauung, ausstrahlende Schmerzen in Kieferwinkel und Ohren
Diagnostik: Sonographie (echoarme, unregelmäßig begrenzte Areale), Szintigraphie (nichtspeichernde Areale, kalte Knoten), Feinnadelpunktion (→**30**), Aspirationszytologie, auch häufig OP-Zufallsbefund bei Strumaresektion
Therapie: radikale Thyreoidektomie mit Lk-Dissektion der betroffenen Seite (Ausnahme: unifokales papilläres Karzinom $T_1N_0M_0$: subtotale Resektion), evtl. perkutane Nachbestrahlung (Fett): bei undifferenzierten Karzinomen nach OP, bei invasivem papillärem Karzinom und/oder zervikalen Karzinommetastasen

Merke: *in ca. 10% d.F. ist das C-ZEll-Ca Teil eines MEN Syndroms (MEN IIa/IIb), bei 97% Keimbahnmutationen im RET-Protoonkogen*

15.3 Nebenschilddrüse

15.3.1 Hyperparathyreoidismus

Überfunktion der Nebenschilddrüse mit vermehrter Bildung von Parathormon. **Primär** als autonome Überproduktion, **sekundär** durch reaktive Hyperplasie bei Hypokalzämien, **tertiär** als Entwicklung einer Autonomie im Rahmen sekundärer Hyperparathyreoiditiden.

15.3.1.1 Primärer Hyperparathyreoidismus

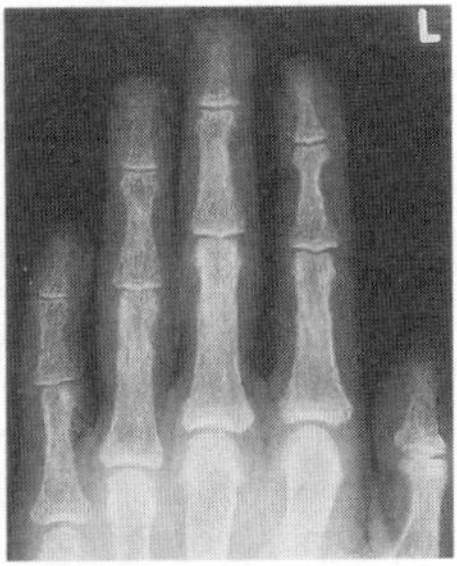

Primärer Hyperparathyreoidismus, subperiostale Resorptionen
[IMMP-Prüfungsabbildung]

In 80% solitäres Adenom. Klassische Manifestationen sind die Osteodystrophia fibrosa generalisata v. Recklinghausen (braune Tumoren, subperiostale Resorption kortikalen Knochens, Osteoporose, Mattglas-Schädel), Nephrolithiasis (Ca^{2+}-Oxalat, Ca^{2+}-Phosphat), Nephrokalzinose, Verkalkung von Gelenkkapseln und Bändern, Akreoosteolysen. Weiter können Verwirrtheitszustände, Obstipation, Polyurie, Adynamie und Depressionen auftreten. Häufig aber

	Ca^{2+}	Ph	PTH
im Serum	↑	↓	↑
im Urin	↑	↑	

alkal. Phosphatase ↑, Hydroxyprolinausscheidung ↑ (Knochenabbau!)

asymptomatisch. In 5% Manifestation durch hyperkalzämische Krise.

Typisch: Stein-Bein-Magenpein (bones, stones, abdominal groans, psychic moans). **Therapie** sowohl konservativ als auch operativ je nach Symptomatik. **Merke**: selbst bei negativer Lokalisationsdiagnostik besteht bei gesicherter Diagnose die Indikation zur Operation.

15.3.1.2 Sekundärer Hyperparathyreoidismus

Überfunktion der Nebenschilddrüse mit vermehrter Sekretion von Parathormon und Hypokalzämie aufgrund nichtparathyreogener Erkrankung (Niereninsuffizienz, Malassimilationssyndrom). Führt zu Knochenschmerzen (komplexe Osteopathie), Schwäche der proximalen Muskulatur, „Watschelgang", später extraossäre Verkalkungen und Pruritus. **Therapeutisch** Behandlung der Grunderkrankung, phosphatarme Diät, Phosphatbinder, Kalzium und Calcitriol-Substitution, bei Therapieresistenz und schwerem Verlauf: Parathyreoidektomie mit Transplantation eines Epithelkörperchens auf den Unterarm

15.3.1.3 Tertiärer Hyperparathyreoidismus

Entwicklung einer Hyperkalzämie bei schwerem sekundärem Hyperparathyreoidismus durch Epithelkörperchenautonomie (autonomer sekundärer Hyperparathyreoidismus). V.a. nach erfolgreicher Nierentransplantation durch nun zu hohe Basalsekretion der Epithelkörperchen oder durch Epithelkörperchenadenom

15.3.2 Hypoparathyreoidismus

Nebenschilddrüsenunterfunktion (= verminderte oder fehlende PTH-Sekretion) postoperativ, idiopathisch, kongenital oder funktionell bedingt. Die **Klinik** zeigt hypokalzämische tetanische Anfälle (Parästhesien, Karpopedalspasmen, Pfötchenstellung, Stimmritzenkrampf, Krampfanfall, Chvostek-Zeichen, Trousseau-Zeichen), trophische Störungen (an Haaren, Haut und Nägeln),

Verkalkungen, Katarakt, Stammganglienverkalkungen, Reizbarkeit, Depression, fokale generalisierte epileptische Anfälle und Verlängerung der QT-Zeit im EKG.

	Ca^{2+}	Ph	Mg^{2+}	PTH
im Serum	↓	↑	↓	↓
im Urin	↓	↓		

Die **Therapie** erfolgt durch Vitamin-D- und Kalziumsubstitution. DD: Pseudohypoparathyreoidismus mit PTH erhöht bei Endorganresistenz, d.h. gleiche Symptomatik

15.4 Multiple endokrine Neoplasien

- **MEN Typ I (Wermer-Syndrom):** Nebenschilddrüsenhyperplasie (→**171**), Hypophysenadenome, Pankreasinselzelltumoren (→**256**)
- **MEN Typ IIa (Sipple-Syndrom):** Phäochromozytom (→**263**), C-Zell-Karzinom (→**169**), Nebenschilddrüsenhyperplasie (→**171**)
- **MEN Typ IIb (Gorlin-Syndrom):** Phäochromozytom (→**263**), C-Zell-Karzinom (→**169**), multiple Neurinome, dazu marfanoider Habitus

16 Brustdrüse

16.1 Fehlbildungen

- **Amastie:** fehlende Drüsen- und Mamillenanlage, Sonderform Poland-Syndrom = einseitige Amastie mit Aplasie des M. pectoralis major und evtl. Syn- und Brachydaktylie
- **Aplasie:** fehlende Drüsen- bei vorhandener Mamillenanlage
- **Athelie:** fehlende Mamille bei Drüsenanlage
- **Polythelie:** überzählige Mamillenanlage entlang der Milchleiste
- **Polymastie/Mamma aberrata:** akzessorisches Drüsengewebe im bzw. außerhalb des Milchleistenverlaufs (Cave: Entartungs risiko erhöht)
- **Makromastie:** Hyperplasie, z.T. physiologische Brustdrüsenvermehrung/-vergrößerung
- **Mikromastie:** Hypoplasie, konstitutionell kleine Drüsenanlage
- **invertierte Mamille:** eingezogene Brustwarze (evtl. Stillhindernis)
- **Tuberöse Brustdeformität:** Brust mit kleiner Basis, großer mamille und Hernierung des Drüsengewebes in die Areole

16.2 Gynäkomastie

Vergrößerung der männlichen Brustdrüse durch gesteigerte Östrogensekretion (z.B. in der Pubertät, Hodentumoren, Nebennierenrindentumoren, Leberzirrhose), verminderte Androgensekretion (z.B. bei Klinefelter-Syndrom), Organresistenz gegen Testosteron (z.B. bei testikulärer Feminisierung) oder durch gesteigerte Sekretion von Prolaktin bzw. Gonadotropinen (z.B. be

Hypophysentumor). Die Therapie erfolgt je nach Ursache kausal bzw. operativ symptomatisch (Resektion von Drüsengewebe).

6.3 Mastitis

Meist einseitige, gehäuft am 8.-12. Tag postpartal auftretende Infektion durch Staphylo- oder Streptokokken. Führt zu einer lymphogen-interstitiellen Mastitis (häufig) oder kanalikulär-parenchymatösen Mastitis (selten). Symptomatisch durch Schmerzen, hypertherme Schwellung oder infiltrative Verhärtung. Eine bindegewebige Schrumpfung kann resultieren. Die **Therapie** besteht in Leer-/Abpumpen, Ruhigstellung, Kühlung, Bromocriptin und Antibiose. Bei Fluktuationen und LK-Schwellung - abstillen, überwärmen (Einschmelzungsunterstützung) und inzisieren (oberflächliche Zirkuminzision bei subalveolärem Abszess, radiäre bei typischem Abszess, Bordenheuer-Schnitt bei peripherem/retromammärem Abszess).

6.4 Mastopathie

Hormonell induzierte Veränderung der Mamma, die Epithel, Lumina und Bindegewebe betrifft. Sie tritt als Folge einer gestörten Östrogen/Gestagen-Relation auf. Der Gipfel liegt im 40.-50. Lj. Oft zeigt sich eine Rückbildung nach der Menopause. Es kommt zu druckdolenten multipel-knotigen Veränderungen, oft beidseitig im äußeren oberen Quadranten. Das Entartungsrisiko liegt bei 0,8 - 8,0% (Grad I-III).

Stadien nach Prechtel	
Grad I	Gangektasien ohne Epithelproliferationen
Grad II	Ektasien mit Epithelproliferationen ohne Atypien

Stadien nach Prechtel	
Grad III	Ektasien mit Epithelproliferationen und Auftreten von Atypien

Bei der diffusen fibrös-zystischen Mastopathie imponiert die sog Schrotkugelbrust mit multiplen, knotigen Verhärtungen. Die **Therapie** erfolgt mit Gestagenen perkutan, Tamoxifen, Bromocriptin, Danazol, bei Grad I/II durch Knotenexstirpation unc Histologie, bei Grad III evtl. subkutane Mastektomie oder einfache Mastektomie

16.5 Tumoren

16.5.1 Fibroadenom

Das Fibroadenom ist der häufigste benigne Tumor der Brustdrüse Er betrifft meist junge (20.-30. LJ) Frauen und zeigt ein östrogenabhängiges Wachstum.Verursacht durch fetal versprengtes Drüsengewebe. Imponiert als derber, glatter, gut verschieblicher Knoten, tritt oft multipel auf und zeigt nur äußerst selten eine maligne Entartung. Eine generelle Therapieindikation besteht nicht. Evtl. Exstirpation und Histologie zum Ausschluss eines Karzinoms.

16.5.2 Milchgangspapillom

papillomatöse, meist gutartige Wucherung in den Milchgängen zentral unter der Brustwarze. Blutige oder seröse Mamillen sekretion. Therapie durch Duktektomie oder Keilresektion, bei diffusem Befall evtl. subkutane Mastektomie.

16.5.3 Mammakarzinom

Das Mammakarzinom stellt das häufigste Karzinom (22% der Krebse der Frau, Gipfel 65 Lj.) der Frau dar.

Risikofaktoren sind eine familiäre Disposition, BRCA-1-Mutantenträgerin, Nullipara bzw. Primipara > 30 Lj., Adipositas, eine proliferative Mastopathie Grad III, eine frühe Menarche, späte Menopause und Frauen, die nur kurz gestillt haben.

Histologisch werden die nichtinvasiven (Carcinoma ductale in situ, Carcinoma lobulare in situ) und die invasiven Formen (duktal 80%, lobulär 5%, muzinös, papillär, medullär, tubulär, adenoid-zystisch, kribriform) differenziert.

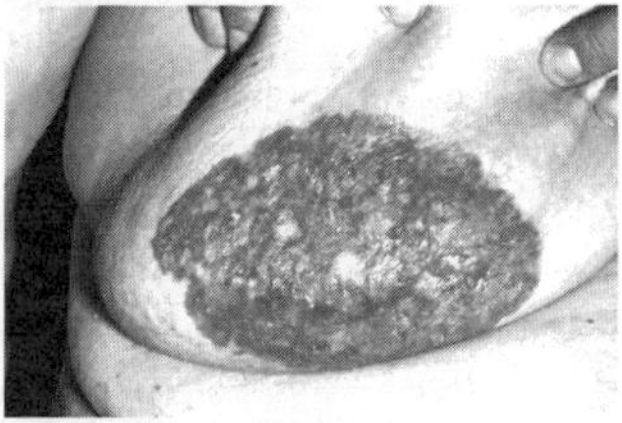

M. Paget

Sonderform ist der M. Paget als Krebsekzem der Mamille mit intraepithelialer Ausbreitung eines Karzinoms der Milchdrüsenausführungsgänge.

Die **Lokalisation** betrifft zu 50% den oberen äußeren, zu 15% den oberen inneren, zu 10% den unteren äußeren und zu 5% den unteren inneren Quadranten. 1% der Karzinome treten primär doppelseitig auf. 5% multizentrisch.

Die **Metastasierung** erfolgt primär lymphogen in axilläre/supraklavikuläre/retrosternale LK, sekundär hämatogen in Skelett (25%), dazu Lunge/Pleura (27%), Leber (8%), Hirn (5%), NN, Haut und Ovarien.

Für **Prognose** bzw. **Therapie** wurden spezielle Risikokriterien definiert. Unter die High-risk-Tumoren fallen solche, die folgende Kriterien erfüllen: > T2, axilläre LK positiv, Hormonrezeptor neg., G 3, Lymphangiosis, Haut-/Brustwandinfiltration, Kathepsin-

Nachweis, DNA-Aneuploidie, viele S-Phasen-Zellen, HER-2/neu Onkogen-Nachweis.

Stadien	
T1	Tumordurchmesser < 2 cm (T1a < 0,5 cm, T1b 0,5-1 cm, T1c 1-2 cm)
T2	2-5 cm (40% N1)
T3	> 5 cm (75% N1)
T4	Haut-/Thoraxwandinfiltration
N1	ipsilateral bewegliche axilläre LK
N2	ipsilateral fixierte axilläre LK
N3	ipsilateral entlang der A. mammaria int. gelegene LK
M 0/1	fehlende bzw. vorhandene Fernmetastasen

Klinik: derber schmerzloser Knoten, Schmerzen, Absonderungen, Größen-/Formunregelmäßigkeit, Asymmetrien, Einziehungen, asymmetrische Mamillenposition, Ekzeme, Apfelsinenhaut, Ulzera, Fleckigkeit, Rötung.
Diagnostik: Selbstuntersuchung (6-12 d p.m.), Inspektion, Mammographie (Krebsfüßchen, Mikrokalzifikationen), Punktionszytologie, Exzisionsbiopsie, Galaktographie, Pneumozystographie, NMR, Sono, Thermographie, Szinti, Ca 15-3, CEA (→**65**)
Therapie: bei **T1 mit Low-risk-Kriterien**-Tumoren Tylektomie/ Lumpektomie, Quadrantenresektion (Exstirpation im Gesunden), dann Bestätigung der Low-risk-Kriterien durch Histologie, dazu axilläre Lymphadenektomie + Nachbestrahlung (50 Gy Brust, im ehemaligen Tumorbereich 60 Gy mit Kobalt, Cäsium), bei Tumoren > **T1 oder High-risk-Kriterien** modifizierte radikale Mastektomie (Patey) mit axillärer Lymphadenektomie + adjuvanter Nachbehandlung.

Die **adjuvante Nachbehandlung** besteht in Chemotherapie bei Lj. < 50 bzw. Hormontherapie bei Lj. > 50. Gebräuchliche Chemokombinationen sind das CMF- (Cyclophosphamid, Methotrexat, 5-Fluouracil) oder das FAC-Schema (5-Fluouracil, Adriamycin, Cyclophosphamid). Die Hormontherapie erfolgt additiv durch Antiöstrogene (Tamoxifen), Gestagene oder Aromatasehemmer (Aminoglutethimid) oder ablativ durch GnRh-Analoga (Goserelin) oder Ovarektomie.
Prognose: abhängig von Größe, Histo, Östrogen-Progesteron-Rezeptorstatus, LK-Status und Fernmetastasen.

☺ **...und zwischendurch eine Tasse Kaffee...** ☺

17 Ösophagus

17.1 Atresie

Kongenitaler Verschluss des Ösophagus. In über 90% in Kombination mit einer Ösophagotrachealfistel durch eine gestörte tracheoösophageale Septumbildung.

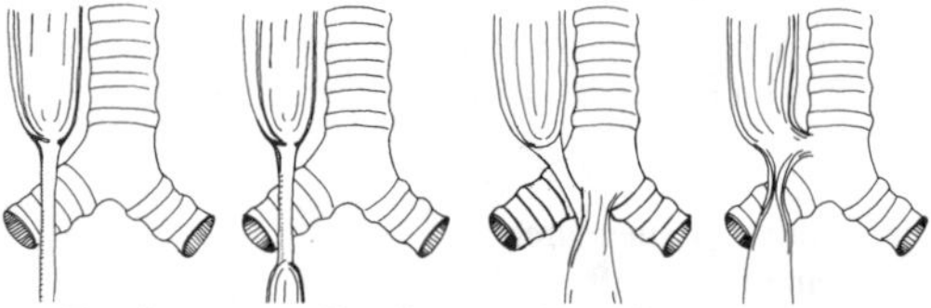

Einteilung nach Vogt

Formen nach Vogt		
Typ I	nur oberer Blindsack vorhanden	1%
Typ II	Atresie ohne Fistelbildung	3%
Typ III a	obere ösophagotracheale Fistel, unterer Ösophagusblindsack	1%
Typ III b	untere ösophageale Fistel, oberer Ösophagusblindsack	94%
Typ III c	ösophagotracheale Fistel ohne Atresie	1%

Klinik: Hydramnion, schaumiges Fruchtwasser im Nasen-Rachen-Raum, Speichelfluss, Aspirationen mit Zyanoseanfällen
Diagnostik: routinemäßige Sondierung des Magens beim Neugeborenen, Rö-Thorax/Abdomen (mit wasserlöslichem KM)

Therapie: Fistelverschluss und End-zu-End-Anastomosierung in den ersten Lebensstunden (Aspirationsgefahr!), ggf. Darminterposition.

7.2 Divertikel

Ausstülpung der gesamten Ösophaguswand (**echte Divertikel**) oder der Mukosa durch eine Muskularislücke (**falsches Divertikel, Pseudodivertikel**). Die Wandausbuchtung erfolgt durch abnormen intraluminalen Druck (**Pulsionsdivertikel**) oder durch Zug von außen (**Traktionsdivertikel**).

7.2.0.1 Pharyngoösophageales Divertikel (Zenker-Divertikel)

Meist links paravertebral gelegenes falsches Pulsionsdivertikel durch Mukosaausstülpung im Bereich der Pars horizontalis des M. constrictor pharyngeus (Killiansche Muskellücke) bei unkoordiniertem oberen Ösophagussphinkter (OÖS). Es kommt zu Dysphagie, gurgelnden Geräuschen, Hustenreiz, Regurgitation (besonders zur Nachtzeit) und Fötor. **Therapie** auch bei asymptomatischen Formen durch Divertikelabtragung und Myotomie des OÖS. **Merke**: das IMPP steht auf das „gurgelnde Geräusch" in der Anamnese.

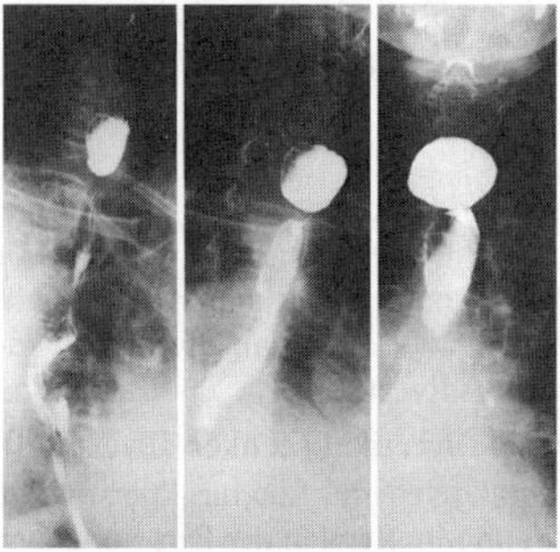

Zenker-Divertikel (Rö-Breischluck)
[IMMP-Prüfungsabbildung]

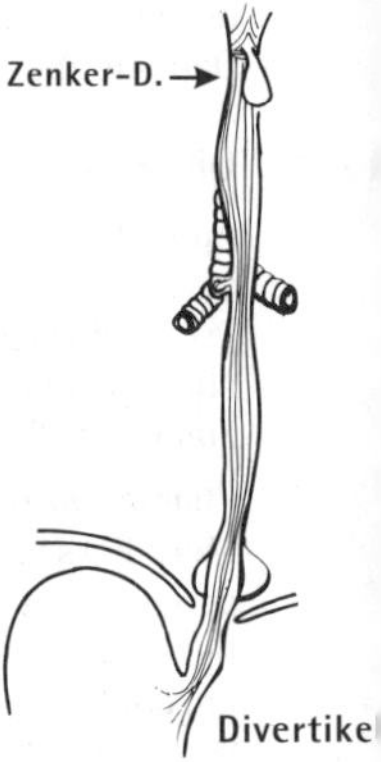

17.2.0.2 **Parabronchiales (thorakales) Divertikel**

Im mittleren Ösophagusabschnitt im Bereich der Trachealbifurkation gelegenes echtes Traktionsdivertikel (narbiger Zug mediastinaler, entzündlicher Prozesse). Häufig Zufallsbefund. Meist asymptomatisch. Abtragung nur bei Symptomen und Komplikationen (Perforation, Aspiration).

17.2.0.3 **Epiphrenisches (parahiatales) Divertikel**

Im distalen Ösophagusbereich auftretendes falsches Pulsionsdivertikel durch unkoordinierten unteren Ösophagussphinkter (UÖS). Oft in Kombination mit Hiatushernien, Achalasien und Refluxösophagitis. Divertikelabtragung und Myotomie des UÖS bei Beschwerden oder Komplikationen.

7.3 Verletzungen

7.3.1 Fremdkörper

Führen meist zu Mukosaläsionen im Bereich der physiologischen Engen.

7.3.2 Mallory-Weiss-Syndrom

Gastrointestinale Blutung bei Schleimhaut-längs-einriss des distalen Ösophagus oder der Kardia. Infolge Druckerhöhung bei Erbrechen (v.a. bei Alkoholkrankheit) Blutung mit Hämatemesis. **Therapie** durch Unterspritzung, Koagulation, ggf. Übernähung.

7.3.3 Boerhaave-Syndrom

Spontane Ösophagusruptur nach profusem Erbrechen und intraabdomineller Druckerhöhung (Husten) posterolateral links im distalen Drittel. Mit Vernichtungsschmerz (plötzlich, retrosternal), Dyspnoe, Erbrechen, Pleuraschmerz, Mediastinalemphysem, Pneumothorax, und Mediastinitis (→**109**). Defektübernähung und Deckung. Zusätzlich Antibiose.

7.4 Achalasie

Seltene Motilitätsstörung des Ösophagus mit Verlust der koordinierten Peristaltik vermutlich durch Degeneration des Plexus myentericus (Auerbach), dazu Öffnungslähmung des unteren Ösophagussphinkters. Das Karzinomrisiko ist erhöht.
Klinik: krampfartige retrosternale Schmerzen, Globusgefühl, Dysphagie, Regurgitation, Gewichtsabnahme
Diagnostik: Ösophagus-Breischluck, Kinematographie, Endoskopie, Manometrie, CT und Endo-Sono
Therapie: pneumatische Kardiodilatation (heute Methode der Wahl), medikamentös bei geringer Ausprägung (Ca^{2+}-Kanalblocker, Nitrate, lokale Injektion von Botulinum-Toxin),

operativ bei Versagen der konservativen Therapie durch extramuköse Kardiomyotomie nach Gottstein-Heller evtl. kombiniert mit Semifundoplicatio

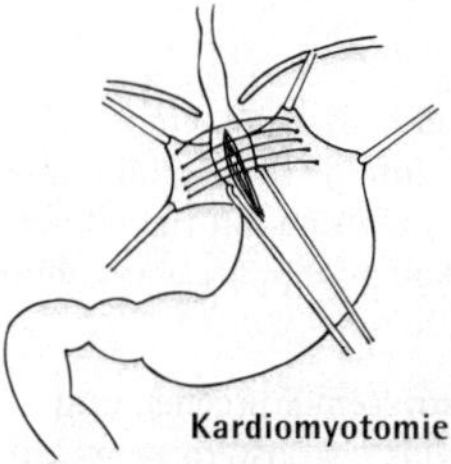

Kardiomyotomie n. Gottstein-Heller

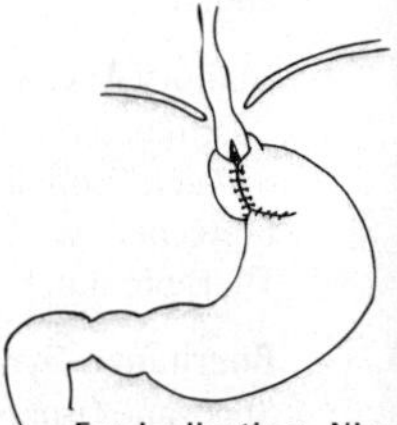

Fundoplicatio n. Nisse

> **Merke:** *Karzinomrisiko erhöht, lebenslange endoskopische Nachkontrollen*

17.5 Ösophagitis/Refluxkrankheit

Schleimhautentzündung v.a. des terminalen Ösophagus durch gastroösophagealen Reflux (Insuffizienz des unteren Ösophagus-sphinkters oft mit Hiatushernie, Gravidität, Adipositas), chemisch (Verätzung durch Säure-Koagulation oder Laugen-Kolliquation, Alkohol), physikalisch (Radiatio, Magensonden) oder infektiös (Herpes simplex, Candida albicans).

Klinik: retrosternales Brennen (v.a. beim Schlucken), evtl. Dysphagie, Sodbrennen v.a. in Rückenlage, beim Bücken, Pressen Regurgitation

Komplikationen: Endobrachyösophagus (erworbenes Barrett-Syndrom): Ersatz des Plattenepithels im distalen Ösophagus durch Zylinderepithel (erhöhtes Karzinomrisiko, 10%), Strikturen-,

Stenosen- und Narbenbildung, Blutung (Eisenmangelanämie), Aspiration

Diagnostik: Anamnese, Klinik, Endoskopie, Langzeit-pH-Metrie, Manometrie, Biopsie, Kultur

Stadien	
St. 0	symptomatisch, ohne makroskopischen Befund
St. I	fleckige Erosionen
St. II	longitudinal konfluierende Erosionen
St. III	zirkulär, konfluier. Erosionen
St. IV	narbige Stenosen, peptische Ulzera

Therapie: kleine häufige Mahlzeiten, Verzicht auf Alkohol, Nikotin und Kaffee, Schlafen mit erhöhtem Oberkörper, Gewichtsnormalisierung, Prokinetika, Antazida, Bougierung bei Stenosierung, operativ bei Versagen der konservativen Therapie bzw. Stad. III/IV mittels Gastropexie und Fundoplicatio n. Nissen (→**183**)

17.6 Hiatushernien

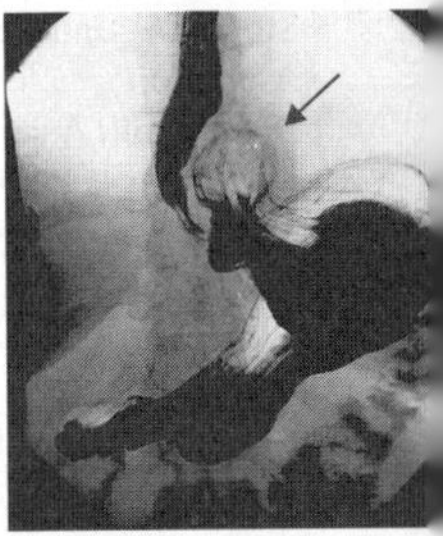

Paraösophageale Hernie

Verlagerung von Magenanteilen in den Thorax. Gehäuft bei älteren, adipösen Patienten auftretend (ab 50. Lj. > 40%).
Klinik: 80% asymptomatisch, bei Gleithernie evtl. Klinik der Refluxösophagitis, bei paraösophagealer Hernie evtl. Roemheld-Syndrom, Dysphagie, retrosternale Schmerzen (DD→**139**, →**132**), Komplikationen v.a. der paraösophag.: Inkarzeration, Ulzera am Schnürring, chron. Blutverlus

Form	PPh
Hiatusgleithernie (axiale Hernie, 90%)	Verlagerung von Kardia und Fundusanteilen in de Thoraxraum, Kardia in axialer Lage zum Ösophag (axiale Hernie) ⇒ Aufhebung des spitzen His-Winkels (Vorstufe: kardiofundale Fehlanlage, stumpfer His-Winkel), Ø echter Bruchsack
paraösophageale Hernie (echte Hernie, 10%)	abnorm weiter Hiatus ⇒ Magenanteile werden neben dem Ösophagus in den Thoraxraum verlage Kardia in regelrechter Position (⇒ funktionierend Sphinkterschluss, aber Ko); Extrementwicklung: upside-down-stomach

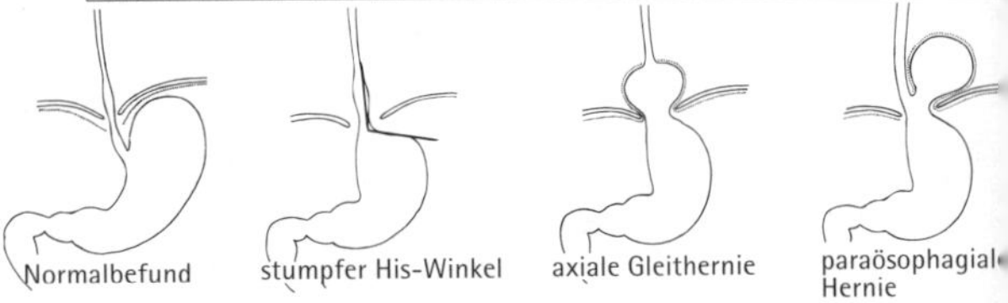

Diagnostik: Endoskopie (meist Zufallsbefund), Rö-Thorax, Rö-Abdomen, Breischluck (evtl. in Kopftieflage)
Therapie: Gleithernie: meist keine, evtl. Fundoplicatio oder Hiatoplastik mit Hiatopexie, **paraösophageale Hernie:** operativer Zwerchfelllückenverschluss, ventrale Fundopexie wegen hoher Komplikationsrate

7.7 Ösophaguskarzinom

Maligne Neoplasie des Ösophagus (m:w = 5:1, Gipfel 50.-60. Lj.) gehäuft an den physiologischen Engen lokalisiert. **Risikofaktoren** sind Alkohol- und Nikotinabusus, Endobrachyösophagus (Barrett-Syndrom), Achalasie (→**183**), Kanzerogene in Nahrung, Laugenverätzungen etc.. **Histologisch** dominieren Plattenepithelkarzinome (95%) im mittleren und oberen Ösophagusdrittel und Adenokarzinome (5%) im terminalen Ösophagus (oft beim Barrett-Syndrom). Die **Metastasierung** erfolgt frühzeitig lymphogen, später hämatogen.
Klinik: früh häufig asymptomatisch, geringe Schluckbeschwerden (schmerzlos) v.a. bei fester Nahrung (Biopsien zu diesem Zeitpunkt in ca. 80% positiv), später Dysphagie (Leitsymptom), retrosternale Schmerzen (DD→**186**,), Gewichtsabnahme, Anämie, Heiserkeit, Husten bei mediastinaler Ausbreitung
Diagnostik: Endoskopie mit Biopsie, Endosonographie, Rö-Thorax a.p., Thorax-CT, Bronchoskopie, Lebersono (Operabilität, Staging), Breischluck (Vorwölbung, Faltenabbruch, Wandstarre, prästenotische Dilatation, Abschätzung der Längenausdehnung), CEA

TNM	Kennzeichen
T1	Infiltration von Lamina propria oder Submukosa
T2	Infiltration bis in Muscularis propria
T3	Infiltration der Adventitia
T4	Infiltration von Nachbarorganen (Trachea, BWS, Perikard)
N1	**zervikaler Ösophagus:** zervikal, supraklavikulär, mediastinal un abdominal gelten als Fernmetastasen; **thorakaler Ösophagus:** mediastinal, perigastrisch zölikal gelten als Fernmetastasen

Therapie: das **Verfahren der Wahl** besteht in der subtotalen Entfernung und Wiederherstellung der Passage durch Magen-transposition oder Kolon-interponat (selten freies Jejunum-interponat), bei Tumoren des unteren Viertels evtl. ohne Thorakotomie, da ausreichende LK-Entfernung von abdominell her möglich, bei 75% zunächst im 5. ICR axillärer Zugang thorakotomiert und Mobilisation von Speiseröhre und mediastinalen LK, dann mediane Oberbauchlaparotomie mit Präparation von Kardia, Magen, zöliakalen LK, linkskollare Inzisio und Präparation des Halsösophagus, nach Entfernung von Ösophagus, mediastinalen LK und proximalem Magen Bildung eines Magenschlauches aus der großen Kurvatur, Hochzug und kollare Anastomose, dabei Führung des Ösophagus subkutan, retrosternal oder im ehemaligen Ösophagusbett, zur Entleerung erleichterung Pyloroplastik (Heinecke Mikuliz), bei Z.n. Billroth-I Transposition mit rechtem, linkem oder transversalem Kolon zwischen Halsösophagus und Restmagen, bei langem Meso-

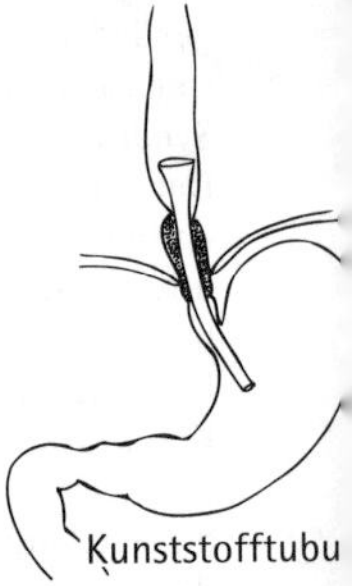

jejunum evtl. Dünndarminterponat, bei Hypopharynxkarzinomen freies Jejunuminterponat,
palliativ evtl. subtotale Resektion und Umgehungsanastomose, Laserkoagulation, Tubus (Celestin, Häring-Tubus), zervikale Speichelfistel und gastrale Ernährungsfistel (Witzel-Fistel →**63**) oder Jejunostoma, **Radiotherapie** v.a. beim Plattenepithelkarzinom mit 2000-4000 R0 zur Verbesserung der lokalen Operabilität oder alleinig bei nichtoperablen Tumoren, **Chemotherapie** enttäuschend
Komplikationen: Bronchopneumonie, Nahtinsuffizienz, Interponatnekrose, Peritonitis, Stenose, Rezidiv

Prognose: unbehandelt 0,5-1 Jahr Überlebenszeit, 60% bei Diagnose nicht mehr kurativ resektabel, postoperativ 5 Jahre 10-20%, bei Ro 30%, bei T1 85%, bei T2 35%

18 Zwerchfell

18.1 Angeborene Hernien und Defekte

18.1.1 Bochdaleksche Hernie

Meist linksseitig (rechts schützt die Leber) lokalisierte Zwerchfellhernie im Bereich des **Trigonum lumbocostale**. Stellt in seiner kongenitalen Form mit fehlender Trennung von Brust- und Bauchhöhle die häufigste angeborene Zwerchfellhernie dar. Gefahr besteht durch die meist simultan vorliegende Lungenhypoplasie durch frühzeitige intrathorakale Verlagerung der Baucheingeweide. Bei eingefallenem Abdomen zeigen die Säuglinge eine rasch progrediente Atemnot und Zyanose. Der transabdominelle Zwerchfellverschluss erfolgt bei stabilen Atmungs- und Kreislaufverhältnissen.

> **Merke:** *im Rahmen der Neugeborenenzyanose keine Maskenbeatmung, da die gastrointestinale Luftfüllung durch Lungenverlagerung die Symptomatik verstärken würde.*

18.1.2 Morgagni-Hernie, Larreysche Hernie

Seltene parasternale angeborene oder erworbene Herniation durch das präformierte, muskelfreie Larrey-Dreieck rechtsseitig. Linksseitig parasternal wird die Hernie als Larreysche Hernie bezeichnet. Führt zu Druckgefühl retrosternal, unspezifischen Oberbauchschmerzen und selten Einklemmungserscheinungen. **Therapie** durch Defektverschluss.

18.2 Zwerchfellruptur

Meist durch stumpfes Bauchtrauma bedingter Riss des Zwerchfells (90% linksseitig, da rechts die Leber schützt). Die Ruptur erfolgt meist am Centrum tendineum zwischen sehnigem und muskulärem Anteil des Zwerchfells.

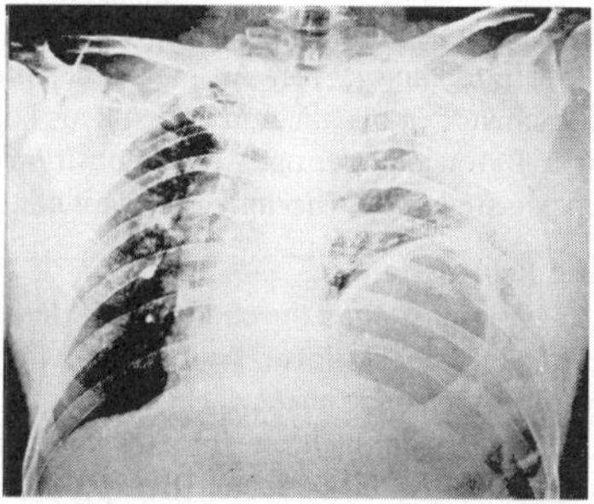

Traumatische Zwerchfellruptur mit Prolaps von Kolon und Magen in den Pleuraraum (linksseitig)

Symptome entstehen durch kardiopulmonale Kompression und intestinale Inkarzeration.
Diagnostisch sind Rö-Thorax und MDP wegweisend.
Therapie durch Laparotomie, Reposition und Nahtverschluss der Ruptur.

Merke: *die Zwerchfellruptur ist eine der am häufigsten übersehenen Unfallfolgen, auch ein unauffälliger Röntgenbefund sofort nach einem Trauma schließt eine Zwerchfellruptur nicht aus*

19 Magen, Duodenum

19.1 Fehlbildungen

19.1.1 Magenvolvulus

Unter einem Magenvolvulus versteht man eine **Drehung des Magens in seiner Längs- (organo-axial) oder Querachse (mesenterico-axial)**. Es kann je nach Ausmaß zu leichten dyspeptischen Beschwerden bis hin zum hohen Ileus kommen. Die endoskopische Detorsion oder operative Reposition und ventrale Fundopexie stellen die **Therapie** der Wahl dar.

19.1.2 Hypertrophische Pylorusstenose

Einengung des Magenausgangs durch kongenitale hypertrophische Pylorusmuskulatur. Knaben überwiegen. Im Laufe der zweiten bis sechsten Lebenswoche kommt es zu explosionsartigem Erbrechen (nicht gallig), Exsikkose und hypochlorämischer Alkalose. In der Regel **Therapie** durch Pyloromyotomie nach Weber-Ramstedt mit Serosalängsinzision und Spreizung des hypertrophischen Muskelmantels.

19.1.3 Duodenaldivertikel

Meist an der Innenseite des duodenalen C im Bereich der Pars descendens lokalisierte, in der Regel asymptomatische Wandausstülpungen des Duodenums. Erhalten Krankheitswert bei juxtapapillärer Lage durch Möglichkeit der Verlegung des Gallen- und Pankreasganges. Wegen niedrigen Komplikationsraten meist konservative Therapie, selten operative Freilegung, Einstülpung oder Abtragung.

19.1.4 Duodenalatresie

Kongenitaler Verschluss des Duodenums, meist in Höhe der Papilla Vateri. Gehäuft bei Kindern mit Trisomie 21 (Down-Syndrom). Leitsymptom ist das gallige Erbrechen. Der Oberbauch ist vorgewölbt, der Unterbauch eingefallen. Die Abdomenübersicht zeigt die typische „Double-bubble"-Doppelspiegelbildung in Magen und Duodenum (→**251**). Die **Operation** erfolgt je nach lokalem Befund durch duodenale Seit-zu-Seit-Anastomose, Exzision von Membranen nach Duodenotomie etc.

19.2 Ulkuskrankheit

Defekt der Magen- oder Duodenalwand (mindestens bis in die Muscularis mucosae, die Erosion ist auf die Mukosa begrenzt) durch Störung des Gleichgewichts von Schleimhautprotektion und Schleimhautaggression.

Typ	Lok	Epi
Ulcus duodeni	Bulbus	Häu: 80%, m:w = 2:1, v.a. jüngere Pat.
Ulcus ventriculi	Angulusfalte, Antrum	Häu: 10%, m:w = 1:1, v.a. ältere Männer
kombiniert		Häu: 10%

Johnson-Typisierung der chronischen Ulcera ventriculi	
Typ I	häufigstes, in der kleinen Kurvatur proximal der Incisura angularis, durch gesteigerten duodenogastralen Reflux
Typ II	Kombinationsulkus aus Ulcus ventriculi und duodeni
Typ III	durch Hypersekretion hervorgerufenes präpylorisches Ulkus
Typ IV	Duodenalulkus

Sonderformen

- **Stressulzera:** bei Verbrennungen, Sepsis, Schock, Polytrauma, Bestrahlung, OP, erhöhter Hirndruck
- **sekundäre Ulzera:** bei gastrinproduzierenden Tumoren (Zollinger-Ellison-Syndrom [Gastrinom]→**256**), Hyperparathyreoidismus →**171**, M. Cushing →**260**, Leberzirrhose
- **Kissing ulcers:** sich gegenüberliegende Ulzera (z.B. Bulbusvorder- und -hinterwand)
- **Ulkus Dieulafoy:** Exulceratio simplex, Ulkusgrund auf einer submukös gelegenen Arterie (Fehlanlage), im proximalen Magen, oft stark blutend
- **Ulcus callosum:** chronisches Ulkus mit Beteiligung aller Wandschichten und fibrösem Randwall

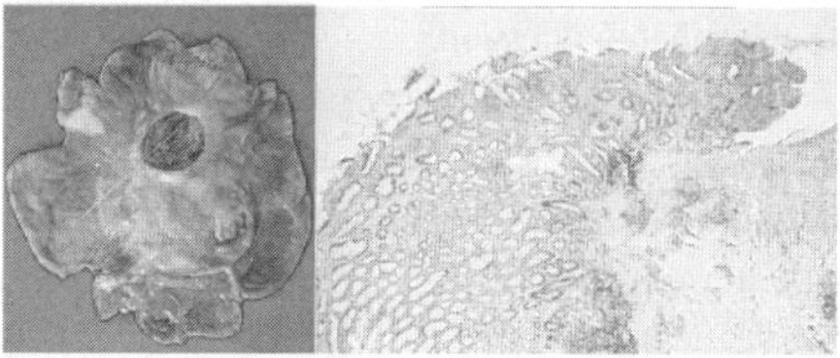

Chronischer Magenulkus mit Perforation und arterieller Blutı

Klinik: Völlegefühl, Inappetenz, Übelkeit, **Ulcus ventriculi** (epigastrischer Sofortschmerz nach Nahrungsaufnahme und nahrungsunabhängig), **Ulcus duodeni** (punktförmiger Nüchternschmerz, oft nachts, Besserung durch Nahrungsaufnahme, empirische Häufung im Frühjahr und Herbst), **Ulkus bei NSAR** (symptomlos bis zur Blutung). **Komplikationen** sind die gastrointestinale Blutung (v.a. beim Duodenalulkus)(→**235**),

Perforation (v.a. beim Magenulkus, meist plötzlicher Schmerzbeginn mit bretthartem Abdomen), Penetration und Bildung einer Magenausgangsstenose
(Rö: „Sanduhrmagen")
Diagnostik: Gastroduodenoskopie, Biopsien obligat („Jedes Magenulkus bedarf der endoskopisch-bioptischen Kontrolle zum Karzinomausschluss"), Rö-Thorax (bei Perforation Luftsichel unter dem Zwerchfell)

Therapie: unkompliziert unter konservativer Therapie (Antazida, H_2-Rezeptorblocker, HP-Eradikation, Protonenpumpenblocker, Prostaglandinanaloga), bei akuter primärer Blutung Ulkusumstechung, bei Therapierefraktärität oder Komplikationen des Ulcus ventriculi Magenresektion nach Billroth I/II oder Roux-Y-Anastomose. Selektiv proximale Vagotomie beim Ulcus duodeni.

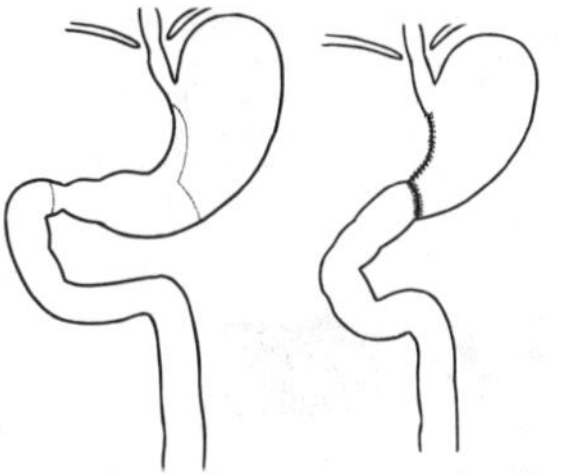

Billroth I (Gastroduodenostomie): Schnittführung, Naht

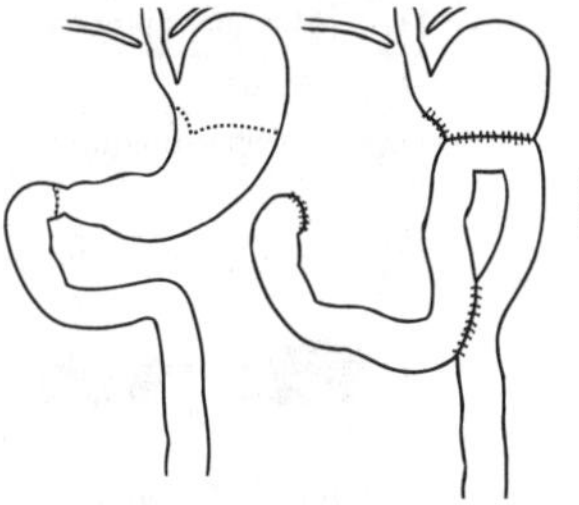

Billroth II (Gastrojejunostomie): Schnittführung, Naht

19.3 Magenkarzinom

Bei Männern dritthäufigstes Karzinom (nach Bronchial- und kolorektalem Karzinom), gehäuft in Japan und China (m:w = 2:1 Altersgipfel 60.-70. Lj.). **Risikofaktoren** sind die chronische Gastritis, Blutgruppe A, Nitrosamine, Z.n. Magenteilresektion, M. Ménétrier und adenomatöse Polypen. **Lokalisiert** meist Antrum, Pylorus, kleine Kurvatur, Cardia

T_0	kein Anhalt für Primärtumor	
T_x	Primärtumor nicht beurteilbar	
T_{is}	Ca in situ, beschränkt auf Lamina epithelialis (überschreitet die Basalmembran nicht)	
T_1	Mukosa, Submukosa, Basalmembran (nicht Muscularis propria)	**Magenfrühkarzinom** (early cance *Typ I* *vorgewölbt* *Typ II* *oberflächlich (im Niveau)* *Typ III* *exkaviert (50%; DD: Ulkus)*
T_2	Muscularis propria, Subserosa	**fortgeschrittenes Karzinom** (n. Borrmann) advanced cancer Typ I polypös Typ II schüsselförmig Typ III exulzerierend, infiltrierend Typ IV diffus infiltrierend
T_3	Serosa	
T_4	Nachbarstrukturen	
T_0	kein Anhalt für Primärtumor	

Typ I Typ II Typ III Typ IV

fortgeschrittenes Magen-Ca, Eint n. Borrmann

Histologische Einteilung nach Laurén:	
intestinaler (distaler) Typ:	60%; tubuläres, papilläres, muzinöses Adeno-Ca

Histologische Einteilung nach Laurén:	
diffuser (proximaler) Typ:	Siegelring-, gering diff. u.a. szirrhöses Adeno-Ca
Mischtyp (15%)	

Die Metastasierung erfolgt hämatogen in Leber (über Pfortader), Lunge und Knochen, lymphogen (früh) nach perigastrisch (Omentum majus, Truncus coeliacus), paraaortal (Ductus thoracicus zur Virchow-Drüse = links supraklavikulär tastbarer Lk), per continuitatem und peritoneal (Abtropfmetastasen am Ovar = Krukenberg-TU).

Klinik: diskret, unspezifisch, subfebrile Temperaturen, Speisenunverträglichkeit (Fleisch), Gewichtsverlust, Appetitlosigkeit, Übelkeit, Erbrechen, Oberbauchdruckgefühl oder Oberbauchschmerz; evtl. Anämie, Meläna (Mikroblutung)

Diagnostik: Gastroskopie, Endosonographie, Labor, TU-Marker (CA 72-4, CA 19-9, CEA →**65**), Blut im Stuhl, Rö-Doppelkontrast: Wandstarre, Störung der Peristaltik (Infiltrativ-Typ), Nischen (Ulzerös-Typ), Füllungsdefekte (Polypös-Typ), Veränderungen des Schleimhautreliefs

Therapie: operativ kurativ (totale Gastrektomie mit LK-Dissektion, Passagewiederherstellung z.B. durch Ösophagojejunostomie nach Roux-Y oder auch subtotale Magenresektion (4/5) mit Gastrojejunostomie (Roux-Y) und regionaler Lymphadenektomie bei distalem Ca und Borrmann Typ I. Operativ palliativ (Magenteilresektion, Umgehungs-Gastroenterostomie,

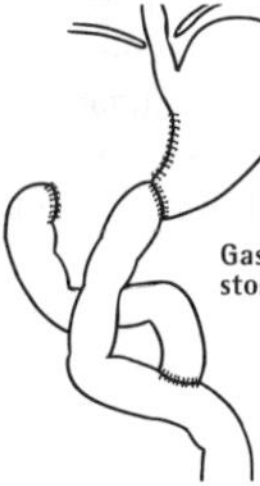

Gastrojejunostomie Roux-Y

Einlage von Endoprothesen, Stents, Laser, PEG-Anlage), evtl. Chemo- oder Strahlentherapie

Merke: *auch wenn das Frühkarzinom (T1) eine relativ gute Prognose hat, können trotzdem bereits Lymphknotenmetastasen vorliegen.*

19.4 Dumping-Syndrom

Bei Z.n. Magenteilresektion postprandiale Übelkeit, epigastrische Schmerzen, evtl. Diarrhö, Tachykardie, Hypotonie (Kollapsneigung, Schwächegefühl), Schwitzen, Zeichen der Hypoglykämie bei Spätdumping

- **Frühdumping (15 min):** durch hyperosmolares Milieu Flüssigkeitseinstrom ins Darmlumen, relative Hypovolämie, vasomotorische und vegetative Störungen
- **Spätdumping (1–4 h):** durch rasche Kohlenhydratresorption gesteigerte Insulinausschüttung und konsekutive reaktive Hypoglykämie

Diagnostik: Anamnese, bei Spätdumping evtl. oraler Glukosetoleranztest, evtl. MDP

Therapie: häufige, kleine, kohlenhydratarme („no sugar") und proteinreiche Mahlzeiten mit wenig Flüssigkeit, langsam essen; evtl. Zugabe von Quellstoffen (z.B. Guar) oder Acarbose (Glukosidaseinhibitor) zur Resorptionsverzögerung, in schweren Fällen Umwandlung von Billroth II in Billroth I (→**193**)

20 Dünndarm

20.1 Atresien, Stenosen, Anomalien

20.1.1 Dünndarmatresie

Kongenitaler vollständiger (in 95% der Fälle) Verschluss eines oder mehrerer Dünndarmabschnitte mit oder ohne Unterbrechung der Kontinuität. 1:7000 Geburten. Tritt gehäuft mit zusätzlochen Missbildungen und bei Down Syndrom auf, in 10% der Fälle bei zystischer Fibrose.

Klinik: abhängig von der Höhe des Verschlusses:

hoher Verschluss	tiefer Verschluss
Polyhydramnion (38%) frühes Erbrechen (84%, häufig gallig bei Stenose distal der Papille, seltener nicht gallig bei Stenose prox. der Papille) vorgewölbter Ober-, eingefallener Unterbauch	aufgetriebenes Abdomen (98%) fehelender Mekoniumabgang (60-70%)

Diagnostik: Rö-Abdomen (stehende Schlingen und Spiegel), Kontrastmitteleinlauf (wasserlösliches KM), double bubble (Magenblase + prästenostisches Duodenum)

Therapie: Magensonde, Resektion der Stenose und Anastomose evtl. nach Inkongruenzausgleich der Darmenden

20.1.2 Mekoniumileus

1:10.000-20.000 Geburten. Verlegung des Darmlumens durch exzessives, zähes Mekonium. Oft bei zystischer Fibrose, im distalen Ileum lokalisiert. Entsteht durch pathologische Schleimbildung der Darmschleimhaut.

Symptome: aufgetriebenes Abdomen, kein Mekoniumabgang, galliges Erbrechen
Diagnostik: Rö-Abdomen (hängend zu unterschiedlich weiten Darmschlingen oft ohne Spiegel), Gastrografin-Einlauf (Mikrokolon, dilatiertes Ileum, grobkörniges Mekonium in der Obstruktion), Abklärung auf zystische FIbrose!
Therapie: konservativer Versuch durch Flüssigkeitseinstrom in den Darm mittels hyperosmolarem KM (auf Elektrolytausgleich achten!), sonst Ileostomaanlage (doppelläufig, mit oder ohne Darmresektion), Spülung des betroffenen Darmabschnitts mit N-Acetyl-Cystein

20.1.3 Invagination

Eintritt eines oralen Darmabschnitts in den aboralen Darmabschnitt. 80% der Fälle zeigen sich in den ersten zwei Lebensjahren. Sie ist die häufigste Ileusursache bei Säuglingen jenseits des 3. Monats. Zu 95% nahe der Ileozökalklappe lokalisiert.
Klinik: plötzliche kolikartige abdominelle Schmerzen, unterbrochen von symptomfreien Intervallen, Erbrechen, Schock, Blutabgang peranal (!!!), tastbare Walze im rechten Unter- und Mittelbauch
Diagnostik: Klinik, Rö-Abdomen (luftgefüllte Darmschlingen mit Spiegelung), KM-Einlauf (in den ersten Stunden auch therapeutisch)
Therapie: konservativ mit KM-Einlauf (in frühen Stadien 2/3 erfolgreich), sonst operative manuelle Reposition (Hutchinson Handgriff) nur, wenn leicht möglich, sonst En-bloc-Resektion

20.1.4 Meckelsches Divertikel

Durch fehlende Rückbildung des Ductus omphaloentericus entstandene fingerförmige Ausstülpung des Ileums 30-100 cm

proximal der Ileozökalklappe (1,5-3% der Bevölkerung). Enthält gehäuft heterotopes Gewebe (Magenmukosa).
Symptome: meist asymptomatisch, evtl. Koliken, Erbrechen, Übelkeit, Invagination, Ileus (→**233**), (schmerzlose, massive) Blutung oder Perforation (heterotope Magenschleimhaut zu Dünndarmulzera)
Diagnostik: Endoskopie, Angiographie, Sonographie, Technetiumszintigraphie, ggf. Laparoskopie, oft nur durch Laparotomie
Therapie: Resektion, auch bei Zufallsbefund i.R. einer Laparotomie

> **Merke:** *bei jeder „blanden" Appendektomie nach einem Meckel-Divertikel suchen ("Meckeln")*

20.1.5 Malrotation

Ausbleibende Drehung des Darms in der Fetalzeit um den Mesenterialstiel.
Klinik: meist asymptomatisch, bei akuter Rotation evtl. galliges Erbrechen bis hin zum akuten Abdomen mit Bauchschmerz, Übelkeit
Diagnostik: Rö-Abdomen (Doppelspiegelbildung), KM-Einlauf (abnorme Zökumlage), Sonographie
Therapie: operative Korrektur (Drehung des Darms entgegen den Uhrzeigersinn), evtl. Teilresektion

20.2 Verletzungen

Verletzungen des Bauchraums werden unterteilt in **penetrierende Verletzungen** (Peritonealhöhle groß eröffnet, Schuss- oder Stichverletzung) und das **stumpfe Bauchtrauma** (→**297**).

Klinik: je nach Art der Verletzung: Bauchinhalt prolabiert, ansonsten asymptomatisch bis zum akuten Schockgeschehen
Diagnostik: engmaschige Blutdruck-, Puls- und Blutbildkontrollen, Sonographie (freie Flüssigkeit), Rö-Abdomen in Seitenlage (freie Luft), Rö-Thorax (Pneumo-, Hämatothorax, Zwerchfellruptur), evtl. CT, Angiographie, KM-Darstellung von Dünn- und Dickdarm
Therapie: Inspektion der Eintritts- und ggf. Austrittsöffnungen, u.U. Sondierung, Ausschneiden (Asservieren für Rechtsmedizin!), bei kreislaufinstabilem Patienten sofortige Operation, engmaschige Kontrolle von RR, Puls, Blutbild, Symptomatik

Merke: *schwere Abdominalverletzungen sind selten isoliert, immer Umfelddiagnostik!*

20.3 Enteritis regionalis, Morbus Crohn

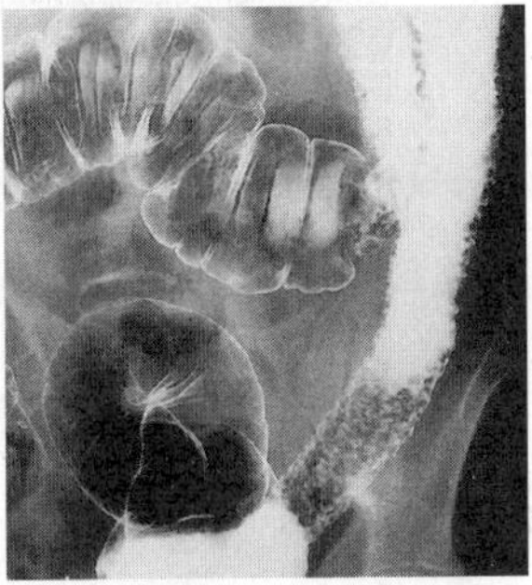
M. Crohn (mit Pflastersteinrelief)

Chronisch entzündliche, transmurale, segmentale Erkrankung des Verdauungstrakts unbekannter Ätiologie. Der Gipfel liegt im 20.-40. Lebensjahr (m:w = 1:2). Inzidenz ca. 50/100.000/ Jahr. Betroffen können prinzipiell alle Abschnitte des GI-Trakts sein, meist aber das distale Ileum und Kolon. Es zeigt sich eine trans-murale, segmentale Entzündung mit Wandverdickung, Epitheloidzellgranulomen, Aphthen, Ulzera, Fissuren, Abszessen, Fisteln, Stenosen bis hin zu Konglomerattumoren. Eine maligne Entartung ist eher selten (3%).

Klinik: schubweises Auftreten mit Diarrhöen, Bauchschmerzen, Tenesmen, Fieber, Übelkeit, Erbrechen, Gewichtsverlust, tastbarer Walze im rechten Unterbauch, blutiger Stuhl (seltener als bei der Colitis ulcerosa), Sakroiliitis, Iridozyklitis, Erythema nodosum, beschleunigte BSG, Leukozytose, Thrombozytose, erhöhtes CRP

Diagnostik: Anamnese, Endoskopie (Biopsien, Pflastersteinrelief, diskontinuierlicher Befall, Ulzera, Stenosen, Fisteln), Sonographie (verdickte Darmwand, Ileus, Abszesse), Rö-Abdomen (Spiegel, stehende Schlingen), Dünndarmpassage oder Kolonkontrasteinlauf (diskontinuierlicher Befall, Stenosen, Fisteln, Pflastersteinrelief)

Therapie: allgemein mit ballaststoffarmer Diät, im Schub evtl. parenterale Ernährung, vollresorbierbare enterale Ernährung

(„Astronautenkost"), medikamentös mit Kortikosteroiden (systemisch/lokal), 5-Aminosalicylsäure (Mesalazin), Antibiotika (Metronidazol), TNF-alpha-Antikörper (Inflicximab), bei Ileus (→**233**), toxischem Megakolon (→**208**), Perforation mit Peritonitis, therapierefraktärer Blutung, septischen Komplikationen, Stenosen, Fisteln oder Konglomerat-tumoren operativ durch sparsame Darmresektion
Prognose: chronischer Verlauf, häufig Rezidiveingriffe

Merke: *Operation bei Crohn nie kurativ*

20.4 Malabsorptionssyndrome

20.4.1 Syndrom der blinden Schlinge

Dabei sammelt sich Speisebrei in einem ausgeschalteten Darmsegment (Divertikel, Fistel, postoperative Blindsäcke) und wird mangels Weiterbeförderung im GI-Trakt bakteriell überwuchert. Es kommt zu Bauchschmerzen, Übelkeit, chologener Diarrhö, Steatorrhö und Hypokalzämie.

20.4.2 Syndrom der zuführenden Schlinge (afferent loop)

Durch Stase von Duodenalsaft in der zuführenden Schlinge nach Billroth II (→**193**) kommt es zu Völlegefühl, Bauchschmerzen und plötzlichem galligem Erbrechen.

20.4.3 Kurzdarm-Syndrom

Tritt auf nach ausgedehnten Dünndarmresektionen. Manifest nach 50%iger Resektion. Lebensbedrohlich bei 70% Dünndarmverlust. Die Darmstrecke reicht nicht mehr für eine ausreichende Resorption der Nahrungsbestandteile.

20.4.4 Gallensäureverlust-Syndrom

Nach ausgedehnten Resektionen am distalen Ileum. Der enterohepatische Kreislauf der Gallensäuren ist unterbrochen, da die Aufnahme im distalen Ileum nach dessen Resektion nicht mehr möglich ist. Der Stuhl ist dann mit Gallensäuren angereichert, die wiederum Fett an sich gebunden haben, das nicht mehr resorbiert werden kann. Bei verminderter Gallensalz-bildung der Leber kann es weiterhin durch Überschreiten des Lösungsprodukts für Cholesterin zur Kristallisierung und Gallensteinbildung kommen. Auch eine Urolithiasis durch Hyperoxalurie ist möglich (Oxalsäure wird sonst an Kalzium gebunden und enteral ausgeschieden, das Kalzium ist durch Gallensäureanlagerung beim Verlust-Syndrom bereits gebunden und steht für die Oxalsäureelimination nicht mehr zur Verfügung).

Klinik: Diarrhö, Steatorrhö, Bauchschmerzen, Übelkeit, Gewichtsverlust, Meteorismus, Flatulenz, neurologische Störungen, Hypovitaminosen, Anämie, Elektrolytstörungen

Diagnostik: Anamnese, Rö-Abdomen (stehende Schlinge), Dünndarmpassage (Divertikel, Blindsäcke, Fisteln), Stuhluntersuchung (Fett, Bakterien, Pilze, Parasiten, Gallen-säuren)

Therapie: symptomatisch mit parenteraler Ernährung, Antibiose, kausal durch Blindsackresektion, Fistelsanierung, gallensäurebindende Medikamente (Cholestyramin), Pankreasenzymsubstitution, (Dünndarmtransplantation im Experimentalstadium)

20.5 Mesenterialarterieninsuffizienz

Bezeichnet auch als Ortner-Syndrom, chronische intestinale Ischämie, Angina abdominalis bzw. intestinalis. Bedingt durch Arteriosklerose, arterielle Embolien, entzündliche Prozesse v.a. der A. mesenterica superior oder des Truncus coeliacus.

Stadium	Symptome
St. I	asymptomatisch (Zufallsbefund)
St. II	intermittierender postprandialer kolikartiger Bauchschmerz (meist rechtsseitig)
St. III	wechselnder Dauerschmerz, Malabsorptionssyndrom
St. IV	heftiger Initialschmerz, symptomfreies Intervall, Durchwanderungsperitonitis, akutes Abdomen, Schock, paralytischer Ileus

Diagnostik: Auskultation (Stenosegeräusch), Klinik, selektive Angiographie
Therapie: stadiengerecht, Desobliteration, Stent, Bypass, ggf. Resektion ischämischer Darmanteile, u.U. Embolektomie

20.6 Tumoren

Dünndarmtumoren sind selten. Sie stellen unter 5% aller gastrointestinalen Tumoren. Es werden sowohl benigne (Leiomyome, Adenome, Angiome, Lipome, Fibrome, Neurinome) als auch maligne (Lymphome, Adenokarzinome, Sarkome) Tumoren beobachtet. Sonderform ist das **Karzinoid** als ein epithelialer Tumor, der von den enterochromaffinen Zellen (diffuses neuroendokrines Zellsystem) ausgeht und meist Hormonaktivität zeigt (Serotonin, Kallikrein). Er ist in 80%

benigne und zeigt sich neben Lagen im Jejunum, Ileum, Bronchialbaum und Harnblase häufig im Appendix.
Klinik: die Symptomatik benigner Tumoren ist bestimmt durch expansives Wachstum mit Organverdrängung und -verlegung (Ileus, Subileus, intermittierende Koliken, Blutung), ein Karzinoid-syndrom zeigt sich bei extraintestinalem Befall (z.B. Leber) mit Hyperserotonismus beim Karzinoid: Diarrhö (Hypermotilität), kolikartige Bauchschmerzen, Heißhungeranfälle, Asthmaanfälle, Flush (Hautrötung, Hitzegefühl durch Gefäßerweiterung), RR-Abfall, Tachykardie, Endokardfibrose des rechten Herzens mit Pulmonalstenose, Trikuspidalinsuffizienz
Diagnostik: Sonographie, CT, Magen-Darm-Passage (Füllungsdefekte, Wandinfiltration), Kolon-Kontrasteinlauf, Angiographie, Serotonin i.S. und 5-HIES (Abbauprodukt von Serotonin) im Urin bei Karzinoid
Therapie: operative Resektion, bei Lymphomen und metastasiertem Karzinoid stadiengerechte Chemotherapie

Merke: *prognostisch bedeutsam beim Karzinoid ist die Lokalisation (relativ gut im Appendix, schlechter im Dünndarmbereich)*

☺ ... herzlichen Glückwunsch: schon über die Hälfte des Buches ist geschafft! Zeit für eine Tasse **Kaffee** ☺

21 Kolon

21.1 Megakolon

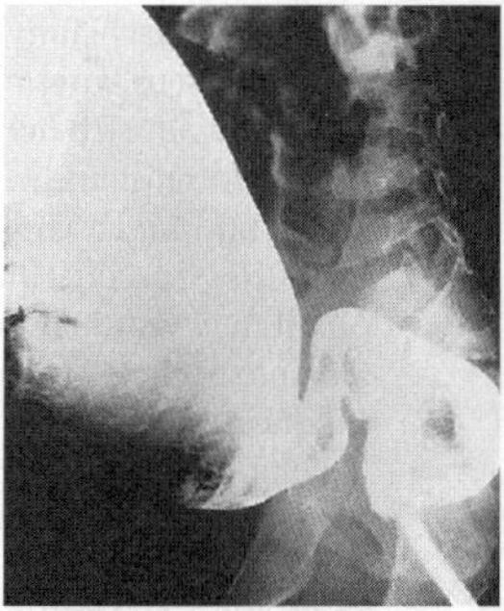
M. Hirschsprung

Die unphysiologische Ausweitung des Dickdarms entsteht in seiner kongenitalen Form als **Megacolon congenitum Hirschsprung** oder erworben als **toxisches Megakolon**. Die kongenitale Form ist bedingt durch eine Aganglionose des Plexus myentericus und P. submucosus, die zur Dauerkontraktion des aganglionären Bezirks mit vorgeschalteter Dilatation führt. Das toxische Megakolon entsteht als Komplikation bei Colitis ulcerosa (→**211**), Kolonbefall bei M. Crohn (→**203**) oder auch bei Infektion mit Trypanosoma cruzi (Chagas-Krankheit), wahrscheinlich als Folge einer entzündlich bedingten segmentalen Kolonparalyse

Klinik: M. Hirschsprung zu akutem Ileus oder lediglich chronischer Obstipation mit Dekompensation, aufgetriebenem Abdomen, Übelkeit, Erbrechen, Gedeihstörungen, Enterokolitis. **toxisches Megakolon** zeigt ein rasch progredientes Geschehen mit Fieber, Dehydratation, Peritonitis, Schmerzen, aufgetriebenem Abdomen, distendiertes Colon (meist) transversum

Diagnostik: Rö-Abdomen (distendiertes Kolon, ggf. Ileus mit Spiegeln), Kontrasteinlauf mit wasserlöslichem KM, Histologie, Rektummanometrie
Therapie: schnelle Operation bei Säuglingen unter 3 Monaten und bei Ileus oder Perforation: proximale doppelläufige Kolostomie zur Entlastung, nach Stabilisierung der Patienten Vorgehen wie bei älteren Kindern ohne akute Exazerbation: Resektion des aganglionären Kolons mit tiefem Rektum und Kolo-Rektostomie, bei instabilen Patienten zweizeitig (erst Entlastung mittels Stoma, dann Proktokolektomie), bei stabilen Patienten Proktokolektomie, ggf. mit ileoanalem Pouch (Pouch meist sekundär)

21.2 Appendizitis

Entzündung des Wurmfortsatzes. Stellt in seiner akuten Form die häufigste Abdominalerkrankung dar. Gipfel im Kindes- und Jugendalter. 500/100.000 Einwohner pro Jahr. Entsteht durch Verlegung des Appendixlumens durch Kotsteine, Schleim, Fremdkörper, Parasiten, Tumor etc. mit nachfolgender bakterieller Durchwanderung der Appendixwand und Entzündungsreaktion.
Stadien: katarrhalisch → seropurulent → ulzerophlegmonös → empysematös → gangränös → perforierend → perityphlitischer Abszess oder diffuse Peritonitis
Klinik: epigastrisch oder periumbilikal beginnende Bauchschmerzen, die in den rechten Unterbauch wandern (sehr typisch!), dazu Übelkeit, Erbrechen, Fieber und Stuhlverhalt; nach Perforation oft symptomfreies Intervall bis zum Auftreten verstärkter peritonealer Entzündungsreaktionen, bei chronischer Appendizitis oft lokale Schmerzen ohne systemische Reaktion

Diagnostik: Klinik, Anamnese, Labor (Leukozytose [kann bei alten Pat. fehlen!], CRP, BSG, Urin), druckdolente Untersuchungspunkte: **McBurney** (Mitte der Verbindung zwischen Spina iliaca ant. sup. dext. und Nabel), **Lanz** (am Übergang vom rechten zum mittleren Drittel der Linie zwischen den Spinae iliacae ant. sup. dext.-sinist.), **Blumberg** (Loslaßschmerz im linken Unterbauch), **Rovsing** (retrogrades Ausstreichen des Kolons), **Psoasschmerz** (Anheben des rechten Beines gegen Widerstand), **Douglas-Schmerz**, Perkussionsschmerz im Sherrenschen Dreieck, Temperaturdifferenz rektal-axillär >1°C, Sonographie (Kokarde, Abszess, freie Flüssigkeit im Bereich des Zökalpoles), evtl. Abdomen-CT

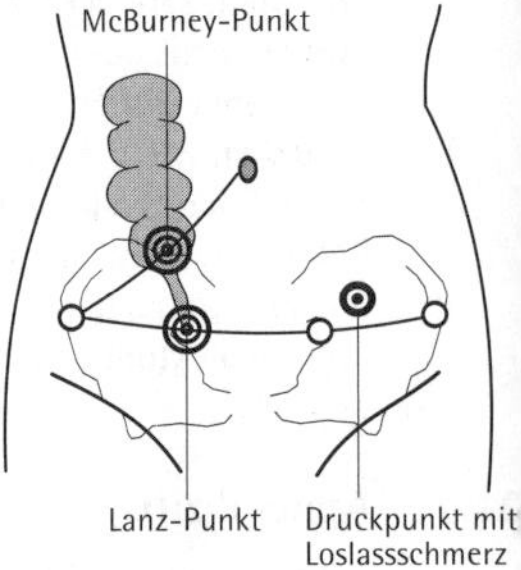

Differentialdiagnose: Pseudoappendizitis (Lymphaadenitis mesenterialis bei Yersinia pseudotuberculosis), Mesenterialinfarkt, Meckel-Divertikel, Divertikulitis, Ovarialzysten....

Therapie: Appendektomie innerhalb von 4 Stunden nach Diagnosestellung über Wechselschnitt oder laparoskopisch in eindeutigen Fällen, über Pararektal- oder medianen Unterbauchschnitt in unklaren Fällen oder diagnostische Laparoskopie, Antibiose perioperativ, bei perityphlitischem Abszess präoperativ Abszessdrainage, Operation im symptomfreien Intervall

Merke: *Wechselschnitt -> Mobilisierung des Zökalpols -> Kletterligaturen des Appendixmesenteriums -> Ligatur der Basis -> Absetzen Appendix -> Versenkung des Stumpfes durch Tabaksbeutelnaht -> ggf. Z-Naht -> "Meckeln" -> Austupfen Douglas -> schichtweiser Wundverschluss*

Komplikationen: Abszess, Fistel, Ileus, Perforation, Peritonitis

21.3 Colitis ulcerosa

Ätiologisch nicht geklärte, kontinuierliche (Ausbreitung nach oral), chronisch entzündliche, nichttransmurale Dickdarmerkrankung mit Ausbildung von oberflächlichen Schleimhautulzera. Zweigipflig (20.-40.Lj. und ca. 60. Lj.) auftretend. Inzidenz ca. 100/100.000/Jahr. Zu > 95% Rektumbefall, 20-50% Befall des gesamten Kolons, selten Beteiligung des terminalen Ileums („Backwash-Ileitis", DD: M. Crohn →**203**). Im akuten **Stadium** zeigt sich eine entzündliche, ödematöse, kontaktblutende Schleimhaut mit kleinen Ulzerationen (Kryptenabszesse), im chronischen Stadium dann Schleimhautzerstörung mit Verlust des Faltenreliefs und Pseudopolypenbildung (Schleimhautatrophie, Lympho- und Histiozyteninfiltration). Der **Verlauf** ist zu >80% chronisch-rezidivierend, 10% chronisch-kontinuierlich und ca 5% akut-fulminant (Letalität 30%). Chronisch besteht die Gefahr der Entwicklung eines Kolonkarzinoms.

Klinik: Leitsymptom sind die blutig-schleimigen Durchfälle (bis 30 x am Tag), dazu Tenesmen, (subfebrile) Temperaturen, Gewichtsverlust, Dehydratation

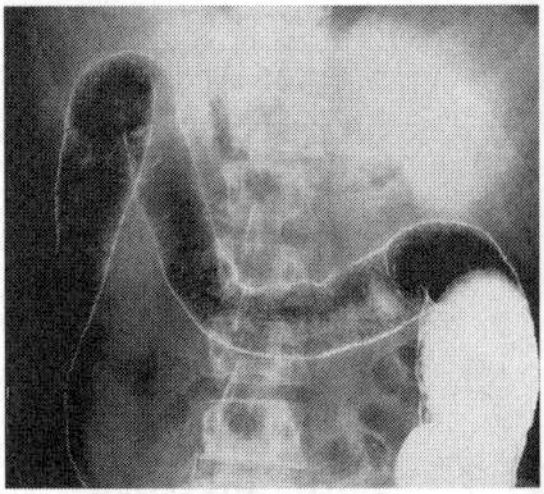

Colitis ulcerosa
[IMPP-Prüfungsabbildung]

Diagnostik: Anamnese, Klinik, Labor (Leukozytose, BSG, CRP, BB), Endoskopie mit Biopsie: kontaktblutende, ulzeröse Schleimhaut, Pseudopolypen, Kolon-KE (nicht im entzündlichen Schub, Perforationsgefahr!!, Zähnelung, Pseudopolypen, Haustrenschwund „Fahrradschlauch"), Dünndarmpassage

Therapie: konservativ: Diät, Kortikosteroide, 5-Aminosalicylsäure-Präparate, unterstützend Psychotherapie (Selbsthilfegruppen), **operativ:** elektiv (Letalität ca. 3%): bei Krankheitsverlauf >15 Jahre (Karzinomrisiko), Wachstums- und Entwicklungsverzögerung, Gewichtsverlust >20% durch kurative Proktokolektomie mit Ileumpouch; Notfall-OP (Letalität ca 30%): bei toxischem Megakolon (→**208**, erst Entlastung über Stoma, sekundär Resektion), Perforation, massiver Hämodiarrhö, fulminanter Kolitis (jeweils subtotale Kolektomie und OP nach Hartmann, sekundär Restproktokolektomie und Ileumpouch)

Merke: *Patienten mit Colitis ulcerosa sind durch eine Proktokolektomie heilbar, der M. Crohn ist chirurgisch nicht heilbar*

DD Morbus Crohn / Colitis ulcerosa:

Morbus Crohn	Colitis ulcerosa
w > m	m = w
transmural	Mukosa, Submukosa
gesamter GI Trakt	Dickdarm
segmental	kontinuierlich von distal
Granulome	Kryptenabszesse
Pflastersteinrelief	Pseudopolypen, Haustrenschwund
selten Rektalblutung	oft Rektalblutung

21.4 Divertikulose, Divertikulitis

Unter einem Divertikel versteht man eine angeborene oder erworbene Ausstülpung von Wandanteilen eines Hohlorgans. Es werden **echte Divertikel** (alle Darmwandschichten sind ausgestülpt, selten, oft angeboren, z.B. Zökumdivertikel, Meckelsches Divertikel →**200**) von **falschen Divertikeln** (Pseudodivertikel, häufig, hier stülpt sich die Schleimhaut durch eine Muskularislücke nach außen, z.B. Sigmadivertikel) abgegrenzt. Falsche Divertikel können prinzipiell im gesamten Kolon vorkommen (70% der >70jährigen haben falsche Kolondivertikel), 2/3 der Fälle im Sigma lokalisiert. Nur ca. 10% davon werden symptomatisch (Entzündung, Blutung, Perforation).

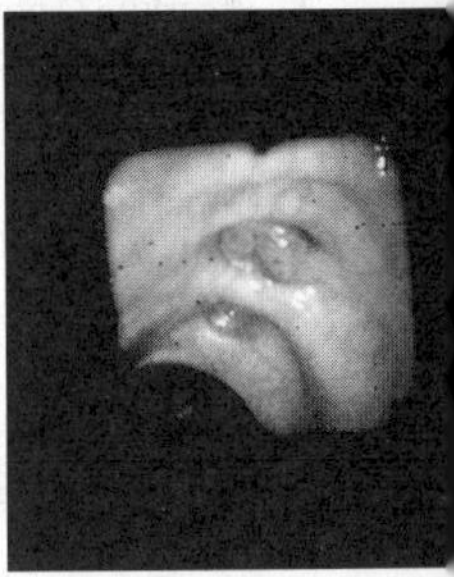
Reizlose Kolondivertikel

Klinik: ohne Entzündung evtl. asymptomatisch oder nur peranaler Blutabgang, bei Entzündung Schmerzen im linken Unterbauch („Linksappendizitis"), verändertes Stuhlverhalten, (subfebrile) Temperaturen, evtl. walzenförmige, schmerzhafte Resistenz im linken Unterbauch
Komplikationen: neben "burst, block, bleed" v.a. Fistelbildung durch chronische Entzündungen (bevorzugt in die Harnblase, Pneumaturie)
Diagnostik: Anamnese (früherer Schub, häufige Obstipation, Diätverhalten), Klinik, Labor (BSG, CRP, Leukozytose z.T. sehr diskret), evtl. CT Abdomen, Kolon-KE
Therapie: bei reiner Divertikulose nur ballaststoffreiche Diät, Stuhlregulierung, bei Divertikulitis je nach Schweregrad (ballaststofffreie Diät, Breitbandantibiotikum bis Beschwerdefreiheit, ggf. ambulante Behandlung bis zur parenteralen Ernährung, Breitbandantibiotikum i.v., stationäre Therapie), operativ nach zwei akuten Schüben (besonders bei jungen Patienten) elektiv (oft laparoskopisch assistiert) oder bei Komplikationen durch Resektion und End-zu-End-Anastomose, ggf. auch zweizeitig (OP nach Hartmann)

21.5 Tumoren

21.5.1 Ätiologie und Risikomerkmale

Normales Epithel - (APC-Genmutation) → **konservativ** - (DNA-Demethylylation) → **Adenom I (early)** - (K-ras-Mutation) → **Adenom II (intermediate)** - (MCC-/DCC-Mutation) → **Adenom III (late)** - (p53-Deletion) → **Karzinom** - (nm23-Deletion) → **Metastasen**.

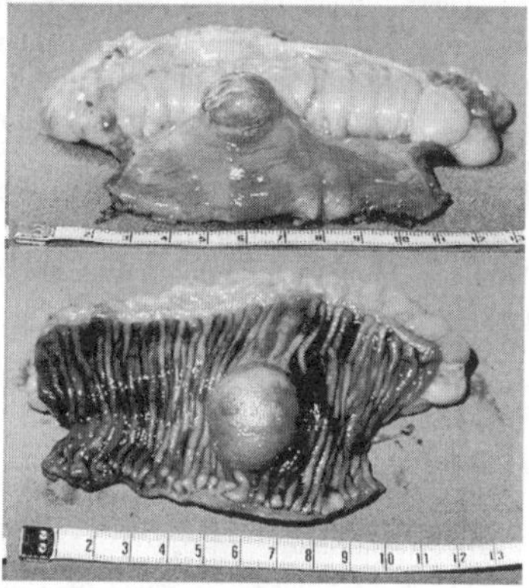

Benigner Dünndarmtumor

Positive Korrelation zum Fleisch-/Fettgehalt der Nahrung bei negativer Korrelation zum Fasergehalt. Bei etwa 20% erbliche Disposition. **Risikomerkmale** sind Adenomträger, geheilte Kolonkarzinompatienten, erbliche Belastung, Colitis ulcerosa, Crohn, Ureterosigmoideostomie, AP. **Präkanzerosen mit obligater Krebsentwicklung** sind die Kolonadenomatosen (FAP,

Gardner, Turcot, Oldfield-Syndrom). Synätiologische Komorbidität bei angiosklerotischen Erkrankungen, Cholelithiasis, Adipositas, Ovarial- und Mammakarzinom (→**176**).

21.5.2 Adenome (=neoplastische Polypen)

Makroskopische Gewebsvermehrung, die sich über Schleimhautniveau erhebt. Gutartige drüsenbildende Geschwülste. Ab dem 60. Lj. mindestens bei 20% der Bevölkerung. **Tubulär** (75%, meist gestielt, gut differenziert, < 2 cm, Malignitätsrate 5%), **tubulovillös** (in jeglicher Hinsicht Mischform), **villös** (10%, meist im Rektum, > 2 cm, Malignitätsrate 15%) und **Hamartome** (selten). Kolonpolypen können solitär oder auch multipel im Rahmen verschiedener Syndrome auftreten. Zunächst zelluläre und strukturelle Veränderungen im Mukosaniveau (schwere Atypie), später Durchbrechen der Lamina muscularis mucosae (Karzinom im Adenom), schließlich Durchwachsen durch Adenomstiel bzw. Submukosainvasion (invasives Karzinom).

Adenome:

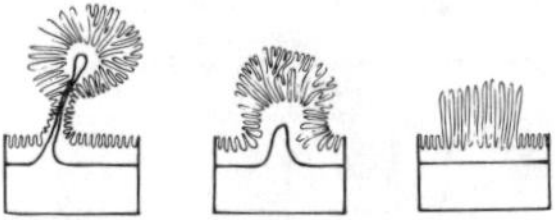

tubulär tubulovillös villös

Symptome: selten Diarrhö, Blut im Stuhl, selten Obstruktion, Blutung oder Stuhlunregelmäßigkeiten.
Therapie: Adenome < 3cm endoskopische Abtragung, > 3cm ode Basis breiter als 2 cm chirurgische Resektion

Merke: *villös ist bös!*

21.5.3 Familiäre adenomatöse Polyposis coli (FAP)

Autosomal dominant mit sehr hoher Penetranz. APC auf Chromosom 5. Durch "In-vitro-Transkriptions-Translations-Test" genetische Prädisposition bei FAP-unabhängigem Polypennachweis möglich. 1% aller Kolonkarzinome. FAP oft mit Magenadenomen (10%) und Desmoiden (4%) vergesellschaftet. Formvarianten der familiären Adenomatosis coli sind:

- **Gardner-Syndrom:** intestinale Adenome + Osteome der Mandibula + Hauttumoren (Fibrome, Lipome, Dermoidzysten, Papillenkarzinom)
- **Turcot-Syndrom:** tubuläre intestinale Adenome + ZNS-Tumoren (Glio-, Medulloblastome)

Symptome: Adenome meist schon ab 10. Lj. manifest mit uniformer Verteilung. 75% vor 35 Lj. Karzinom.

21.5.4 Hereditäres nichtpolypöses Kolonkarzinom (HNPCC)

Syn: Lynch-Syndrom

Findet sich bei relativ jungen Patienten in einem autosomal dominanten Erbgang mit Prädilektion im proximalen Kolon. Familiär gehäuft auch Endometrium-, Ovarial-, Magen-, Gallengangs-, Harnwegs-, Mamma-, Lungenkarzinome, Astrozytome und Sarkome. DNA-Mismatch-Reparatur-System-Defekte (MMR). Zur Erfassung Untersuchung auf Mikrosatelliteninstabilität (MIN) oder Replication-error-positives Phänomen (PER +).

Amsterdam-Kriterien

- mindestens drei Verwandte betroffen, wobei mindestens einer Verwandter ersten Grades der beiden anderen sein muss
- Krankheitsmanifestation in mindestens zwei Generationen

- Erstmanifestation eines kolorektalen Karzinoms vor dem 50. Lj. bei mindestens einem Patienten

21.5.5 Andere Polypen

Abzugrenzen sind **metaplastische** (hyperplastische), **entzündliche** und **hamartöse Polypen** (kongenitale Fehlbildung der Mukosa). Letztere zeigen sich als **juvenile Polypen** (10% Entartung), beim **Cronkhite-Canada-Syndrom** (intestinale Polyposis unter Mitbeteiligung des Dünndarms + Hautveränderungen wie Hyperpigmentierung der Haut, Alopezie, Nageldystrophie) und beim **Peutz-Jeghers-Syndrom** (Polyposis v.a. des Jejunums und proximalen Ileums, selten im Magen und Kolon, Hyperpigmentierung an Lippen und Mundschleimhaut; gehäufte Inzidenz von Ovarialkarzinomen (10%), Hodentumoren, in 10% maligne Entartung der Dickdarmpolypen.
Klinik: Schleim- und Blutabgänge, evtl. Diarrhö, selten Obstruktion, Blutung oder Stuhlunregelmäßigkeiten
Diagnostik: meist durch Familienanamnese, Endoskopie und Biopsie bzw. Polypenabtragung
Therapie: endoskopische Adenektomie, bei FAP prophylaktische Proktokolektomie, da regelmäßig Karzinomentwicklung vor dem 40. Lebensjahr

> **Merke:** *die sicherste Dignitätsbeurteilung erfolgt durch Entnahme des gesamten Polypen, eine Probebiopsie ist nicht ausreichend*

21.5.6 Kolonkarzinom

Mit einer **Inzidenz** von 25/ 100.000 (zunehmend) stellt das Kolonkarzinom das zweithäufigste Karzinom bei Männern und Frauen dar. 90% treten nach dem 50. Lj. auf. Die Inzidenz verdoppelt sich nach dem 40. Lj. alle 10 Jahre. **Lokalisiert** ist das Kolonkarzinom zu 70% distal der linken Kolonflexur, zu 30% proximal davon und zu 2-5% multipel auftretend. **Ätiologisch** spielen eine genetische Disposition (familiäre Adenomatose, Krebs-Familien-Syndrom), die Ernährung (ballaststoffarm, fett- und fleischreich) und zusätzliche Erkrankungen (Colitis ulcerosa, M. Crohn) eine Rolle. Die Aktivierung von Onkogenen (z.B. k-ras-Onkogen) oder Inaktivierung von Tumorsuppressorgenen (z.B. APC-Gen) führt zu Epithelhyper- und -dysplasie und im weiteren Verlauf zur Invasivität (Adenom-Karzinom-Sequenz).

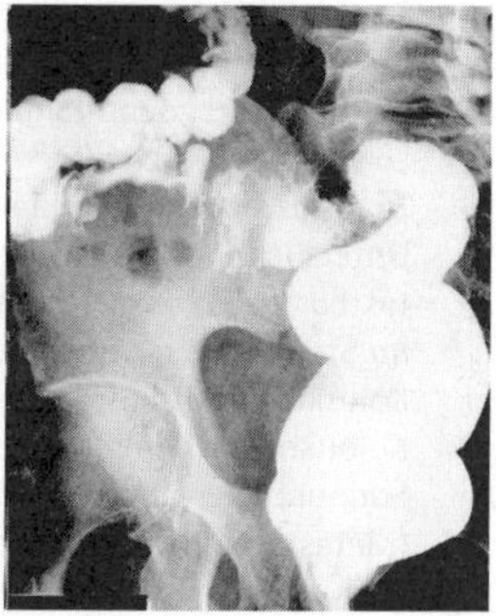

stenosierendes Sigmakarzinom

TNM	Dukes	Organbefall	5-JÜR
T_1	A	Mukosa, Submukosa	
T_2	A	Muscularis propria	80%
T_3	B	Subserosa, nichtperitonealisierte Nachbargewebe	
T_4	B	Serosa, Nachbarorgane	60%
N_{1-3}	C	1-3 Lk-Etagen	30%
M_1	D	hämatogene Fernmetastasen	1%

Klinik: Leitsymptom: Blut im Stuhl (sichtbar oder Hämoccult-Test, v.a. bei Aszendenskarzinomen), dazu Stuhlunregelmäßigkeiten (wechselnd Diarrhö/Obstipation = paradoxe Diarrhö v.a. bei Deszendens-/Sigmakarzinomen), Anämie, Gewichtsverlust, Leistungsschwäche

Diagnostik: digital rektale Untersuchung (bis zu 30% tastbar) →**61**, okkultes Blut im Stuhl, Rektoskopie und Koloskopie mit Biopsie, Kolonkontrasteinlauf, Sonographie, CT, Rö-Thorax (Metastasen), Tumormarker (CEA und CA 19-9 vor Therapiebeginn bestimmen, um evtl. Verlauf unter Therapie bzw. V.a. Rezidiv zu erkennen →**65**)

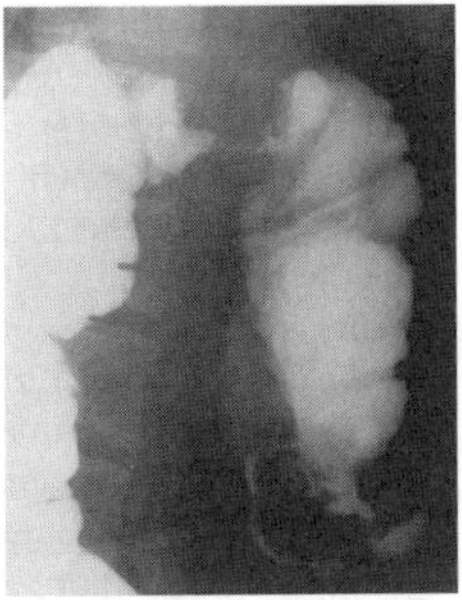
Karzinom im Colon transversum

Therapie: Adenome < 3 cm via Diathermieschlinge endoskopisch, 5% bereits maligne entartet, **größere Polypen**, Basis breiter als 2 cm, sessile villöse Polypen im Zäkum chirurgische Resektion, bei tiefer Lokalisation transanale Diskexzision, Verfahren nach Buess oder durch transsphinktäre Rectotomia posterior nach Mason, bei schwerer Atypie und Karzinom im Adenom mit freiem Stiel engmaschige Nachkontrollen, wenn Stiel durchwachsen Radikaloperation erforderlich, **kolorektales Karzinom** 90% Gesamtoperationsquote, Ausmaß der Radikaloperation v.a. durch trunkuläre Unterbindung der Metastasenstraße am Ursprung der Hauptversorgungsgefäße bestimmt, problematisch wird die Kontinenzerhaltung bei tiefsitzenden Rektumkarzinomen, bei

2 cm Sicherheitsabstand können günstigstenfalls T3-Tumoren oberhalb 5 cm ab Anokutanlinie noch kontinent reseziert werden, bei kleinen (< 2 cm, gut differenziert $T_1N_0M_0$) ist die lokale Exzision vertretbar (transanal oder Rectotomia posterior), **Palliativoperationen** am besten lokale radikale Tumorexstirpation, bei lokaler Inoperabilität werden Tumoren bis zum Sigma umgangen, tiefere durch doppelläufige Sigmakolostomie ausgeschaltet, evtl. kryochirurgische Zerstörung oder elektrochirurgische Tumorreduktion mit evtl. nachfolgender Bestrahlung (50 Gy), **Radiotherapie** zur Tumorverkleinerung mit konsekutiver erhöhter Resektionsrate, zur Minimierung der intraoperativen Zellverschleppung und zur Verbesserung der Überlebensrate **Chemotherapie**, am besten wirken 5 FU (20% Remissionsquote) + Leucoverin (Folinsäure)

Operative Verfahren:

- **Zäkum, Aszendens:** Hemikolektomie rechts
- **Transversum:** Transversumresektion, subtotale Kolektomie
- **Deszendens:** Hemikolektomie links
- **Sigma (> 16 cm):** Hemikolektomie links (Sigmaresektion)
- **Rektum (5–16 cm):** TAR (tiefe anteriore Rektumresektion)
- **Rektum (< 5 cm):** Rektumexstirpation, endständige Sigmoidostomie
- **Rektum (< 8–19 cm, T1):** transanale Diskexzision (mit Instrumentarium nach Buess bis 25 cm)
- **Anal:** primär Radiochemotherapie, dann lokale Exzision oder Rektumexstirpation

Prognose: kumulativ 5 Jahre 50%, 70% der Rezidive im ersten Jahr (meist Std. III), 85-90% bis zum Ende des zweiten Jahres (meist Std. II), insgesamt ca. 15% lokoregionäre Rezidive mit fast

50% Fernmetastasen, Rezidivmarker CEA (→**65**), nach radikaler Nachresektion 5 Jahre 50%

Nachsorge: Beschwerden beim **Anastomosenrezidiv** wie beim Primärtumor, beim **Intrapelvinrezidiv** mit Kreuzschmerzen, Miktionsstörungen, Potenzverlust, Hyperämie und Hypohidrose der unteren Extremität (Sympathikolyse), **Programm** in den ersten 2 Jahren alle drei Monate Klinik, CEA, CA 19-9, Sono, alle 6 Monate Kolo, Röntgen-Thorax, in den Jahren 3-5 halbjährlich, ab 5. Jahr jährlich.

22 Rektum und Anus

22.1 Anal- und Rektumatresie

Angeborenes Fehlen der Analöffnung oder des Rektums infolge Enddarmfehlbildung bei der Differenzierung aus der primitiven Kloake. Machen 50% aller gastrointestinalen Atresien aus.
Klinik: galliges Erbrechen und massive abdominelle Auftreibungen ab dem ersten postnatalen Tag, kein regelrechter Mekoniumabgang, ggf. Mekonium- oder Stuhlabgang über Fisteln zum Urogenitalsystem
Diagnostik: klin. Untersuchung, Rö-Abdomen (Ileusbild mit

Einteilung	
St. I	distale Rektumstenose (4%)
St. II	nicht perforiertes Proktoderm (1%)
St. IIIa	Analatresie unterhalb d. Levator-ani-Ebene (50%)
St. IIIb	Analatresie oberhalb d. Levator-ani-Ebene (44%)
St. IV	Rektumatresie mit blindem Analpouch (1%)

Spiegeln, stehenden Schlingen, im Hängen tritt rektale Luftblase nicht aus), evtl. Fisteldarstellung
Therapie: primär Anlage eines vorgeschalteten Kolostomas, evtl. Versuch der Perforation des Proktoderms, sonst sekundär Durchführen des Rektums durch die Beckenboden-muskulatur, ggf. mit Resektion des stenosierten bzw. fisteltragenden Anteils und koloanale Anastomose, Rückverlagerung des Kolostomas

22.2 Sinus pilonidalis (Jeeps disease)

Durch Haar- und Talgeinschluss in einer Hauttasche am oberen Beginn der Rima ani in der Sakralhaut (Steissbein-, Kreuzbeinfistel) kommt es zu einer Entzündung (Abszess). Vorkommen auch als angeborener ektodermaler Einschluss in der Sakralhaut. Betrifft meist Jugendliche und junge Erwachsene zwischen Pubertät und 3. Lebensjahrzehnt. Das männliche Geschlecht überwiegt.

Klinik: meist auffallend durch Abszess (Rötung, Schwellung, Schmerz) oder nässende Fistel am sakrokokzigealen Übergang.

Therapie: radikale Exzision mit primärer oder sekundärer Wundheilung

22.3 Hämorrhoidalleiden

Arteriovenöser Plexus, der durch Schwäche des Bindegewebes, Obstipation, ballaststoffarme Ernährung, Schwangerschaft in den Analkanal gepresst wird. Lokalisiert meist bei 3, 7 und 11 Uhr in Steinschnittlage.

Einteilung	
Grad I	sichtbare Erhebung des Hämorrhoidalplexus
Grad II	bis kirschgroße Knoten, prolabieren beim Pressen nach außen, reponieren sich wieder spontan
Grad III	nach außen prolabierende Hämorrhoidalknoten, die sich nur manuell reponieren lassen
Grad IV	nicht reponible Hämorrhoiden

Klinik: zunächst hellrote, schmerzlose Blutung, später Nässen, Juckreiz, die Blutungen nehmen an Stärke ab

Diagnostik: digitale und visuelle Untersuchung in Seiten- oder Steinschnittlage, Proktoskopie und wenn möglich Rektoskopie

Therapie: konservativ (I. und II. Grad): Diätberatung, Gummibandligatur, Infrarotkoagulation oder Sklerosierung (alle nur bei inneren Hämorrhoiden), operativ (III. und IV. Grad): nie mehr als 3 Knoten in einer Sitzung entfernen, verschiedene Techniken (Milligan-Morgan, Parks etc.), anschließend Sitzbäder

22.4 Perianale Thrombose

Akut auftretende Thrombose mit Thrombophlebitis in den subkutanen Venen des Analrands.
Klinik: harter, sehr druckdolenter Knoten, bei Venenruptur Ausbildung eines perianalen Hämatoms, Abheilung unter Ausbildung schlaffer Hautfalten (Marisken)
Diagnostik: Klinik, Inspektion
Therapie: Stichinzision, Ausdrücken des Thrombus, bei länger bestehender perianaler Thrombose konservativ

22.5 Anal- und Rektumprolaps

Analprolaps: sichtbares Anoderm mit maximal 5 cm langem prolabiertem Analkanal mit radiären Schleimhautfalten durch Beckenbodeninsuffizienz mit ausreichend fixiertem Rektum und gedehntem Sphinkter- und Perianalgewebe. **Rektumprolaps:** nicht sichtbares Anoderm, mehr als 5 cm prolabiertes Rektum mit zirkulären Schleimhautfalten durch Beckenbodeninsuffizienz mit fixiertem Analkanal und lockerem Rektum, das durch den Anus nach außen prolabiert. Gehäuft bei Frauen in hohem Alter.
Klinik: führt zu Wundgefühl, Juckreiz, Blutungen, Inkontinenz
Diagnostik: Inspektion bei Valsalva-Manöver in Seiten- oder Steinschnittlage

Therapie: Analprolaps: Versuch des Unterspritzens (meist kein langfristiger Erfolg) oder Rekonstruktion des Analkanals entsprechend der submukösen Hämorrhoidektomie nach Parks.
Rektumprolaps: immer abdominelle Operation erforderlich mit Präparation des Rektums bis auf den Beckenboden, verschiedene Verfahren mit/ohne Darmresektion, Fixierung an der präsakralen Faszie oder mit Bändchen o.ä.

22.6 Analfissur

Schmerzhafter, längsverlaufender Einriss der Analkanalhaut. Betroffen sind oft Frauen mit Neigung zur Obstipation. Lokalisiert meist im Bereich der hinteren Kommissur (6 Uhr in Steinschnittlage = SSL). Verursacht durch zu harte Stuhlkonsistenz, Spasmus des Sphinkters, Infektionen etc.
Klinik: Blutung und Sphinkterkrampf, massive Schmerzen nach der Defäkation, bei Chronifizierung Ausbildung eines fibrotischen Hautanhangs (sog. Wachposten)
Therapie: akut Injektion von Lokalanästhetika, chronisch bei Persistenz Analdehnung oder laterale Sphinkterotomie

22.7 Rektumkarzinom

Meist als Adenokarzinom differenzierte Neoplasie des Rektums. Wichtig ist die differente **Metastasierung** je nach Lokalisation: oberes und mittleres Rektum über intestinale Venen primär in die Leber, unteres Rektum über iliakale Venen primär in die Lunge
Klinik: (okkultes) Blut im Stuhl, verändertes Stuhlverhalten (Obstipation, Diarrhö, Bleistiftstühle, Windabgänge mit Schleimentleerung, Symptom des „falschen Freundes", Flatulenz), Leistungsminderung, Gewichtsverlust, Anämie, Schmerzen
Diagnostik: Anamnese, klinische und digitale rektale

Untersuchung, Rektoskopie mit Biopsie und Endosonographie, Koloskopie, Tumormarker CEA, CA19-9 (→**65**), Sonographie Leber, Rö-Thorax, CT Abdomen

2.8 Analkarzinom

Therapie (stadiengerecht und nach Lokalisation)	
oberes Rektum	anteriore Rektumresektion mit > 3 cm Abstand vom Tumor zum distalen Resektionsrand
mittleres und unteres Rektum	tiefe anteriore Rektumresektion mit totaler mesorektaler Exzision bei Abstand Tumor - distaler Resektionsrand > 3cm
	falls < 3cm: abdomino-perineale Rektumexstirpation
postoperativ	evtl. Bestrahlung und/oder Chemotherapie
palliativ	Tumorexzision, Lasertherapie, Kryotherapie, Anus praeter

Mit dem humanen Papillomavirus Typ 16 assoziiertes Karzinom mit Gipfel im 6.-7. Lebensjahrzehnt. **Histologie**: Plattenepithel 70%, Basalzellen oder kloakogen 25%, mukoepidermoid 5%. Die **Metastasierung** erfolgt lymphogen nach inguinal, pelvin, iliakal, mesenterial und hämatogen in Leber, Lunge, Nieren Knochen. Z.T. zeigen sich sehr ausgedehnte lokale Infiltrationen in Nachbarstrukturen (Blase, Sphinkter, Vagina, Prostata). Zum Zeitpunkt der Diagnose besteht bei 40% Lymphgefäßeinbruch.

Klinik: Pruritus ani, Nässen, Fremdkörpergefühl, Schmerzen, Blutung

Diagnostik: Inspektion, digitale rektale Untersuchung, Proktoskopie mit Biopsie

Therapie:

Tumorgröße	Therapie
<2 cm	Radiatio
>2 cm und <4 cm	Radiochemotherapie, ggf. Nachresektion nach 6 - 8 Wochen
größere TU	Radiochemotherapie, 6 - 8 Wochen später lokale Resektion, abdomino-perineale Exstirpation oder lokale Boost-Bestrahlung
bei Inkontinenz	immer abdomino-perineale Rektumexstirpatio

☺ ... alternativ zum Kaffee hier ein Vorschlag zur Entspannung: ☺

Setz Dich entspannt und aufrecht auf Deinem Stuhl zurecht und schließ die Augen. Verfolge mit Deiner Aufmerksamkeit Deinen Atem und stell' Dir dann vor, an einem klaren Gebirgsbach zu sitzen: lass' das Wasser nun in Deiner Vorstellung durch Dich hindurchfließen und spüre, wie das Wasser alle Deine Verspannungen und Anstrengungen mitnimmt. Verweile in diesem Bild eine Zeit und kehre dann allmählich wieder in den Raum zurück.

23 Akutes Abdomen, Ileus, GI-Blutung

23.1 Akutes Abdomen

Unter dem akuten Abdomen versteht man alle akut einsetzenden, zunehmend schweren Erkrankungen der Bauchhöhle, die unbehandelt zu einer vitalen Gefährdung des Patienten führen. Je nach Ursache kommt es zu

Klinik: Schmerzen (**viszeral** durch Dehnung der Muskulatur von Hohlorganen zu dumpfem, tiefsitzendem Schmerz, parietal oder **somatisch** durch Reize am Mesenterium mit scharfem, hellem Schmerz), Fieber, Übelkeit, Erbrechen, Diarrhö, Obstipation, Meteorismus.

Diagnostik: Ziel ist die Unterscheidung intra-/extraabdomineller Ursachen und Erhalt einer möglichst exakten Arbeitsdiagnose durch Anamnese (Schmerzbeginn, -art und -verlagerung, Stuhlverhalten der letzten Tage, Übelkeit, Erbrechen, Fieber, Alter des Patienten, Vorerkrankungen, Medikamente), Untersuchung (Bauchwand mit **Abwehrspannung**, lokalisierbarer Druckschmerz, Auftreibung, Resistenz tastbar, Darmgeräusche vermindert/verstärkt, rektale Untersuchung), technische Untersuchungen (Rö-Thorax, Rö-Abdomen in Seitenlage (freie Luft, Spiegel, stehende Schlingen), Sonographie Abdomen (freie Flüssigkeit, Nieren-, Gallenstauung, Cholezystitis, Pankreatitis, Flüssigkeitsverhalten), ggf. CT Abdomen bei weiterer Unklarheit (Abszess, Tumor etc.), Labor (Leukozytose, Anämie, Thrombozytose, Amylase, Lipase, Glukose, CK, CK-MB, Troponin, Laktat, CRP, Bilirubin, aP, γ-GT, ALT, AST, Kreatinin, Harnstoff, Elektrolyte, Quick, PTT), Urinsediment und -Stix, ggf. Schwangerschaftstest

Differentialdiagnostik: Ausschluss gynäkologischer (z.B. Ovarialzyste, Extrauteringravidität, Adnexitis), urologischer (z.B. Nierenstein mit Kolik, Pyelonephritis, Zystitis) oder internistischer (z.B. Pankreatitis, Myokardinfarkt, Gastroenteritis) Ursachen, Differenzierung Entzündung im Oberbauch (Ulkus, Cholezystitis →248, Hepatitis, Pankreatitis), Mittelbauch (Kolitis, Pankreatitis, Meckelsche Divertikulitis →200) oder Unterbauch (Appendizitis →209, Sigmadivertikulitis, Enteritis) oder vaskuläre Ursache (Bauchaortenaneurysma, Angina intestinalis oder Embolie) oder Kolik (Galle, Niere) oder Ileus (paralytisch oder mechanisch)

Therapie: abhängig von der Arbeitsdiagnose und der Schwere des Verlaufs konservativ, abwartend oder sofort operativ
Prognose: abhängig von der Schwere des Krankheitsbildes (Sepsis, Vorerkrankungen, Alter des Patienten)

rechter Oberbauch

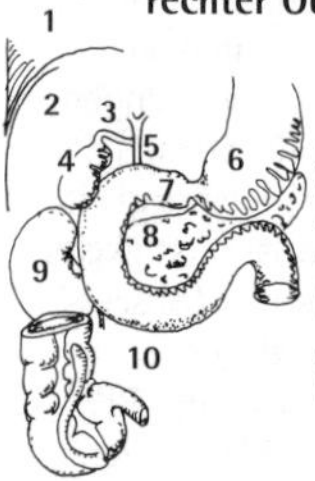

1 Pneumonie, Pleuritis
2 Leberabszeß
3 akuter Zystikusverschluß
4 Cholezystitis, Gallenblasenempyem
5 Cholelithiasis
6 Ulcus ventriculi
7 Ulcus duodeni
8 Pankreatitis
9 Nierenstein
10 Appendizitis (bei nach kranial hochgeschlagenem Appendix)

linker Oberbauch

1 Myokardinfarkt
2 Pneumonie
3 Hiatushernie
4 Pleuritis
5 Milzinfarkt
6 Ulcus ventriculi
7 Pankreatitis
8 Pyelonephritis

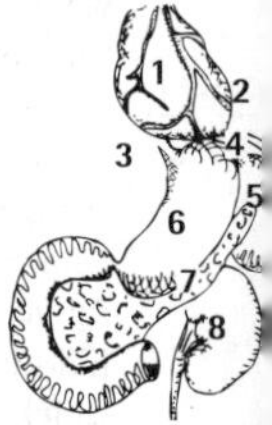

rechter Unterbauch

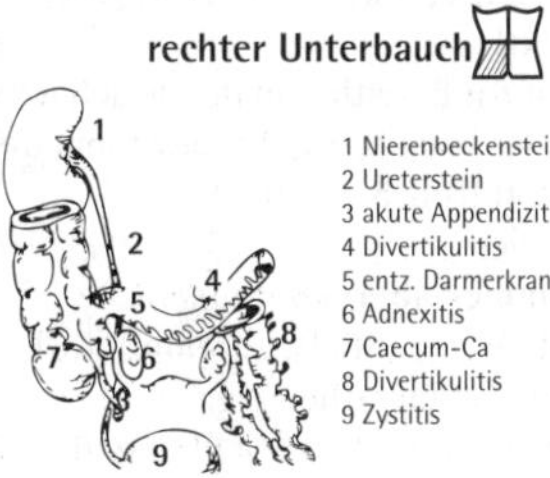

1 Nierenbeckenstein
2 Ureterstein
3 akute Appendizitis
4 Divertikulitis
5 entz. Darmerkrankung
6 Adnexitis
7 Caecum-Ca
8 Divertikulitis
9 Zystitis

linker Unterbauch

1 Nierenbeckenstein
2 Ureterstein
3 akute Adnexitis
4 Colon-Ca
5 Divertikulitits
6 Harnverhalt, Zystitis

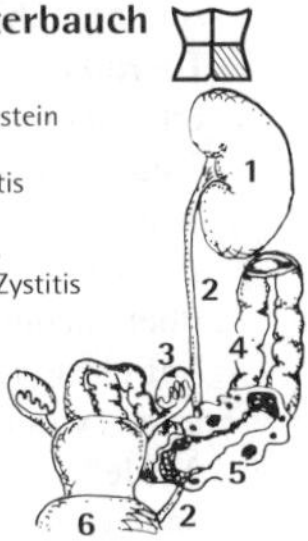

23.2 Peritonitis

Die Peritonitis als Entzündung des Bauchfells entsteht **bakteriell** (95%, Perforation im GI-Trakt, Durchwanderung bei Entzündung eines Hohlorgans), **mykotisch** (meist postoperativ oder im schweren Verlauf), **chemisch-toxisch** (Galle, Pankreassekret, Barium) oder **radiogen** (nach Bestrahlung)

Klinik: evtl. erst akuter Perforationsschmerz, danach langsam zunehmender diffuser Bauchschmerz, Loslaßschmerz, Schonhaltung und harte Bauchdecken mit Abwehrspannung, dazu Allgemeinsymptome wie Fieber, Übelkeit, Erbrechen, bis zur fulminanten Sepsis mit Darmparalyse und Oligurie

Diagnostik: Anamnese, Klinik, Vitalwerte (Puls, RR, Temperatur), Labor, Sonographie (freie Flüssigkeit, Cholezystitis, Pankreatitis, Verhalt, Pleuraerguss, Galle- oder Nierenstauung), Rö-Thorax, Rö-Abdomen in Seitenlage (freie Luft, Erguss, Pneumonie, Spiegel, Aerobilie), evtl. CT-Abdomen mit KM (Pankreatitis, Abszess, Tumor), Magen-Darm-Passage bzw. Kontrasteinlauf mit wasserlöslichem KM (Perforation, Divertikulitis, u.U. Stenose), Angiographie (Mesenterialinfarkt)

Therapie: meist operativ (95%) zur Beseitigung der ursächlichen Erkrankung und Beherrschung der Folgen, ggf. Laparostoma und Etappenlavage, bei lokaler Peritonitis (z.B. Abszess) interventionelles Vorgehen möglich (z.B. CT-gesteuerte Drainage), **immer aber**: kontinuierliche Überwachung (Monitor) der Vitalwerte (RR, Puls, Temp., EKG), Antibiose, Thromboseprophylaxe, Schmerztherapie, Intensivtherapie, abhängig vom Zustand des Patienten und Ausdehnung der Peritonitis evtl. einmalige Operation mit Sanierung des entzündlichen Fokus (Appendektomie bei perforierter Appendizitis) und Spülung des Abdomens ausreichend, bei schwerer 4-Quadranten-Peritonitis unter Umständen mehrfach operative Spülungen des Abdomens erforderlich oder offene Behandlung des Abdomens (starke Darmschwellung, Abdomen nicht mehr verschließbar)

Merke: *die Sonderform der spontanen bakteriellen Peritonitis (→***237***) bei dekompensierter Leberzirrhose ist keine OP-Indikation*

Prognose: abhängig von OP-Zeitpunkt, Ätiologie der Peritonitis (schlecht: Candida, Ischämie; besser: Strahlen), Alter und Vorerkrankungen des Patienten

23.3 Ileus

Unter Ileus versteht man eine Störung der Darmpassage infolge Darmlähmung oder Darmverschluss. Pathogenetisch werden der **mechanische** (als Okklusionsileus z.B. bei stenosierendem Tumor oder Strangulationsileus z.B. bei Briden oder inkarzerierter Hernie, Cave: Störung der Mesenterialdurchblutung) und der **paralytische Ileus** (postoperativ, reflektorisch oder metabolisch) differenziert. Eine Sonderform des mechanischen Ileus ist der Gallensteinileus. Dieser entsteht durch große Solitärsteine der Gallenblase mit chronischer Entzündung (hohes Lebensalter) und Ausbildung einer biliodigestiven Fistel meist im Bereich des Dünndarms.

Klinik: mechanisch zu kolikartigen Schmerzen, Hyperperistaltik, Übelkeit, Erbrechen (evtl. Miserere), hochgestellte, klingende Darmgeräusche, **paralytisch** zu aufgetriebenem Bauch, diffusen nicht sehr starken Schmerzen, Erbrechen (selten Miserere), „Totenstille" bei Auskultation, bei Lokalisation im Dünndarm früh Erbrechen, Stuhlgang bleibt einige Zeit erhalten, kurze Anamnesedauer, bei Dickdarmileus erst spät Erbrechen, Stuhlgang bleibt auch mit Einläufen bald aus, lange Anamnesedauer

Diagnostik: Anamnese, Klinik, Inspektion (Narben, Bruchpforten, geblähtes Abdomen), Palpation (Bruchpforten, Druckschmerz, rektal), Auskultation, Rö- Abdomen (stehend und Linksseitenlage mit Spiegelbildung, Aerobilie beim Gallensteinileus), Kontrasteinlauf (Stenose oder Stopp), Labor (Kalium hoch bei Ischämie, Kalium niedrig bei anderem Ileus, dazu Laktat, Kreatinin, Harnstoff, Quick, PTT, Eiweiß, Amylase, Lipase, Bilirubin, γ-GT, ALT, AST, aP, CRP)

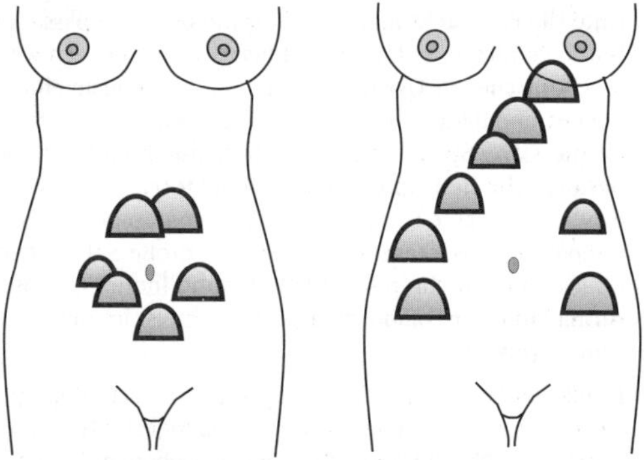

Spiegelbildung bei Dünndarmileus (links) und bei Dickdarmileus (rechts, „Kolonrahmen")

Therapie: Magensonde, Einlauf, Elektrolyt- und Volumenausgleich, parenterale Ernährung, bei **paralytischem Ileus** oder inkompletter Stenose: Sympathikolyse und Parasympathikomimetika (Metoclopramid, Neostigmin, Distigmin, Dexpanthenol, Dihydrobenzperidol), Therapie der Grunderkrankung; bei **mechanischem Ileus:** Beseitigung der Obstruktion, meist operativ, u.U. endoskopisch (z.B. Fremdkörper), operativ: Dekompression des distendierten Darms mittels oralwärtigem Ausstreichen und Absaugen über Magensonde, Bridenlösung, Tumorentfernung, Resektion ischämischer Darmabschnitte, entweder innere Umgehung (Seit-zu-Seit-Anastomose) oder

Ausleiten des prästenotischen Darmsals Anus praeter (selten direkte Anastomose)

> **Merke:** *ein Barium-Breischluck ist zur Diagnostik bei Ileusverdacht kontraindiziert, da bei möglicher Perforation eine Bariumperitonitis droht*

23.4 Gastrointestinale Blutung

Die akuten gastrointestinalen Blutungen werden unterteilt in eine obere (90%) oder untere gastrointestinale Blutung (10%)

Stadium	endoskopischer Befund (Forrest-Klassifikation gastrointestinaler Blutungsaktivität)
Forrest I	aktive Blutung; Ia = spritzende arterielle Blutung; Ib = Sickerblutung
Forrest II	nicht mehr aktive Blutung; IIa = sichtbarer Gefäßstumpf; IIb = mit adhärentem Koagel; IIc = Hämatin am Ulkusgrund
Forrest III	keine Blutung, Läsion ohne Blutungsstigmata

Klinik: Bluterbrechen (= **Hämatemesis:** kaffeesatzähnliches Erbrechen) und Teerstuhl (= **Meläna:** rötlich-schwarz verfärbter Stuhl nach achtstündiger Verweildauer des Blutes im Darm) bei oberer GI-Blutung, dagegen durchfallartige, rote Darmblutungen (**Hämatochezie**) bei unterer GI-Blutung, zusätzlich Hypovolämie, Hypoxämie, Schock
Diagnostik: Klinik, Labor, Endoskopie nach Kreislaufstabilisierung, Angiographie bei negativer endoskopischer Diagnostik, Probelaparotomie bei massiver Blutung und Versagen konservativer Maßnahmen
Differentialdiagnostik: Ulkusblutung (→**193**), Ösophagusvarizenblutung, erosive Gastritis, Mallory-Weiss-Syndrom (längliche Mukosarisse im gastroösophagealen Übergang mit

Blutung, v.a. bei plötzlicher Druckerhöhung, z. B. bei Erbrechen, Pressen, Husten →**183**), Boerhaave-Syndrom (schwerste Form des Mallory-Weiss-Syndroms mit Zerreissung der Speiseröhre im Zusammenhang mit sehr heftigem Erbrechen und entsprechender Schocksymptomatik →**183**), Exulceratio simplex Dieulafoy (toxisch-infektiöse Erosionen der Mukosa und Submukosa, Ulkusbildung mit arterieller Blutung →**193**), Magenkarzinom (→**196**), Dünndarmtumor (→**206**), Divertikulitis des Dickdarms (→**213**), Colitis ulcerosa (→**211**), Morbus Crohn (→**203**), Morbus Osler (purpurrote, leicht erhabene Hauteffloreszenzen, meist an den Akren, bei subakuter bakterieller Endokarditis), selten bei Typhus abdominalis, Gonorrhö, Lupus erythematodes), Angiome, Blutungen aus einem Meckelschen Divertikel (typische schmerzlose Blutung, →**200**), Dickdarmkarzinom (→**219**), Hämorrhoiden

Therapie: Kreislaufstabilisierung, Schocktherapie, Volumenzufuhr, Blutkonserven bei Hb < 9 g/dl in Verbindung mit kolloidalen Plasmaersatzstoffen, bei schweren Blutungen: Notgastroskopie, endoskopische Blutstillung (Unterspritzung, Elektro- und Laserkoagulation, Ligatur), Gabe von Somatostatin oder operative Blutstillung, Linton-/Senkstaken-Blakemore-Sonde, schließlich kausale Therapie

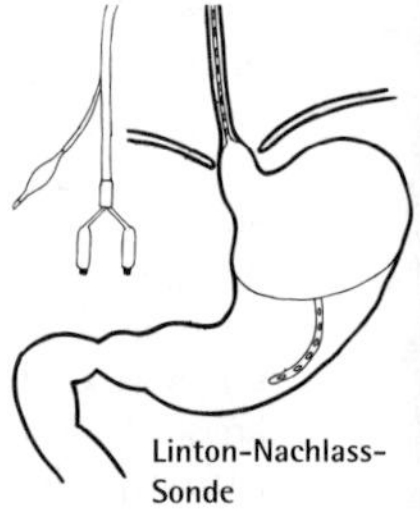

Linton-Nachlass-Sonde

24 Leber

24.1 Gallengangsatresie

Kongenitale Fehlanlage intra- bzw. extrahepatischer Gallengänge mit intrahepatischer Cholestase.
Klinik: Ikterus bereits im Neugeborenenalter (meist in der 3. Lebenswoche), frühzeitige Ausbildung einer biliären Zirrhose
Diagnostik: wegen rascher Zirrhoseentwicklung Diagnosestellung innerhalb der ersten sechs Lebenswochen notwendig, Sonographie, CT, Labor, evtl. Leberbiopsie
Therapie: bei wenigen Formen biliodigestive Anastomose zur Gallenableitung, sonst Operation nach Kasai mit Anastomosierung von Leberhilum und Jejunum, evtl. Lebertransplantation

Merke: *wegen der raschen Zirrhoseentwicklung ist eine Diagnosestellung innerhalb von 6 Wochen wichtig*

24.2 Portale Hypertension

Druckerhöhung in der V. portae > 12 cm H_2O (10 mmHg) entweder **prähepatisch** (Pfortaderthrombose, Milzvenenthrombose), **intrahepatisch** (90% v.a. Leberzirrhose, chron. Hepatitis, Hämochromatose) oder **posthepatisch** (Budd-Chiari-Syndrom (Verschluss der Vv. hepaticae), Rechtsherzinsuffizienz, Panzerherz) bedingt. Es kommt zur Kollateralenbildung und Entwicklung von Ösophagusvarizen, Magenfundusvarizen, Caput medusae und Hämorrhoiden.

Klinik: Ösophagus-, Fundusvarizenblutung (lebensbedrohlich), Hypersplenismus mit Anämie, Thrombozytopenie, Leukopenie, therapierefraktärer Aszites, spontane bakterielle Peritonitis
Diagnostik: Endoskopie, Sonographie, ggf. Angiographie
Therapie:
kausal der Grunderkrankung, bei Blutung Volumensubstitution, ggf. Gerinnungsfaktoren, Blutstillung durch Varizensklerosierung, bzw. -ligatur, ggf. Vasopressin, Somatostatin, Ballontamponade (max. 24 h), TIPS (transjugulärer-intrahepatischer-porto-systemischer Shunt), Shunt-OP (z.B. portokaval, spleno-renaler Warren-Shunt), zur Rezidivprophyl. der Blutung: Varizensklerosierung, Betablocker, Nitrate

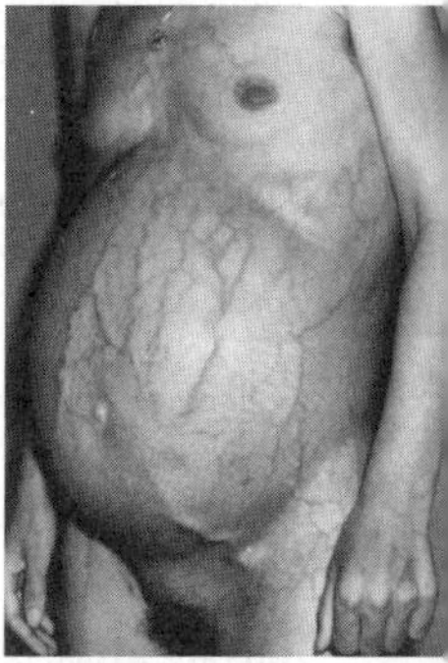

Budd-Chiari-Syndrom

Child-Pugh-Kriterien der Leberzirrhose			
	1 Punkt	2 Punkte	3 Punkte
Albumin im Serum (g/dl)	> 3,5	3,5 - 2,8	< 2,8
Bilirubin im Serum (g/dl)	< 2,0	2,0 - 3,0	> 3,0
Quick (%)	> 70	70 - 40	< 40
Aszites	-	+ - ++	+++
Enzephalopathie	-	Grad I/II	Grad III/IV
Child A: 5-6 Punkte Child B: 7-9 Punkte Child C: 10-15 Punkte			

24.3 Verletzungen der Leber

Die Verletzungen der Leber werden unterteilt nach Moore in:

- **Grad I:** Kapselverletzung, oberflächige Parenchymeinrisse (<1 cm), keine aktive Blutung
- **Grad II:** Parenchymeinrisse 1-3 cm, periphere penetrierende Verletzungen, subkapsuläre Hämatome <10 cm, keine aktive Blutung
- **Grad III:** Parenchymeinrisse >3 cm, zentral perforierende Verletzungen, subkapsuläre Hämatome >10 cm (nicht wachsend), aktive Blutung
- **Grad IV:** ausgedehnte Lappenzerstörung, massives zentrales Hämatom (wachsend)
- **Grad V:** extensive Zerstörung beider Lappen, Verletzung retrohepatischer V. cava, Verletzung großer Lebervenen

Klinik: Schulterschmerz rechts, Zwerchfellhochstand, Abwehrspannung im rechten Oberbauch, Flankendämpfung, je nach Schweregrad bis zur Ausbildung eines hämorrhagischen Schocks

Diagnostik: Sonographie

Therapie: neben notfall- und intensivmedizinischer Versorgung bei Grad I/II zuwarten möglich, Grade III/IV Operation mit Pringle-Manöver (Ausklemmen der Leber aus der Blutzirkulation) und gezielte Versorgung, Grad V Pringle-Manöver mit Abklemmen der V. cava und der zentralen Lebervenen und Versorgung der Verletzung

24.4 Leberzysten

Solitär oder multipel (evtl. gekammerte) mit Epithel (**echte Zysten**) oder Bindegewebe (**Pseudozysten**) umgebene flüssigkeitsgefüllte Räume. Entstehen parasitär (Echinokokkus-zyste →**52**), kongenital (Zystenleber meist in Kombination mit multiplen Zysten in Nieren und Pankreas) oder sind durch erworbene Erkrankungen hervorgerufen (Zystadenom, Zystadenokarzinom, durch Cholestase bedingte Gallengangszysten).

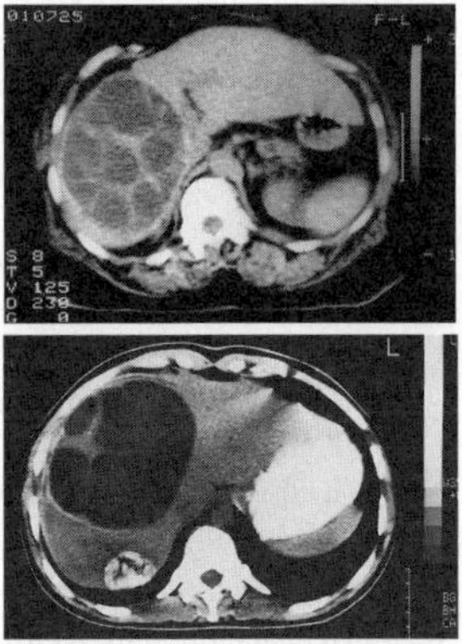

Echinokokkus-Zyste (mit Septenbildung)
[IMPP-Prüfungsabbildung]

Klinik: abhängig von Größe, Anzahl und Lokalisation, kleine Zysten oft asymptomatisch (sonographischer Zufallsbefund), größere erzeugen evtl. Druckgefühl, Ikterus und Fieber

Diagnostik: Sonographie (echofreie, rundliche Raumforderung mit distaler Schall-verstärkung), CT (rundliche, hypodense Areale ohne KM-Aufnahme)

Therapie: bei Bedarf Enukleation oder Drainage nach Fensterung

24.5 Leberabszesse

Bildung abgekapselter Eiterherde in der Leber bakteriell (E. coli, Enterokokken, Klebsiella, Strept., Pseudomonas, Staph. aureus bei Cholangitis, Entzündung im Bereich der V. portae, Septikämie, posttraumatisch, nach operativen Eingriffen) oder parasitär (Amöbiasis) bedingt.
Klinik: bei oft schleichendem Verlauf, Hepatomegalie, Oberbauch-, evtl. Pleuraschmerz rechts, Übelkeit, Erbrechen, Gewichtsverlust, Schwäche, Fieber, evtl. Ikterus, selten Sepsis, Ruptur, Peritonitis, Pleuraempyem
Diagnostik: Labor, Sono (echoarme Raumforderung), CT (hypodense Areale), bei Amöbiasis: serologischer Ak-Nachweis, bei Bakterien: Blutkultur, Abszesspunktat mit Kultur
Therapie: Antibiotika hochdosiert, bei Amöbiasis: Metronidazol, Chloroquin, ggf. Abszessdrainage perkutan transhepatisch oder operativ, evtl. Leberteilresektion

24.6 Lebertumoren

TNM	Kennzeichen
T1	solitär < 2cm ohne Gefäßinfiltration
T2	solitär < 2cm mit Gefäßinfiltration oder solitär > 2cm ohne Gefäßinfiltration oder mehrere < 2cm ohne Gefäßinfiltration
T3	solitär > 2cm mit Gefäßinfiltration oder mehrere > 2cm ohne Gefäßinfiltration
T4	mehrere in mehr als einem Leberlappen, Befall Nachbarorgane oder des viszeralen Peritoneums

24.6.1 Leberadenom

Meist asymptomatischer, benigner Tumor des Lebergewebes. Gehäuftes Auftreten bei Einnahme von Kontrazeptiva. Kann bei Ruptur evtl. eine lebensbedrohliche Blutung verursachen. Meist Zufallsbefund bei Sono oder CT. Die Therapie erfolgt durch Absetzen exogen zugeführter Hormone (z.B. Kontrazeptiva) und evtl. operative Resektion.

24.6.2 Fokale noduläre Hyperplasie (FNH)

Eine fokale noduläre Hyperplasie (FNH) ist aus benigne septierten Regeneratknoten aufgebaut. Ätiologisch wird ein Zusammenhang mit oralen Kontrazeptiva vermutet, da die FNH unter Östrogeneinnahme eine Größenprogredienz zeigt. Es zeigen sich eine zentrale Vernarbung und sternförmige Septen. Die Gefahr einer malignen Entartung besteht nicht. Die **Therapie** besteht in der Elimination der Risikofaktoren (Kontrazeptiva). Operativ werden nur große Knoten wegen möglicher Rupturgefahr versorgt.

24.6.3 Leberhämangiom

Gefäßmissbildung der Leber. Stellt den häufigsten benignen Lebertumor dar. Betrifft wesentlich häufiger das weibliche Geschlecht. Bei meist asymptomatischem Verlauf sind Thrombosierungen und Blutungen mögliche Komplikationen. Meist Zufallsbefund im Sono (echoreich) oder CT. Bei KM Gabe Irisblendenphänomen. Meist keine Therapie, Resektion nur bei Komplikationsgefahr größerer Hämangiome.

24.6.4 Hepatozelluläres Karzinom

In hiesigen Gefilden relativ seltener primär maligner Tumor der Leber (< 1% aller Malignome in D, in Afrika und Asien aber häufigstes Malignom des Mannes, m:w = 3:1, Alters-gipfel 60 Lj.), Risikofaktoren sind die Leberzirrhose (80%), die chronische Hepatitis B/C und Zufuhr bestimmter Aflatoxine.

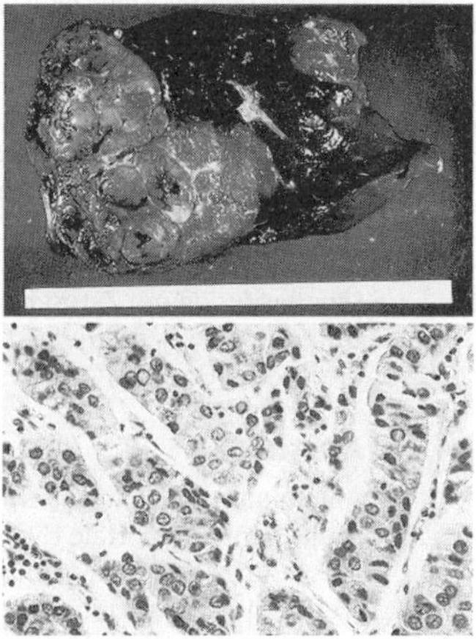

Leberzellkarzinom

Klinik: anfangs unspezifisch, später evtl. Aszites, Ikterus, Blutungen, Kachexie
Diagnostik: Sonographie, CT (evtl. mit Feinnadelpunktion), α_1-Fetoprotein, Hepatitis-Serologie, evtl. Laparoskopie und Biopsie
Therapie: anatomische Leberteilresektion, evtl. Transplantation
Prognose: schlecht, mittlere Überlebenszeit unbehandelt < 6 mo, nach Resektion < 3 Jahre

24.6.5 Lebermetastasen

Die häufigsten Neoplasien in der Leber sind die Metastasen. Der Primärtumor ist dabei zu 85% im Dickdarm zu finden, prinzipiell können aber alle malignen Primärtumoren Metastasen in der Leber setzen.

Diagnostik: Sono (echoreich/-arm/-frei oder gemischt, z.T. Kokardenform), CT (evtl. Verkalkungen), evtl. diagn. Laparoskopie
Therapie: eine Resektion (atypische Leberteilresektion oder Hemihepatektomie) ist möglich bei solitären oder auf einen Leberlappen bzw. ein Lebersegment beschränkten Metastasen (ohne Vorliegen anderer Organmetastasen), weiterhin muss der Primärtumor vollständig entfernt worden sein und es darf kein lokoregionäres Rezidiv vorliegen, evtl. regionale intraarterielle Leberperfusion mit Zytostatika (Cholezystektomie sowie Unterbindung A. gastroduodenalis und A. gastrica dextra zur Prophylaxe Gastritis/Cholezystitis), Alkoholeinspritzung

24.7 Aszites

Ansammlung von Flüssigkeit in der Bauchhöhle durch Abflussstörung (portale Hypertension →**237**, Leberzirrhose, Herzinsuffizienz, Lymphabflussbehinderung), Entzündung (Peritonitis, Polyserositis), Verminderung des onkotischen Drucks bei Hypalbuminämie, Hypoproteinämie (nephrotisches Syndrom, exsudative Enteropathie) oder bei malignen Erkrankungen (GI-Tumoren, Ovarialkarzinom, Peritonealkarzinose).
Diagnostik: Perkussion, Bauchumfangsmessung, Sono, Punktion Exsudat (Eiweiß > 3,0 g/dl bei entzündlicher bzw. maligner Ätiologie) oder sonst Transsudat (Eiweiß < 3,0 g/dl), evtl. Zytologie, Kultur
Differentialdiagnose: portal/kardial (80%, Leberzirrhose, Rechtsherzinsuff, Budd-Chiari, Pericarditis), **maligne** (oft hämorrhagisch, LDH, Fibronektin erhöht), **entzündlich** (Leukozytose, positive Kultur), **pankreatogen** (Amylase, Lipase erhöht), **hypalbuminämisch** (nephrotisches Syndrom, exsudative Enteropathie)

Therapie: kausal der Grunderkrankung, Flüssigkeits-, NaCl-Restriktion, Diuretika (Aldosteronantagonisten, Xipamid, Furosemid), evtl. therapeutische Aszitespunktion (→**29**), Infusion einer Albuminlösung, bei Therapieresistenz: TIPS-Anlage (= transjuguläre intrahepatische portokavale Stenteinlage) oder Anlage eines peritoneovenösen Shunts (n. Le Veen), tägl. Gewichtsverlust max. 750 g

Typ	Transsudat	Exsudat
spez. Gewicht	< 1,016 g/dl	> 1,016 g/dl
Prroteingehalt	< 3,0 g/dl	> 3,0 g/dl
Albumin Quotient (Serum/Aszites)	> 1,1	< 1,1

25 Gallenblase und Gallenwege

25.1 Gallensteinleiden

Unter **Cholelithiasis** versteht man die Steinerkrankung der Gallenblase und/oder der Gallengänge. Sie tritt mit einer hohen Prävalenz bevorzugt beim weiblichen Geschlecht auf. Nach der Steinart sind die häufigeren Cholesterinsteine (Cholesteringehalt > 50% des Trockengewichts) von den Pigmentsteinen (v.a. aus Ca^{2+} und Bilirubin) abzugrenzen. Auch Kombinationen aus Cholesterin- und Pigmentsteinen sind anzutreffen.

kombinierter Gallenstein (Cholesterin-Pigment-Kalkstein

Risikofaktoren: Geschlecht (Gravidität, Östrogene, Kontrazeptiva), Alter, längere parenterale Ernährung und Übergewicht. **Merke: 5 x „f"**: fat, female, fourty, fertile, fair.

Klinik: 80% asymptomatisch als sogenannte „stumme Gallensteine", sonst Koliken im rechten Oberbauch, evtl. mit Ausstrahlung in die rechte Schulter oder Rücken (durch Steineinklemmung im D. cysticus oder D. choledochus), Übelkeit, Erbrechen, Fieber, reaktiver paralytischer Ileus, evtl. Cholestasezeichen: Ikterus, heller Stuhl, dunkler Urin (bei Gangobstruktion durch Konkremente)

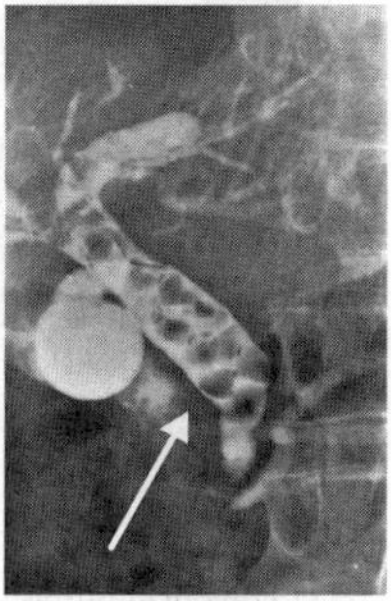
Choledocholithiasis
(nicht röntgendichte Steine, z.B. reine Cholesterinsteine)
[IMPP-Prüfungsabbildung]

Diagnostik: Druckschmerz unterhalb Rippenbogen rechts (**Murphy-Zeichen**), evtl. Ikterus, Labor (aP, γ-GT, Bilirubin), bei Cholangitis zusätzlich Leukozytose, bei Cholezystitis oft nur Leukozytose, Sonographie (Konkremente, Stau), ERCP (Stau, Konkremente, Tumor)

Komplikationen: Hydrops der Gallenblase, akute Cholezystitis, Empyem, Perforation (selten auch in Darmtrakt mit Gallensteinileus), Choledocholithiasis, chron. Cholezystitis, Schrumpfgallenblase, Porzellangallenblase (Ca-Risiko erhöht), Verschlussikterus, Cholangitis, Pankreatitis, Cholangiosepsis, Gallenblasen-Ca (bei Steinträgern 10x häufiger), **Mirizzi-Syndrom** (steinbedingte entzündliche Fibrose im Infundibulum mit Übergreifen auf den D. hepaticus und narbiger Stenose)

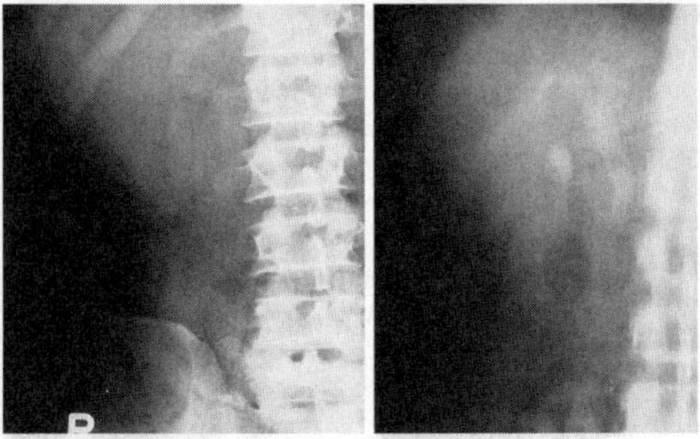

Choledocholithiasis

Cholezystitis: in etwa 95% durch Obstruktion der Gallenblase (i.d.R. durch Konkremente) ausgelöst; Sonderform: „steinlose Cholezystitis": bei Schock, Sepsis, Verbrennungen, gelegentlich auch im Rahmen von Virusinfektionen möglich

Therapie: der **Kolik** durch Spasmolytikum, Analgetikum, Nahrungskarenz, **bei symptomatischer Cholezystolithiasis** (im Intervall) laparoskopische Cholezystektomie (Methode der Wahl) konventionelle Cholezystektomie (falls operationstaktisch erforderlich), seltener nichtoperativ (nur bei röntgennegativen Konkrementen und normaler Gallenblasenfunktion möglich), orale Litholyse bei Gallenblasensteinen < 1 cm mit Urso- und Chenodeoxycholsäure oder extrakorporale Stosswellenlithotripsie bei einem Stein < 3 cm oder bis zu 3 Steinen mit einem Gesamtvolumen < 14 ml, **bei akuter Cholezystitis:** Antibiotika, Früh-Cholezystektomie (OP innerhalb 48-72 h), **bei Cholangitis:** Beseitigung des Abflusshindernisses durch endoskopische Papillotomie (EPT) mit Steinextraktion, gallengängige Antibiotika

25.2 Postcholezystektomiesyndrom

Fortbestehende oder neu aufgetretene Oberbauchschmerzen nach Cholezystektomie. Durch Residualsteine in den Gallenwegen, postoperative Gallengangsstriktur, Papillenstenose, Schmerzen primär durch andere Abdominalerkrankungen bedingt.

25.3 Gallenblasenkarzinom

Seltenes (m:w = 1:3, Gipfel > 60. Lj.) Karzinom der Gallenblase. Histologisch meist als Adenokarzinom differenziert. In 74–93% mit Cholezystolithiasis verbunden. **Risikofaktoren** sind: Cholezystolithiasis, chronische Cholezystitis und die Porzellangallenblase (Wandverkalkung, Endstadium der chronischen Cholezystitis).

Klinik: Gewichtsverlust, unspezifische Oberbauchschmerzen, bei Infiltration des D. hepaticus/D. choledochus → Ikterus

Diagnostik: im Frühstadium schwierig, Sonographie (umschriebene Raumforderung, ggf. Infiltration in den rechten Leberlappen oder in den D. hepatocholedochus), CT, MRT, ERCP bei V.a. Infiltration des D. hepaticus/D. choledochus

Therapie: Radiatio/Chemotherapie, Cholezystektomie, ggf. mit Leberteilresektion (nicht bei Lk-Befall, Hilusinfiltration), palliativ bei Infiltration des D. hepaticus bzw. D. choledochus endoskopische oder perkutan-transhepatische Einlage von Gallengangsendoprothesen

> **Merke:** *bei der Mehrzahl der Patienten ist eine Radikaloperation zum Zeitpunkt der Diagnosestellung nicht mehr möglich, 5-Jahres-Überlebensrate etwa 5%*

25.4 Gallengangskarzinom

3x seltener als das Gallenblasenkarzinom (m:w = 2:1, Steininzidenz kaum erhöht, meist Adenokarzinom). Risiko-faktoren sind das **Caroli-Syndrom** (angeborene zystische Erweiterung de intrahepatischen Gallengänge mit sek. Konkrementbildung), primär sklerosierende Cholangitis, Choledochuszysten, Colitis ulcerosa (→**211**), Papillomatose und chron Parasitenbefall.

Klinik: Verschlussikterus; **Courvoisier-Zeichen** (schmerzlos vergrößerte Gallenblase bei Ikterus)

Diagnostik: Sonographie, CT, MRT, ERCP bzw. PTC

Therapie: Whipple-Operation (parti. Pankreatikoduodenektomie bei prox. Befall (**Klatskin-TU**) evtl. zentrale Choledochus-Hepatikus-Resektion, Ableitung über biliodigestive Anastomose, bei lokaler Irresektabilität und Metastasenfreiheit ggf. Lebertransplantation, palliativ endoskopische oder perkutan-transhepatische Einlage von Gallengangsendoprothesen, evtl. biliodigestive Anastomose

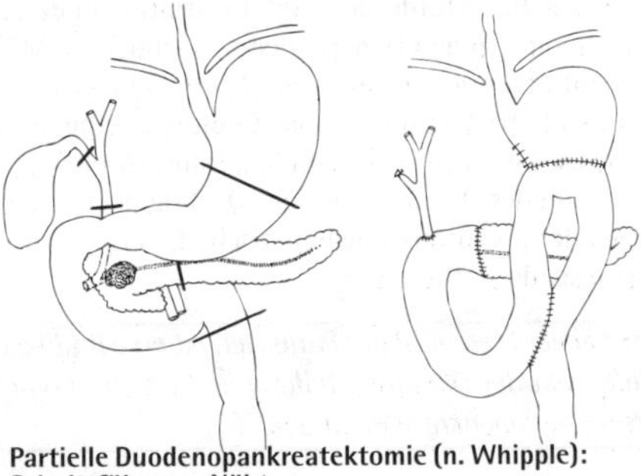

Partielle Duodenopankreatektomie (n. Whipple): Schnittführung, Nähte

26 Pankreas

6.1 Pancreas anulare

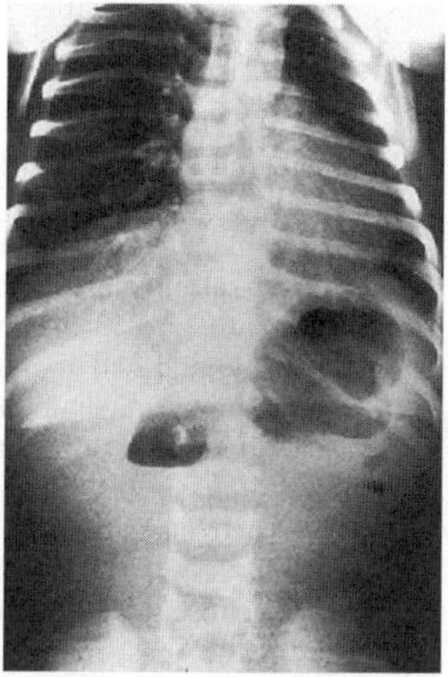

Duodenalstenose, Double-bubble

Kongenitale Fehlbildung mit ringförmiger Umfassung des Duodenums durch Pankreasgewebe bei fehlender Rückbildung des ventralen Pankreasanteils. Kann Ursache einer Duodenalstenose sein.
Klinik: Leitsymptom ist das Erbrechen (meist schon im frühen Lebensalter), selten späte Manifestation durch Völlegefühl und Erbrechen
Diagnostik: Sonographe, CT, Rö-Abdomen (**double-bubble**)
Therapie: operative Anlage einer Umgehungsanastomose in Form einer Duodeno-Duodenostomie oder Duodeno-Jejunostomie
Merke: keine einfache Ringtrennung wegen der Gefahr der Bildung einer Pankreasfistel

6.2 Verletzungen

Entstehen meist durch ein stumpfes Oberbauchtrauma. Unterteilt nach Kümmerle/Hess in **Commotio** (umschriebene Nekrose und Gefäßzerreissung), **Contusio** (schwere Gewebszerreissung, Hämatome, evtl. Einriss kleiner Gänge), **subkapsuläre Ruptur** (weitgehende Kontinuitätstrennung bei intakter Kapsel), **inkomplette Ruptur** (Parenchymzerreissung bei unverletztem Ductus Wirsungianus) und die **komplette Ruptur** (mit Verletzung des Ductus Wirsungianus).

26.3 Entzündungen

26.3.1 Akute Pankreatitis

Entzündung der Bauchspeicheldrüse (Inzidenz 5-10/100 000 Einw. u. Jahr; w:m=2:1; Altersgipfel 60. Lj.) durch Gallenwegserkrankungen, Alkoholabusus, Hyperparathyreoidismus, Hyperkalzämie, Hyperlipoproteinämie, Infektion, Trauma, Schock OP, ERCP oder Medikamente. Durch intrapankreatische Freisetzung und Aktivierung der Pankreasenzyme, Freisetzung von Entzündungsmediatoren und Sauerstoffradikalen entstehen ein Pankreasödem, intra- und peripankreatische Fettgewebsnekrosen (IMPP: hirse- bis reiskorngroße, weiße Stippchen) und Parenchymnekrosen.

Klinik: Übelkeit, Erbrechen, stärkste Oberbauchschmerzen (gürtelförmig), Tachykardie, Hypotonie, teigige Bauchdeckenspannung (**„Gummibauch"**), Meteorismus, Ileus (→**233**, reaktive Paralyse), Fieber, Sklerenikterus, Aszites, Pleuraerguss (meist linksseitig), evtl. bläuliche Flecken im Nabelgebiet (**Cullen-Zeichen**)
oder an den Flanken (**Grey-Turner-Zeichen**)

Komplikationen: Milzvenenthrombose, Nierenversagen, Nekrosenbildung, Schock

Diagnostik: Labor (Lipase i.S., LDH, BB, Elektrolyte), Sonographie (Organvergrößerung, echoarme Auflockerung, umschriebene Veränderungen, peripankreatische Flüssigkeit und Fettgewebsnekrosen, im weiteren Verlauf evtl. Pseudozysten, Stau der Gallenwege, Cholezystolithiasis, Pleuraergüsse, Aszites), CT mit KM, ERCP, Rö-Thorax (Erguss), Abdomenübersicht (Ileuszeichen: Spiegelbildungen)

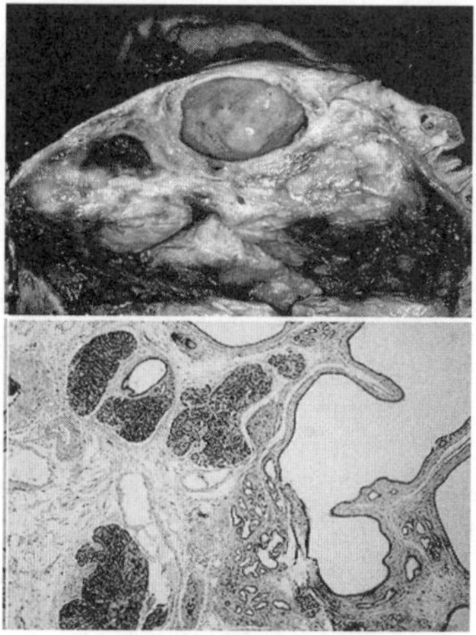

Chronische Pankreatitis mit Zystenbildung

Mainzer Klassifikation	
Grad I	**ödematös**, gute Prognose, gut konservativ zu therapieren, Letalität bis 5%
Gad II	kompliziert mit **limitierten Nekrosen**, beginnende Schocksymptomatik, Subileus, Leukozytose, typischer Abfall des Calciumspiegels
Grad III	**diffus hämorrhagisch nekrotisierend**, progrediente Verschlechterung, 50-90% Letalität

Therapie: Intensivüberwachung, Nulldiät, Magensonde bei Subileus, Volumensubstitution, Elektrolytsubstitution, parenterale hochkalorische Ernährung, falls erforderlich Humanalbumin, Bluttransfusion, Substitution von Gerinnungsfaktoren, Insulinperfusor (nach BZ-Werten), Analgetika (Cave: Morphin erzeugt einen Sphinkterspasmus), Stressulkusprophylaxe, Antibiotika und kausale Therapie durch EPT (endoskopische Papillotomie), Absetzen auslösender Medikamente, bei Hyperkalzämie Normalisierung des Ca^{2+}-Spiegels, bei Hyperlipoproteinämie Plasmapherese, bei blanden Pseudozysten zuwarten, bei symptomatischer Punktion bzw. Drainage, bei Fisteln: Somatostatinanaloga (z.B. Octeotrid), Nekrosektomie und Bursalavage bei infizierten Nekrosen, Abszess, Sepsis, schweren systemischen Komplikationen, progressiver Verschlechterung des klinischen Verlaufs (optimaler Zeitpunkt wichtig!)

Merke: *nach Abklingen der akuten Pankreatitis: Cholezystektomie bei biliärer Pankreatitis, Parathyreoidektomie bei Hyperparathyreoidismus*

26.3.2 Chronische Pankreatitis

Irreversible und progressive Veränderungen des Pankreas mit fortschreitender Einschränkung der exokrinen, später auch der endokrinen Pankreasfunktion. Inzidenz 5-10/100 000 Einw. u. J.; m>>w; Altersgipfel vor dem 40. Lj. Entsteht zu 60-90% im Rahmen eines chronischen Alkoholabusus, idiopathisch (juvenile und senile Form), bei Hyperparathyreoidismus, primäre Hyperlipoproteinämie oder sehr selten als hereditäre chronische Pankreatitis. Der Verlauf ist durch akute Schübe (im Anfangsstadium genauso bedrohlich wie akute Pankreatitis) und Schmerzen auch zwischen den Schüben gekennzeichnet.

Klinik: rezidivierende Oberbauchschmerzen, nicht kolikartig, akute Schübe, im Spätstadium schmerzfrei, Gewichtsverlust, Meteorismus, Völlegefühl, Fettintoleranz, Übelkeit, Erbrechen, Steatorrhö), voluminöse Stühle (Malassimilation!)

Komplikationen: Maldigestion, Diabetes mellitus, Pseudozysten mit Sekundärkomplikationen (z.B. Einblutung, Abszess, Ruptur, Kompression von Nachbarorganen, Pleuraergüsse, Perikardergüsse), Retentionszysten, biliäre Obstruktion mit rezidivierenden Cholangitiden durch Kompression des Ductus choledochus, Duodenalstenose, Milzvenenthrombose mit segmentaler portaler Hypertension und Ausbildung von Magenvarizen, Fisteln, Abszesse, Pseudozysten, Prädisposition zum Pankreaskarzinom (ca. 3%) (→**258**)

Diagnostik: Anamnese, Klinik, Labor, Nachweis einer exokrinen Pankreasinsuffizienz, Sono/Computertomogramm (Verkalkungen, Gangerweiterungen, Pseudozysten, ggf. biliäre Obstruktion, Pleuraergüsse, im Anfangsstadium jedoch oft unauffällig), MRT, ERCP (Stenosen und Dilatationen im Gangsystem, evtl. Röhrenstenose des Ductus choledochus, Papillenveränderungen bei obstruktiver chronischer Pankreatitis; cave: bei Pseudozysten Abszessbildung durch KM-Färbung möglich), Endosonographie, Endoskopie, Angiographie

Therapie: generell absolute und lebenslange Alkoholabstinenz, Therapie der Grunderkrankung, während akuter Schübe wie akute Pankreatitis, weiter Diät, Enzymsubstitution, Spasmolytika, Analgetika, bei Motilitätsstörungen Prokinetika, bei Diabetes mellitus Insulin, operative Therapie durch z.B. duodenumerhaltende Pankreaskopfresektion n. Beger (Methode der Wahl), partielle Duodenopankreatektomie n. Whipple (→**250**) oder drainierende Verfahren bei konservativ nicht zu beherrschenden

Schmerzen, V.a. gleichzeitiges Vorliegen eines Karzinoms, symptomatische Pseudozysten, rezidivierende Cholangitiden infolge Kompression des Ductus choledochus; bei segmentaler portaler Hypertension evtl. Splenektomie

26.4 Zysten und Pseudozysten

Definiert als umkapselte Flüssigkeitsansammlung.
Echte Zysten zeigen dabei eine Auskleidung aus Gangepithel und Bezug zum Gangsystem, sie sind als Retentionszysten bei Gangobstruktion entstanden.
Die **Pseudozysten** dagegen werden von einer fibrösen Kapsel umgeben und entstehen auf dem Boden einer Kolliquationsnekrose nach einer akuten Pankreatitis. Die spontane Rückbildungsquote liegt nach 6 Wochen bei bis zu 50% und fällt anschließend rapide, die Komplikationsrate (Ruptur, Infektion, Blutung) steigt dagegen nach 6 Wochen an.

Diagnostik: Sonographie, CT, ERCP

Therapie: operativ bei symptomatischen, wachsenden oder großen Zysten durch Dekompression und innere Ableitung (Zystojejunostomie mit ausgeschalteter Jejunumschlinge nach Roux Y), seltener Zystogastrostomie, Zystoduodenostomie oder externe Drainage, bei fehlender Kommunikation mit dem Ductus Wirsungianus evtl. Anlage eines perkutanen Pigtail-Katheters

26.5 Pankreastumoren

26.5.1 Tumoren des endokrinen Pankreas

Die Tumoren des endokrinen Pankreas entstehen aus neuroendokrinen Zellen (APUD-System = amin precursor uptake and decarboxylation) und zeigen meist eine typische Klinik.

APUD-Zell-Produkte sind ACTH, Kalzitonin (C-Zellen der Schilddrüse), VIP (= vasoaktives intestinales Peptid, postsynaptische cholinerge Neuronen), Insulin (B-Zellen des Pankreas), Glukagon (A-Zellen des Pankreas), Gastrin (D-Zellen des Pankreas, G-Zellen des Magens) und Sekretin (S-Zellen des Duodenums).

Insulinom (Pankreasinselzelltumor)

Insulinproduzierendes Adenom, lokalisiert meist solitär, 10% maligne, Symptome durch Hyperinsulinämie zu Hypoglykämie mit Tachykardie, Unruhe, Schwitzen, Tremor, Kopfschmerzen, Verwirrtheit, Aggressivität, Krämpfe, Somnolenz bis Koma. Evtl. Adipositas

Glukagonom

80% maligne, führt zu Diabetes mellitus, nekrotisierender Dermatitis, Katabolie

Gastrinom (Zollinger-Ellison-Syndrom)

multipler oder solitärer gastrinproduzierender Tumor des GI-Traktes, Lok. 90% Pankreas, 70% maligne, Gastrinproduktion führt zu Hyperplasie der Belegzellen des Magens, Hyperazidität, rezidivierenden, therapierefraktären Ulzera (Magen, Duodenum, auch Ösophagus, Jejunum), GI-Blutungen, Diarrhö, Steatorrhö

VIPom (Verner-Morrison-Syndrom)

lokalisiert meist im Pankreas, zeigt das sog. WDHA-Syndrom (watery diarrhea, hypokalemia, achlorhydrie)

Somatostatinom

meist maligne, führt zu Diabetes mellitus, Malassimilation bei funktioneller Pankreasinsuffizienz

Diagnostik: Klinik, Lokalisation oft schwierig (Sono, Endosonographie, Szinti, CT, operative Tumorsuche, intraoperative Sonographie), beim Insulinom: Hungertest, beim Gastrinom:

nüchtern Gastrin i.S., Magensaft: BAO erhöht, Gastroskopie, Sekretin-Test, beim VIPom: VIP i.S. erhöht

Therapie: operative Entfernung, Protonenpumpenblocker bei Gastrinom, Chemotherapie: z.B. Streptozocin und 5-Fluorouracil Somatostatinanaloga (Octreotid) palliativ bei VIPom

26.5.2 Pankreaskarzinom

Meist duktales, seltener azinäres Adenokarzinom mit einer Inzidenz von 10/100 000 Einwohner und Jahr in Mitteleuropa (zunehmend). Verantwortlich für ca. 5% der Krebstodesfälle (m:w = 2:1, Gipfel > 60. Lj.). **Risikofaktoren** sind Rauchen, die chronische Pankreatitis, Diabetes mellitus Typ I und der Alkoholismus. **Lokalisiert** ist das Pankreaskarzinom zu 70% im Pankreaskopf/Papillenbereich, zu 25% im Pankreaskörper und zu ca. 5% im Pankreasschwanz. Die Metastasierung erfolgt früh lymphogen, hämatogen und per continuitatem (bei Diagnosestellung sind bereits 80% metastasiert).

T1	Tumor begrenzt auf Pankreas
T2	Duodenum, Gallengang, peripankreatisches Gewebe
T3	Magen, Milz, Kolon, große Gefäße
N1	regionäre Lymphknoten-Metastasen

Klinik: unterschiedlich nach Lokalisation: TU im Papillen- und Kopfbereich (Courvoisier-Zeichen: Ikterus, schmerzlos vergrößerte Gallenblase), TU Korpus- und Schwanzbereich (lange asymptomatisch, dann Rückenschmerzen, Oberbauchschmerzen), allgemein Gewichtsverlust, Appetitlosigkeit, Übelkeit, Erbrechen, evtl. Zeichen der Maldigestion (z.B. Steatorrhö), maligner Aszites Splenomegalie, evtl. Thrombosen, Thrombophlebitis migrans (→**149**), evtl. Begleitpankreatitis, Thrombosen

Diagnostik: Labor (Lipase, Amylase erhöht bei Obstruktion), Cholestaseparameter erhöht bei Kopf-Ca, CEA, CA 19-9, CA 50 zur postoperativen Verlaufskontrolle (→**65**), Sono/CT (hypodense Raumforderung, ggf. Stauung der Gallenwege, Leberfiliae, peripankreatische Lk vergrößert, Pleuraergüsse, Aszites), MRT, ERCP (Gangstenose, -abbruch, -verdrängung, fehlende Darstellung v. Seitenästen; bei Pankreaskopf-Ca Choledochusstenose, Stauung der Gallenwege), Endosonographie, Feinnadelpunktion, Angiographie
Therapie: kurativ (resektabler Tumor, keine Metastasen, nur in 10-20%): partielle Duodenopankreatektomie n. Whipple (→**250**), selten totale Pankreatektomie, Pankreaslinksresektion, **palliativ:** bei Gallengangsobstruktion endoskopische oder perkutan-transhepatische Implantation von Gallengangsendoprothesen; evtl. biliodigestive Anastomose; bei Obstruktion des Duodenums: Gastroenterostomie, **Schmerztherapie:** Analgetika, ggf. Blockade des Ganglion coeliacum, Enzymsubstitution

Merke: *MÜZ ca. 6-12 Monate, periampulläre Karzinome haben eine bessere Prognose!*

27 Nebenniere, Retroperitoneum

27.1 Nebennierenrindenhormone

Aldosteron	Kortisol	Dehydroepi-androsteron
Mineralokortikoid	Glukokortikoid	Androgen
Zona glomerulosas	Zona fasciculata	Zona reticularis
Na^+-Retention, K^+-Ausscheidung, Extrazellulär-volumen	v.a. katabol (wichtig bei Stressreaktion, Glukose wird als Energielieferant zur Verfügung gestellt)	Ausbildung sek. männl. Geschlechtsmerkmale, bei Frauen Körperbehaarung
Plasmakonz. 2-15 µg/dl; Inaktivierung in Leber; renale Ausscheidung	Plasmakonz. 5-25 µg/dl (8 Uhr), 0-5 µg/dl (24 Uhr; zirkad. Rhythmus!); im Blut: 95% Bind. an Transkortin (= α_2-Globulin) und Albumin; biolog. aktiver, durch ACTH regulierter Anteil = nicht an Proteine gebund. Anteil; Inaktiv. in Leber; renale Elimin. (17-Hydroxykortikoide)	Plasmakonzentration 0,13-1,4 µg/dl (m), 0,04 -1,06 µg/dl (w), renale Ausscheidung (17-Ketosteroide); Steuerung durch ACTH, zirkadianer Rhythmus wie Kortisol

27.2 Cushing-Syndrom

Erhöhung des Kortisols i.S. mit typischem klinischem Bild. **Iatrogen** (längerdauernde Glukokortikoidtherapie), **ACTH-abhängig** (80%, hypophysär = Morbus Cushing, ACTH-produz. Adenom oder ektope ACTH-Produktion z.B. paraneoplastisch bei kleinzelligem Bronchial-Ca →**114**) oder **ACTH unabhängig** (10-20%, kortisolproduzierendes NNR-Adenom, Karzinom, noduläre adrenale Hyperplasie)

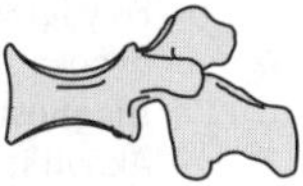
Fischwirbel

Klinik: typischer Habitus: Mondgesicht 75%, Stiernacken, supraklavikuläre Fettpolster, Übergewicht (Stammfettsucht), Hypertonie, muskuläre Schwäche v.a. der prox. unteren Extremitäten, Hirsutismus, Zyklusstörungen, bei Männern verminderte Libido, Striae rubrae, Akne, Mykosen, Persönlichkeitsveränderungen, Osteoporose („Fischwirbelbildung", Spontanfrakturen! →**281**), Kataraktbildung, Erhöhung des intraokulären Drucks
Diagnostik: Klinik, Labor, fehlende Kortisolsuppression im Dexamethasonhemmtest
Therapie: NNR (bei Adenomen: bilat. Adrenalektomie mit Kortisolsubstitution, bei Karzinomen und ektoper ACTH-Produktion: Steroidsyntheseinhibitor Mitotan, bei nodulärer adrenaler Hyperplasie: bei fehlendem Nachweis einer ACTH-Abhängigkeit bilaterale Adrenalektomie), **Morbus Cushing** (transsphenoidale Adenomektomie mit transienter Kortisolsubstitution)

Merke: *bei zentralem Cushing ohne Adenomnachweis der Hypophyse bilaterale totale Adrenalektomie, postoperativ dann Gefahr der Entwicklung eines ACTH-sezernierenden HVL-Tumors (Nelson-Tumor)*

27.3 Conn-Syndrom

Überfunktion der NNR mit erhöhter Sekretion des Mineralokortikoids Aldosteron. Ätiologisch NNR-Adenom (70%), idiopathische bilaterale NNR-Hyperplasie (30%) oder auch NNR-Karzinom (selten).
Klinik: Hypertonie, Kopfschmerzen, Hypokaliämie, Hypernatriämie, Muskelschwäche, Ekg-Veränderungen, Polyurie,

Polydipsie, Hyposthenurie (vakuoläre Tubulopathie), hypokalämische, metabolische Alkalose mit Parästhesien
Diagnostik: Klinik, Labor, evtl. zusätzlich Bestimmung der Renin Aktivität (erniedrigt) nach 50 mg Captopril (bei Hyperaldosteronismus nicht stimulierbar), Lokalisationsdiagnostik: Sono, CT/MRT, Szinti, seitengetrennte Aldosteron- und Kortisolbestimmung in Vv. renales
Therapie: Adenom: operative Entfernung, Hyperplasie: Antihypertensiva, Aldosteronantagonisten (Spironolacton), NNR-Karzinom: OP (+ Chemotherapie)

27.4 Adrenogenitales Syndrom (AGS)

Autosomal rezessiv vererbte Gruppe von Enzymdefekten der NNR-Steroidsynthese, die zu einem Kortisolmangel und einem Androgenüberschuss führen. Virilisierung durch NNR-Stimulation durch ACTH. Der Verlauf kann klassisch (Manifestation in 2.-3. Lebenswoche), als „late onset" (nur bei Mädchen, Virilisierung in der Pubertät) oder „cryptic" (klinisch unauffällig) auftreten.
Formen

- **21-Hydroxylasedefekt** (90%): „Simple virilizing"-Form: Virilisierung, Kleinwuchs, Pseudopubertas praecox oder „Salt wasting"-Form: Virilisierung + Salzverlustsyndrom
- **11-β-Hydroxylasedefekt** (5%): Virilisierung und Hypertonie (da Überproduktion des potenten Mineralokortikoids 11-Desoxykortikosteron)

Klinik: Virilisierung, **Männer:** Hypogonadismus steht im Gegensatz zur verstärkten Ausbildung von sekundären Geschlechtsmerkmalen (Pseudopubertas praecox),
Frauen: Klitorishypertrophie, Virilisierung, primäre Amenorrhö (Pseudohermaphroditismus femininus), akzeleriertes Wachstum,

früher Schluss der Epiphysenfugen, zu kurze Extremitäten bei normalem Rumpf, evtl. Salzverlustsyndrom durch zusätzliche Mineralokortikoidsynthesestörung
Diagnostik: Klinik, Labor (Kortisol erniedrigt, ACTH erhöht)
Therapie: Glukokortikoidsubstitution mit Hydrokortison, bei Salzverlustsyndrom auch Mineralokortikoide, evtl. Antiandrogene, psychologische Betreuung von Eltern und Kindern

27.5 Phäochromozytom

Katecholaminproduzierender Tumor des chromaffinen Gewebes. In 10% familiär gehäuft, z.T. assoziiert mit medullärem Schilddrüsen-Ca. und Hyperparathyreoidismus (MEN Typ II →**173**) bzw. multiplen Neurinomen (MEN Typ III →**173**). Meist unilateral im Nebennierenmark lokalisiert (85%), 90% gutartig, 2/3 sezernieren Adrenalin und Noradrenalin, 1/3 nur Adrenalin.
Klinik: Hypertonie mit hypertensiven Krisen, Kopfschmerzen, Schwitzen, Gesichtsblässe, Erbrechen, Herzklopfen, Rhythmusstörungen, Tremor, Angst, abdominelle Schmerzen, pathologische Glukosetoleranz
Diagnostik: Katecholamine (Metabolite Vanillinmandelsäure) im 24-h-Urin, Katecholamine im Plasma, Clonidin-Hemmtest, Glukagon-Provokationstest, Sono, CT, MRT, Szinti mit 131-Metaiodobenzylguanidin (MIBG), Rö-Thorax, evtl. Etagenblutentnahme der V. cava mit Nebenästen
Therapie: medikamentös: α-Sympatholytika (Phenoxybenzamin, Prazosin), operativ: Tumorexstirpation nach präoperativer Alphablockade und Volumenauffüllung (Cave: RR-Sturz), bei Malignom: Chemotherapie und nuklearmedizinische Therapie

> **Merke:** *10% Regel: 10% extraadrenal, 10% bilateral, 10% maligne, 10% familiär*

27.6 Retroperitoneale Fibrose

Bei der retroperitonealen Fibrose kommt es primär idiopathisch (**M. Ormond**, autoimmun) oder sekundär symptomatisch (postinfektiös, tumorös) zu einer bindegewebigen Induration des Retroperitoneums im Bereich der Gerota-Faszie mit Hyalinisierungsneigung. Die Entwicklung erfolgt von kaudal nach kranial. Männer sind häufiger betroffen als Frauen. Die Ureteren sowie benachbarte Nerven und Gefäße werden ummauert, komprimiert und stenosiert. Gravierendste Folge ist die Ausbildung einer Hydronephrose. Die **Therapie** erfolgt durch bilaterale transperitoneale Ureterolyse mit intraperitonealer Verlagerung

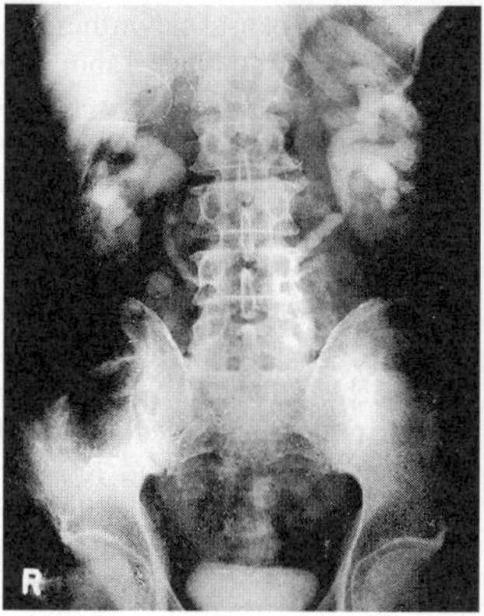

M. Ormond
(Ausscheidungsurogramm)

28 Milz

28.1 Milzruptur

Offene penetrierende und stumpfe geschlossene Verletzungen der Milz können diese rupturieren. Die Ruptur kann **einzeitig** (gleichzeitig Kapsel- und Parenchymriss) oder **zweizeitig** (erst Parenchymruptur, dann Kapselriss nach subkapsulärer Hämatombildung) mit einer gewissen Latenz zum primären Trauma verlaufen.

Schweregrade der Milzverletzungen		
Grad I	subkapsuläres stationäres Hämatom < 10% der Oberfläche, nicht blutende Kapseleinrisse < 1 cm ins Parenchym reichend	→ konservative Therapie
Grad II	10-50% Oberfläche, intraparenchymales stationäres Hämatom < 2 cm, blutende Kapseleinrisse	→ OP, Blutstillung
Grad III	> 50% subkapsulär oder expandierend rupturiertes, subkapsuläres mit aktiver Blutung, intraparenchymal > 2 cm oder expandierende Risse > 3 cm	→ OP, Nähte, Netz (Splenorrhaphie)
Grad IV	rupturiert intraparenchymal, Segment-/ Hilusgefäßeinrisse mit größerer Devaskularisation	→ OP, Teilresektion, Gefäßligatur
Grad V	komplette Devaskularisation	→ OP, Splenektomie

Klinik: Spontan- und Druckschmerz im linken Oberbauch, Schulterschmerz links (Kehr-Zeichen), Tachykardie, Druckabfall, Hb- und Hkt-Abfall, dazu Angst und Unruhe, bei zweizeitiger Ruptur evtl. erst nach Tagen symptomatisch

Diagnostik: Anamnese (Trauma), Sonographie, Lavage, Labor (Leukozytose)
Therapie: außer bei kleinen erstgradigen Verletzungen prinzipiell sofortige Laparotomie, Versuch des Organerhalts

28.2 Splenektomie

Indikationen zur Splenektomie sind die Milzruptur, der Milzabszess, primäre Milztumoren, eine lienale Hämolyse bei hereditärer Sphärozytose, die therapierefraktäre Werlhof-Krankheit, Staging der Lymphogranulomatose, Osteomyelofibrose, Hypersplenismus, die Haarzell-Leukämie, Ösophagusvarizenblutungen bei Milzvenenthrombose, Zytopenien (z.B. Felty-Syndrom) oder mechanisch bedingten Beschwerden infolge Splenomegalie. Nach Splenektomie

Merke: *wegen der Gefahr der Entwicklung eines OPSI-Syndroms (overwhelming post splenectomy infection, foudroyantes septisches Krankheitsbild mit 50% Letalität durch Pneumokokken oder andere grampos. Bakterien) keine Splenektomie vor dem 5. Lj. Wenn notwendig, nur nach Impfung gegen Streptococcus pneumoniae und Haemophilus influenzae*

Blutbildveränderungen wie: Howell-Jolly Körperchen Thrombozytose, Targetzellen, Siderozyte

☺ **... Zeit für einen Kaffee ...** ☺

29 Hernien, Hydrozele

29.1 Allgemeines

Als **Hernie** bezeichnet man das Vortreten von Baucheingeweiden in einer abnormen Peritonealausstülpung durch die Bauchwand (**Hernia vera**). Im Gegensatz dazu steht der Eingeweideprolaps ohne peritoneale Auskleidung zum Beispiel nach Trauma (**Hernia spuria**). Zu unterscheiden sind **angeborene** und **erworbene** Bauchwandhernien. Die angeborenen Hernien entstehen in einer kongenitalen, nicht zurückgebildeten Bauchfellausstülpung. Die erworbenen Hernien entstehen durch Vorwölbung durch präformierte Bauchwandlücken nach intraabdomineller Druckerhöhung (schweres Heben, Gravidität, Aszites, chronische Obstipation oder Husten, Miktionsstörungen u. a.).

Klinik: die typische Herniensymptomatik besteht in ziehenden Schmerzen an der Durchtrittsstelle, einer abnormen Vorwölbung bei Bauchpressen und uncharakteristischen Bauchbeschwerden und Verdauungsstörungen. Merke: die meisten Hernien sind klinisch, besonders in den Frühstadien, nahezu asymptomatisch.

Diagnostik: äußere Hernien werden immer klinisch diagnostiziert. Hilfreich können Sonographie und bei Einklemmungserscheinungen Röntgenaufnahmen sein.

Komplikationen: auftretende Komplikationen sind Darm- oder Netzeinklemmung, Bruchentzündung, Kotstauung, Scheineinklemmung (Ileus- oder Peritonitissymptomatik in einer nicht eingeklemmten Hernie), retrograde Inkarzeration, Ileus (→**233**) und Peritonitis

Therapie: die Therapie besteht bei nicht eingeklemmten Hernien in der Reposition und einer baldigen Elektivoperation. Ist eine Hernie länger als 6 Stunden inkarzeriert, darf diese nicht mehr reponiert werden. Eingeklemmte Hernien müssen schnellstens operativ versorgt werden.

Merke: *Über einer inkarzerierten Hernie darf die Sonne weder auf- noch untergehen.*

29.2 Leistenbruch

Leistenbrüche sind in ihrer Gesamtheit sehr häufig. Sie stellen mit 5 - 15% einen großen Anteil aller Operationen dar, wobei die Rezidivraten hoch sein können. Nach **Lokalisation** ist der direkte vom indirekten Leistenbruch zu differenzieren. 90% der Patienten sind Männer, in 15-25% der Fälle tritt der Leistenbruch bilateral auf. Kennzeichen des **direkten Leistenbruchs** sind: die innere Bruchpforte liegt medial der epigastrischen Gefäße und oberhalb des Ligamentum inguinale, der Bruchsack durchsetzt die Bauchdecken auf geradem Weg auf den äußeren Leistenring zu und der Bruchsack liegt medial vom Samenstrang und ohne Zusammenhang zu diesem. Direkte Leistenbrüche sind seltener als indirekte und immer erworben. Am häufigsten ist der direkte Leistenbruch bei pyknischen Männern in der zweiten Lebenshälfte.
Der **indirekte Leistenbruch** kann angeboren und erworben sein. Angeborene Leistenhernien sind immer indirekt und entstehen durch die ausbleibende Obliteration des Processus vaginalis peritonaei. Kennzeichen der indirekten Leistenhernie sind: die Bruchpforte ist der innere Leistenring oberhalb des Ligamentum inguinale und lateral der epigastrischen Gefäße. Die indirekte Leistenhernie durchsetzt die Bauchdecken in schräger Richtung in den Canalis inguinalis, der Bruchsack ist von Kremasterfasern umgeben. Sie stellt ca. 70% aller Hernien.

Klinik: Schwellung, Druckgefühl, ziehende Schmerzen mit Verstärkung beim Husten, Ausstrahlung der Schmerzen in Oberschenkel und Genitale
Diagnostik: Inspektion und Palpation der Vorwölbung, Palpation beim Husten, Reponierbarkeit der Vorwölbung testen
Therapie: die Leistenhernie ist eine absolute Indikation zur Operation mit Verschluss der Bruchpforte, Rückverlagerung des Bruchinhalts und Abtragung des Bruchsacks. Je nach Verfahren laparoskopisch oder offen, mit oder ohne Einsatz alloplastischer Materialien. Wichtig ist bei erwachsenen Patienten die Stabilisierung der Leistenkanalhinterwand, beim Säugling wird dagegen lediglich eine hohe Bruchsackabtragung durchgeführt

29.3 Gleithernien

Gleithernien stellen eine Sonderform der Leistenhernien dar. Bei ihnen sind retroperitoneal gelegene Organe bei der Ausbildung einer Hernie beteiligt. Das ausgetretene Organ bildet dann einen Teil der Bruchwand. Dabei besteht die besondere Gefahr der Verletzung retroperitonealer Organe bei der Bruchoperation.

29.4 Richter-Littresche Hernie

Unter der Richter-Littreschen Hernie versteht man einen Bruch, bei dem nur ein Teil der Darmwand im Bruchsack eingeklemmt ist. Durch mangelnde Durchblutung im inkarzerierten Darmanteil kommt es zur Darmwandnekrose primär ohne Anzeichen einer Passagestörung. Diese Form der Hernie findet man meist bei kleinen Femoralhernien.
Klinik: zunächst symptomarmer Verlauf mit erhaltener Darmpassage, im weiteren Verlauf Peritonitis durch Darmwandnekrose

Diagnostik: MDP, Sonographie, häufig findet die Diagnose erst intraoperativ statt
Therapie: Operation der Hernie, evtl. Teilresektion und End-zu-End-Anastomose bei Wandnekrose

29.5 Schenkel-/Femoralhernie

Erworbener Bauchwandbruch, der durch die Lacuna vasorum, medial der Vena femoralis verläuft. Betroffen sind vorwiegend Frauen jenseits des 50. Lebensjahres
Symptome: Leistenschmerz, bei Beteiligung der Blase in Form eines Gleitbruches auch Dysurie und Mikrohämaturie.
Diagnostik: sichtbare oder tastbare Schwellung unter dem Leistenband
Therapie: wegen hoher Einklemmungsgefahr operativer Bruchpfortenverschluss

29.6 Nabelhernie/-bruch

Dehnung und Vorwölbung der aus Haut, Faszie und Peritoneum bestehenden Nabelnarbe durch den Nabelring hindurch. Der Nabelbruch ist angeboren (besonders bei starker Beanspruchung der Bauchpresse durch Schreien, Verstopfung, Keuchhusten) oder erworben (vor allem bei adipösen Frauen, bei Aszites, großen Bauchtumoren). Angeborene Nabelhernien verschließen sich meist spontan. Bei älteren Patienten kommt es häufig zu Einklemmungserscheinungen.
Klinik: meist asymptomatisch, selten rezidivierende Bauchschmerzen
Diagnostik: Palpation (Bruchlücke beim schreienden Kind bzw. bei Bauchpresse), Sonographie

Therapie: erworbene Nabelhernien: wegen der Gefahr der Einklemmung operative Revision, angeborene Nabelhernien: meist konservativ, da oft Spontanverschluss

29.7 Rektusdiastase

Auseinanderweichen der geraden Bauchmuskeln (Mm. recti abdominis) mit Verbreiterung und ovalärer Vorwölbung der Linea alba. Als angeborene Anomalie oder erworben (nach Bauchoperationen, Geburten). **Klinisch** besteht eine Vorwölbung der verbreiterten Linea alba beim Anspannen der Bauchdecken, selten kommt es zu Einklemmungserscheinungen. Die **Therapie** besteht konservativ durch Bauchbinden oder Korsettanlage. Operativ in Ausnahmefällen Adaptation der Mm. recti in der Medianlinie.

29.8 Hernia ventralis lateralis (Spieghel-Hernie)

Herniation zwischen Linea semilunaris und lateralem Rand der Rektusscheide.

29.9 Hernia epigastrica

Durch Faszienlücken in der Linea alba tritt präperitoneales Fett, dem das Peritoneum folgt. Es kommt zu krampfartigen Schmerzen bei Bauchpresse, oberflächlichen Schmerzen im oberen Mittelbauch und bis pflaumengroßer Geschwulstbildung. Ein operativer Verschluss ist meist angezeigt.

29.10 Hydrozele (Wasserbruch)

Entsteht durch Ansammlung seröser Flüssigkeit im Processus vaginalis. Oft angeboren, aber auch nach Traumata oder bei Entzündungen. Es werden die **Hydrocele testis** (im Bereich der Tunica vaginalis propria des Hodens) und die **Hydrocele funiculi spermatici** (im Bereich des Samenstrangs) differenziert.

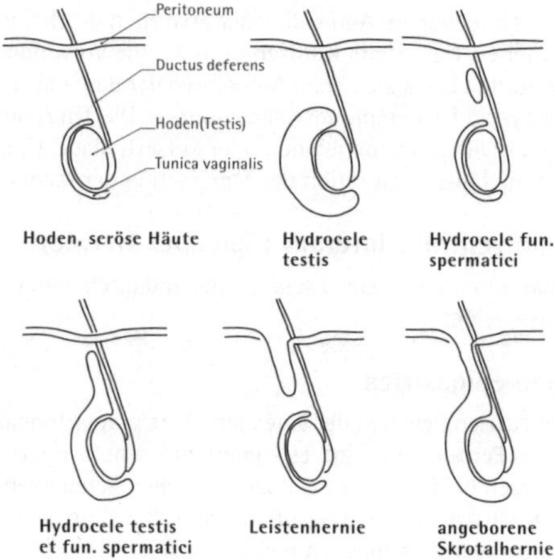

Die Diagnose erfolgt durch Palpation (prallelastische Geschwulst), positive Diaphanoskopie und Sonographie.
Die **Therapie** erfolgt bei großen Hydrozelen nach der Jaboulay-Winkelmann-Operation.

29.11 Narbenhernie

Auf dem Boden einer alten Narbe entsteht eine Bruchlücke. Begünstigend wirken Pressen, Hustenanfälle, kongenitale/ erworbene Bindegewebsschwächen. Die Komplikation besteht in der großen Einklemmungsgefahr. Die **Therapie** erfolgt durch Resektion des Bruchsacks und Bauchdeckenverschluss, meist mit Netzplastik als sublay-, onlay- oder inlay-Verfahren, ohne Netzverstärkung hohe Rezidivquote.

29.12 Omphalozele

Es handelt sich um eine kongenitale Hemmungsmissbildung, bei der die Baucheingeweide extraperitoneal in einem von Amnion überzogenen Bruchsack liegen. Ziel der **Therapie** ist der möglichst schnelle und vollständige Verschluss der Bauchwand.

30 Unfallchirurgie

30.1 Polytrauma

Nach Tscherne versteht man unter einem **Polytrauma** eine Mehrfachverletzung mit gleichzeitig entstandenen Verletzungen mehrerer Körperregionen und/oder Organsysteme, wobei wenigstens eine oder die Kombination mehrerer lebensbedrohlich ist. 81% sind Folge eines Verkehrsunfalls. Der Altersgipfel liegt zwischen dem 20. und 30. Lebensjahr und das männliche Geschlecht ist bevorzugt betroffen.

30.2 Physikalische und chemische Verletzungen

30.2.1 Verbrennungen

Durch Hitzeeinwirkung verursachte (thermische) Gewebeschädigung, wobei ab 56 Grad Celsius eine direkte Proteindenaturierung stattfindet.

Einteilung	
Grad 1	**Combustio erythematosa**: epidermal lokalisiert mit Rötung, Schwellung, Schmerz, narbenlose Abheilung
Grad 2	**Combustio bullosa** **a)** oberflächlich dermal gelegen unter Blasenbildung zwischen Epidermis und Stratum germinativum mit Epidermisablösung, narbenlose Abheilung, **b)** tief dermal gelegen unter Blasenbildung und Nekrose der oberen Koriumschichten, weißlicher Wundgrund, schmerzhafte Teilzerstörung des Koriums, Tendenz zur Abheilung mit Narbe, Regenerationsmöglichkeit durch tieferliegende Hautanhangsgebilde
Grad 3	**Combustio escharotica:** Bis in die Subkutis reichende Totalzerstörung der Haut mit Anhangsgebilden, trockene, weiße oder verkohlte Haut, Analgesie, keine Regeneration, narbige Abheilung

Die Abschätzung der betroffenen Körperoberfläche erfolgt beim Erwachsenen nach der **Neunerregel:**

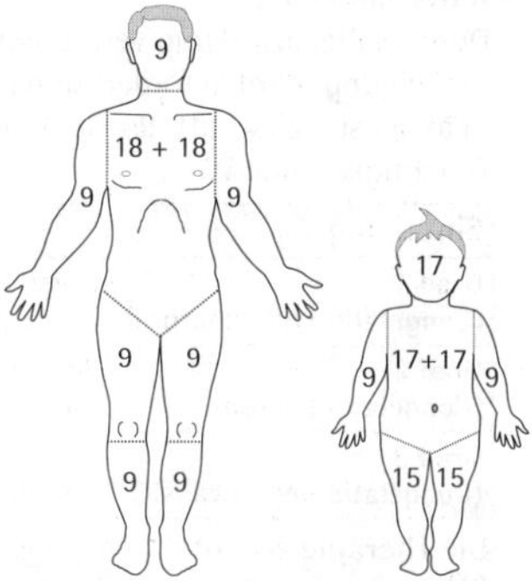

Körperregion	Erwachsener	Kind
Kopf und Hals	9%	17%
Rumpf Vorderseite	18%	17%
Rumpf Rückseite	18%	17%
Arme	2 x 9%	2 x 9%
Beine	4 x 9%	2 x 15%
gesamt	~ 100%	~ 100%

Neben lokalen Symptomen können bereits ab 15% Volumenverlust Zeichen eines hypovolämischen Schocks auftreten.
Die **Therapie** einer Verbrennung besteht in der initialen Kaltwasserberieselung, Abdeckung offener Flächen durch sterile Folien (keine Salben) und Infusionstherapie (Parklandformel nach Baxter zur Mengenabschätzung: 4 ml x kg Körpergewicht x Prozent verbrannte Körperoberfläche). Dazu evtl. Nekrosektomien und Hauttransplantationen.

30.2.2 Kälteschäden

Durch Kälteeinwirkung verursachte (thermische) Gewebeschädigung. Wird gefördert durch Disposition (abnorme Reaktionsbereitschaft des Gefäßnervensystems), Nikotinabusus, Feuchtigkeit und Wind.

Einteilung	
Grad 1 (Congelatio erythematosa)	Blässe, Abkühlung, Gefühllosigkeit, nach Wiedererwärmung Hyperämie, Schmerzen
Grad 2 (Congelatio bullosa)	Blasenbildung, Abheilung ohne Narbenbildung möglich
Grad 3 (Congelatio necroticans)	trockene Nekrosen (Mumifikation), Abheilung unter Narbenbildung

Die **Therapie** erfolgt durch langsames Wiedererwärmen (Wasserbad). Evtl. Sympathikusblockade, intraarterielle Infusion von Vasodilatatoren. Sonst Demarkation der Nekrosen abwarten und anschließende Grenzzonenamputation (see it in january, cut it in june)

30.3 Frakturen und Luxationen

Eine **Fraktur** ist eine vollständige Kontinuitäts-trennung eines Knochens durch direkte oder indirekte Gewalt-einwirkung. Die **Fissur** (Knochenriss, Haarriss) und die **Infraktion** (Spalt-/Stufenbildung, Knickbruch) stellen Formen der unvoll-ständigen Strukturunterbrechung dar. **Luxation** ist die Verrenkung zweier gelenkbildender Knochenenden gegeneinander.

30.3.1 Frakturformen

Nach dem Entstehungsmechanismus werden die **traumatische** Fraktur (direkte oder indirekte Gewalteinwirkung), die

pathologische Fraktur (Fraktur durch inadäquates Trauma s.→**281**) und die **Ermüdungsfraktur** (anhaltende Mikrotraumatisierung durch lange Belastung →**281**) differenziert. Nach Art der Gewalteinwirkung können die traumatischen Frakturen weiter unterteilt werden in: Biegungs-, Torsions-, Abscher-, Abriss-, Stauchungs- bzw. Kompressionsbrüche. Die Lage der Frakturlinie und die Anzahl der Fragmente definieren den Quer-, Schräg-, Keil-, Spiral-, Stück-, Mehrfragment- (4-6 Fragmente) oder Trümmerbruch (> 6 Fragmente).

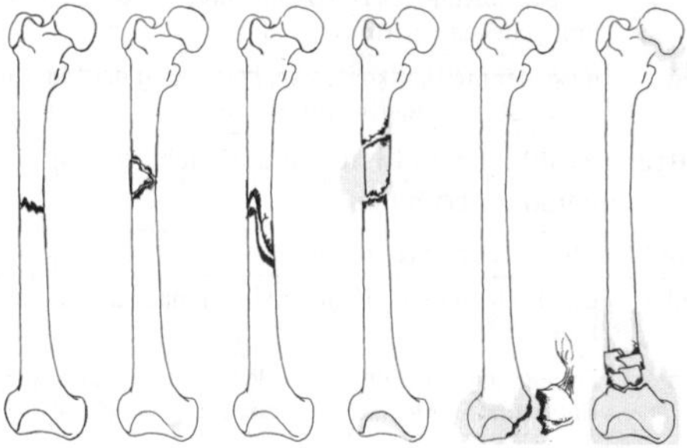

a b c d e f

a) Schrägbruch
b) Biegungsfraktur, Biegungskeil
c) Drehbruch
d) 2-Etagenbruch, Stückfraktur
e) Abrissfraktur
f) Mehrfragmentfraktur (4-6 Fr.), Trümmerfraktur (> 6 Fr.)

Nach Art der Verletzung der umgebenden Weichteile und der Haut unterscheidet man:

- **geschlossene Frakturen:** ohne Verletzung der Haut oder Weichteile

Einteilung der geschlossenen Frakturen	
Grad 0	unbedeutender Weichteilschaden
Grad 1	oberflächige Schürfung durch inneren Fragmentdruck
Grad 2	tiefe Schürfung, meist kontaminiert, Muskelquetschung, drohendes Kompartmentsyndrom
Grad 3	ausgedehnte Hautkontusion, Zerstörung der Muskulatur, manifestes Kompartmentsyndrom

- **offene Frakturen:** mit Haut- und Weichteilverletzung, nach Schweregrad unterteilt in

Einteilung der offenen Frakturen	
Grad 1	Durchspießung der Haut von innen nach außen durch ein Knochenfragment
Grad 2	Zerreissung der Haut von außen nach innen mit größerer Hautwunde, jedoch ohne wesentliche Weichteilschädigung
Grad 3	breitflächige Zerstörung der Haut mit Schädigung von Muskeln, Sehnen, Nerven oder Gefäßen
Grad 4	subtotale Amputation

30.3.2 Frakturen beim Kind

Die Frakturen der Epiphysenfuge beim Kind werden nach Salter bzw. Aitken unterteilt.

n. Salter	n. Aitken	Merkmale	Prolif.zone/ Wachstumsstrg.	Th
Salter 1	**Aitken 0**	Epiphyseolyse (Lösung der Epiphysenfuge)	unverletzt/keine	konservativ
Salter 2	**Aitken I**	Epiphysenfraktur mit metaphysärem Fragment	unverletzt/keine	konservativ
Salter 3	**Aitken II**	Epiphysenfraktur mit epiphysärem Fragment	verletzt/möglich	operative Rekonstruktion der Prolif.zone
Salter 4	**Aitken III**	Epiphysenfraktur mit meta- und epiphysärem Fragment	verletzt/möglich	
Salter 5	**Aitken IV**	Epiphysen-stauchung (rad. schwer zu erkennen!)	verletzt/möglich	ggf. Korrektur zu späterem Zeitpunkt bei ungleichem Längen-wachstum

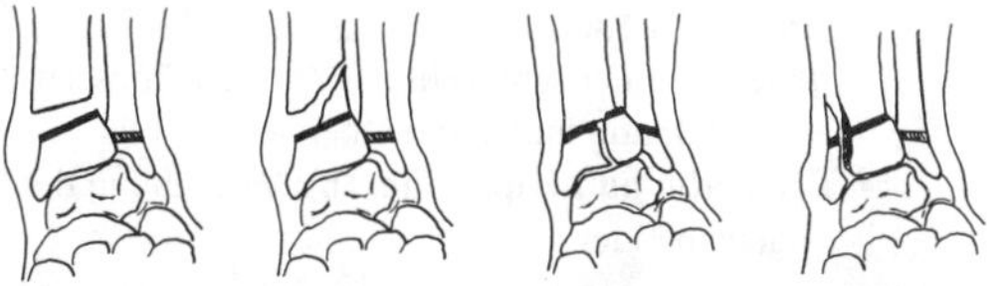

Aitken I **Aitken I** **Aitken II** **Aitken III**

Weitere typische Frakturen im Kindesalter sind der **Grünholzbruch** (vollständiger oder teilweiser Kortikalisbruch bei erhaltenem Periostschlauch) und der **Wulstbruch** (Einstauchung der weichen Kortikalis) im Schaftbereich.

> **Merke:** *bei der Therapie kindlicher Frakturen werden Querverschiebungen bis zu Schaftbreite und Verkürzungen teilweise toleriert, da ein Ausgleich im Wachstumsprozess zu erwarten ist, Rotationsfehler dagegen werden ungenügend ausgeglichen und müssen in korrekter Stellung reponiert werde[n]*

30.3.3 Frakturdislokation

Sind die einzelnen Enden der Fragmente nicht mehr in der anatomisch korrekten Lage, spricht man von einer dislozierten Fraktur. Je nach Verlagerung der Fragmentenden entstehen eine:

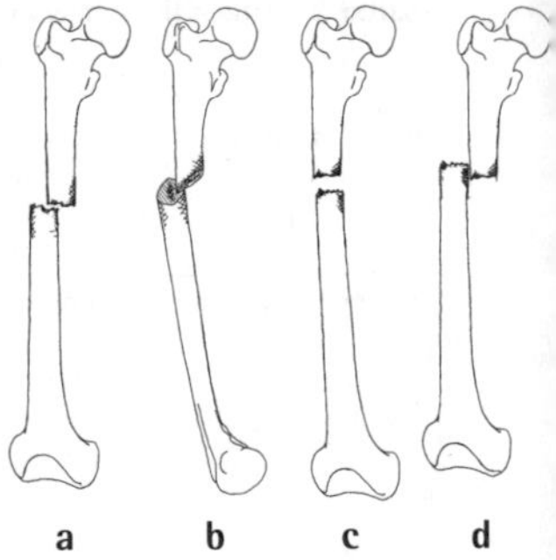

- **Dislocatio ad latus (a):** parallele Verschiebung der Fragmentachsen gegeneinander senkrecht zur Knochenlängsachse, dadurch Stufenbildung im Fragmentbereich
- **Dislocatio ad peripheriam (b):** Verdrehung der Fragmente gegeneinander

- **Dislocatio ad longitudinem:** Verschiebung der Fragmentenden in der Knochenlängsachse unter Verlängerung (cum distractione **(c)**) oder Verkürzung (cum contractione **(d)**)
- **Dislocatio ad axim:** Achsabknickung der einzelnen Fragmente gegeneinander (z.B. Varusbildung)

0.3.4 Frakturzeichen

- **sichere Frakturzeichen:** Fehlstellung, abnorme Beweglichkeit, Crepitatio, sichtbare Knochenfragmente
- **unsichere Frakturzeichen:** Schwellung, Hämatom, Schmerz, eingeschränkte Funktionsfähigkeit

0.3.5 Stress-/Ermüdungsfrakturen

Schleichende Frakturentstehung durch Mikrotraumata bei längerfristiger, ungewohnt hoher Belastung, aber ohne nachvollziehbares grobes traumatisches Ereignis. Lokalisiert meist an den Metatarsalia II und III im distalen Abschnitt (80%) = sog. „Marschfraktur" (bei Soldaten auf langen Märschen mit viel Gepäck), an der proximalen Tibiametaphyse (10%) und evtl. an Kalkaneus, Fibula, Schenkelhals oder am Dornfortsatz C7 (Schipper-Krankheit).

Klinik: anhaltende Schmerzen und Schwellungen bei entsprechender Anamnese

Diagnostik: mehrfache Röntgenkontrollen bei anfänglich unauffälligem Befund, Nachweis einer Resorptionszone oder Kallusbildung auf späteren Aufnahmen), ggf. Skelettszintigraphie

Therapie: konservativ (Ruhigstellung in Gips) oder bei Schenkelhalsfrakturen ggf. frühzeitig operativ

0.3.6 Pathologische Fraktur/Spontanfraktur

Unter einer Spontanfraktur versteht man eine ohne Einwirkung eines adäquaten Traumas auftretende Fraktur bei vorgeschädigtem Knochengewebe. Die erhöhte Knochenbrüchigkeit kann bedingt sein durch Osteoporose (→**260**), Knochenzysten (→**292**), Knochentumoren (→**290**), intramedullären Prozessen (z.B. Plasmozytom, Osteomyelitis), Knochenmetastasen (z.B. ossäre Metastasen beim Mammakarzinom, Hypernephrom, Schilddrüsenkarzinom, Prostata- oder Bronchialkarzinom) etc..

30.3.7 Frakturheilung

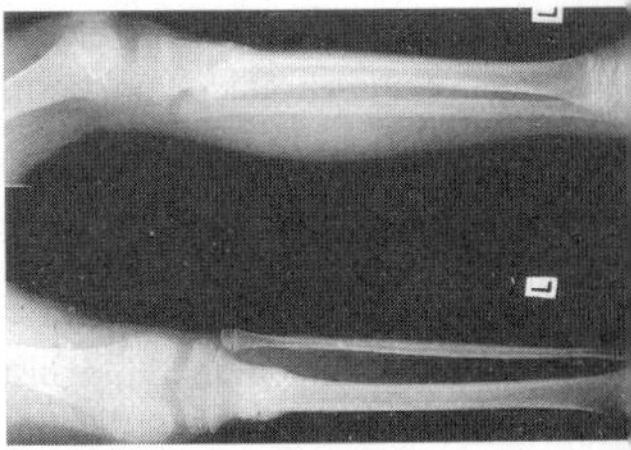

Frakturkallus, proximale Tibiametaphyse
[IMPP-Prüfungsabbildung]

Bei der Frakturheilung werden die primäre/sekundäre Knochenbruchheilung von der pathologischen Knochenbruchheilung (Pseudarthrosenbildung) abgegrenzt. Die **primäre Knochenbruchheilung** ist gekennzeichnet durch direkten knöchernen Durchbau des Frakturspalts ohne Kallusbildung bei optimaler Adaptation der Fragmente (= Kontaktheilung). Dabei werden bei der Primärheilung nochmals die Kontaktheilung und die Spaltheilung (bis maximal 0,4 mm Fragmentabstand) differenziert. Die **sekundäre Knochenbruchheilung** erfolgt über Zwischenstadien eines durch Fibroblasten gebildeten Bindegewebskallus, Geflechtknochenbildung = Fixationskallus und langsame Umwandlung in Lamellenknochen. Die sekundäre Knochenbruchheilung erfolgt bei unvollständiger oder höherrgradiger Fragmentadaptation.

Die **Entlastungszeiten** variieren nach Größe und Lage des frakturierten Knochens:

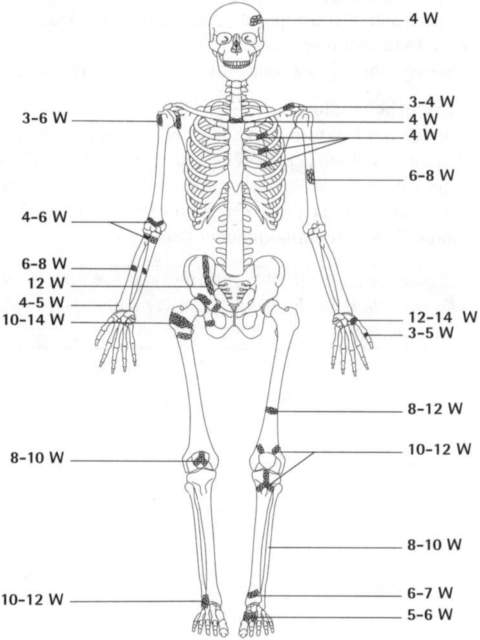

Stehen die beiden Fragmente zu weit auseinander oder kann eine Heilung durch ungenügende Ruhigstellung nicht zustande kommen, bildet sich eine **Pseudarthrose** (Falschgelenk, hypertroph oder atroph, je nach Reaktion der Fragmentenden). Eine Pseudarthrose bedarf oft einer stabilisierenden Osteosynthese (→**22**) und autogener Spongiosaplastik.

30.3.8 Frakturbehandlung

Formen der Frakturbehandlung sind die alleinige funktionelle Nachbehandlung (z.B. bei eingestauchten Schenkelhalsfrakturen oder subkapitalen Humerusfrakturen), die konservative oder operative Therapie unter Reposition, Retention und Ruhigstellung durch Gips, Extension und/oder Osteosynthese.

> **Merke:** *unter einer Verbundosteosynthese versteht man die Kombination aus Implantaten in Verbindung mit Knochenzement*

30.3.9 Immobilisationsstellungen

Gelenk	Immobilisationsstellung
Hand	Faustschluss mit ca. 80° Flexion der Fingergelenke
Handgelenk	20° Dorsalextension
Ellenbogengelenk	90° Flexion, Unterarm in leichter Supination
Schultergelenk	ca. 80-90° Abduktion (!) und horizontale Adduktion (10°)
Hüftgelenk	Rotations-Null-Stellung mit leichter Abduktion
Kniegelenk	meist leichte Flexion (ca.20°) zum besseren Gehen
Oberes Sprunggelenk	Null-Stellung (90° gegenüber Unterschenkel)
Fuß	Null-Stellung mit leichter Pronation

30.3.10 Kompartmentsyndrom

Druckerhöhung in den Muskellogen der Extremitäten mit Nekrosenbildung durch posttraumatische/postoperative Ödembildung, zu enge Verbände (v. a. Gipsverbände) oder spontan bei Überlastung. Es kommt zu einer Druckerhöhung in der Muskelloge, Behinderung des venösen Rückstroms bei noch normalem arteriellem Zustrom (Merke: periphere Pulse bleiben erhalten), Ausfall der Mikrozirkulation, Gewebshypoxie, Nekrosen an Muskulatur und Nerven. Lokalisiert in den **Unterschenkel-Muskellogen:** Tibialis-anterior-Loge (am häufigsten betroffen), Peronäus-Loge, tiefe und oberflächliche Flexorenloge oder **Unterarm-Muskellogen:** Flexorenloge (am häufigsten betroffen), Extensorenloge.

Klinik: ödematöse Schwellung, dumpfer, brennender Hypoxieschmerz bei evtl. noch tastbarem Puls!!, Hyp-/Parästhesien und motorische Ausfälle;

später je nach Lokalisation **Tibialis-anterior-Loge:** Schwächung der Dorsalflexion der Großzehe, Steppergang, Sensibilitätsstörung

zwischen der 1. und 2. Zehe (N. peronaeus profundus),
Unterarm-Flexorenloge: Volkmannsche Kontraktur = Beugekontraktur im Handgelenk, Fingermittel- u. -endgelenk bei Überstreckung im Grundgelenk, Daumenadduktion.
Diagnostik: Anamnese, Klinik, evtl. subfasziale Gewebsdruckmessung mit Einstichsonde, großzügige OP-Indikation zur Fasziotomie
Therapie: Dekompression durch operative Faszienspaltung innerhalb der ersten 6 (max. 12) Stunden

Merke: *Hochlagerung verstärkt die Schmerzsymptomatik durch weiter verminderten Perfusionsdruck*

30.3.11 Sudeck-Dystrophie

Syn: CRPS = complex regional pain syndrome
Schmerzhafte Erkrankung einer Extremität durch neurovegetative Regulationsstörung mit hypoxischer Atrophie. Meist durch Operationen oder Verletzungen ausgelöst. Häufig am Arm nach mehrfachen brüsken Repositionsversuchen im Rahmen einer Radiusfraktur. Andere Ursachen sind einschnürende Verbände, Medikamente, ein Herpes zoster etc. Bevorzugt betroffen sind adipöse Frauen im 40.-60. Lebensjahr. Bis einschließlich zum Stadium der Dystrophie sind alle Veränderungen reversibel.

Stadium	Stad. I	Stad. II	Stad. III
Def	*Entzündung*	*Dystrophie*	*Atrophie*
Dauer	1. Monat	2.-4. Monat	ab 5. Monat
Kli	Rötung, Schwellung, Überwärmung, Schmerz (v.a. nachts), Funktionsverlust	Schmerzabnahme, Zyanose, Teilatrophie mit Glanzhaut, Gelenkeinsteifung, Kontrakturbildung	schmerzlose, atrophische Haut und Muskulatur; Funktionsverlust durch Gelenkkontraktur
Rö	unauffällig	zunehmende fleckige Osteoporose	generalisierte Osteoporose der betroffenen Extremität, Glasknochen
Therapie	*Ruhigstellung (keine KG!!!), Kryotherapie, NSAR, Kalzitonin, Psychopharmaka*	*aktive Krankengymnastik, Bewegungsbäder, Kalzitonin*	*Krankengymnastik, ggf. Orthesen, Durchblutungs-förderung*

30.4 Knochentumoren

30.4.1 Allgemeines

Die primären Knochentumoren machen ca. 1% aller Tumoren des Menschen aus. Zwei Drittel der primären treten präpubertär auf. Im Erwachsenenalter stehen die sekundären (Metastasen) im Vordergrund. Langsam wachsende ergeben meist sklerosierende, schnell wachsende meist osteolytische Prozesse.

30.4.2 Benigne Knochentumoren

- **Osteochondrom, kartilaginäre Exostose:** häufigster benigne Tumor, metaphysennah wachsend, pilzförmig mit aufliegende Knorpelkappe, meist bei Knaben an distaler Femur- bzw. proximaler Tibiametaphyse oder am Humerus, wird symptomatisch durch Größenwachstum, bei solitären selten Entartung, bei der multiplen kartilaginären Exostose in 2%, Therapie durch Resektion bei Funktionsbehinderung
- **Enchondrom:** zweithäufigster benigner, ältere Kinder, im Markraum liegender Tumor aus hyalinem Knorpelgewebe, meist in kurzen Röhrenknochen der Hände mit guter Prognose in langen Röhrenknochen semimaligne, im Becken lokalisiert entarten oft ins Chondrosarkom, assoziiert mit M. Ollier, Maffuci-Syndrom
- **Chondroblastom, Codman-Tumor:** epiphysär lokalisiert, aus Knorpelgewebe bestehender Knochentumor, v.a. bei Kindern und jugendlichen Erwachsenen, 50% im Kniebereich oder proximalen Humerus, führt oft zu anhaltenden Schmerzen. Im Rö zeigt sich eine typische Knochenzyste mit Randsklerose, im Zentrum evtl. unregelmäßige trabekuläre Verdichtungen. Prognose günstig bei langsamem Wachstum, evtl. Gelenkeinbruch, Therapie durch Kürettage und Spongiosaauffüllung

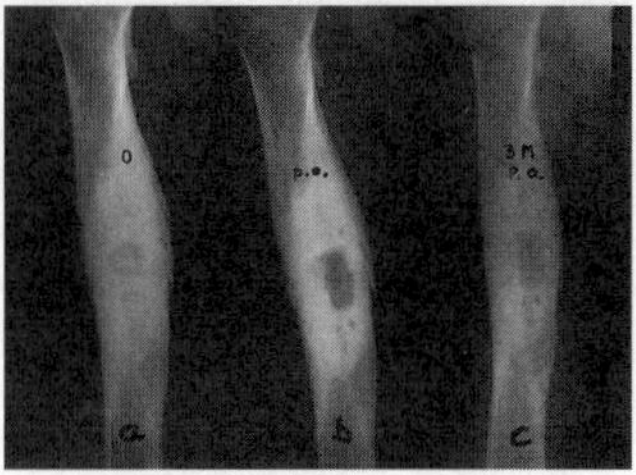

Osteoid-Osteom, Nidus
präoperativ: heller Nidus, osteosklerotisches Umfeld, postoperativ: Rückbildung der Osteosklerose [IMPP-Prüfungsabbildung]

- **Osteoidosteom und Osteoblastom**: osteoblastische Tumoren mit zentraler Aufhellungszone (Nidus). Das Osteoidosteom ist v.a. in der Kortikalis lokalisiert und bis zu 2 cm groß, das Osteoblastom im spongiösen Bereich und bis zu 10 cm groß. Meist männliche Jugendliche (10.-20. Lj.). Das Osteoidosteom in 50% der Fälle in Femur oder Tibiakortikalis, das Osteoblastom meist in Wirbelbogenstrukturen lokalisiert, führen zu typischen nächtlichen Schmerzen, die gut auf ASS ansprechen
- **Osteom**: seltener vom Knochengewebe ausgehender Tumor, jedes Lebensalter, meist zufällig entdeckt ohne jegliche Symptomatik, meist im Schädel lokalisiert, Therapie oft nicht nötig

- **Nichtossifizierendes Knochenfibrom**, fibröser Kortikalisdefekt: im 2. Lebensjahrzehnt auftretende Tumoren des distalen Femurs oder der Tibiametaphyse, werden meist zufällig entdeckt, das nichtossifizierende Knochenfibrom (Osteolyse mit schmaler Randsklerose und typischer Traubenkonfiguration) und der fibröse Kortikalisdefekt (Kortikalis eingebuchtet, zentrale Spongiosa nicht befallen)

werden nur bei größeren Tumoren wegen Frakturgefahr durc Kürettage und Spongiosaauffüllung therapiert, es besteht spontane Rückbildungstendenz

- **Ossifizierendes Knochenfibrom, osteofibröse Dysplasie (Campanacci):** fibröser Tumor mit Ausdifferenzierung von Knochenbälkchen, bei Erwachsenen im Unterkiefer, bei Kindern in der Tibia, mit aufgetriebener Kortikalis und osteolytischen Herden, dazu strähnige trabekuläre Verdichtungen, Markraumausweitungen mit Spontanfrakturen (→**281**) und Entwicklung einer Unterschenkelpseudarthrose, Therapie durch radikale Resektion unter Mitnahme des Periosts, Defektauffüllung und Stabilisierung bei Tibiapseudarthrose
- **Knochenhämangiom:** gutartige Gefäßneubildung im Knochen, jedes Lebensalter, v.a. Frauen, meist im Wirbelsäulen bereich, oft asymptomatisch, Beschwerden bei Wirbelkörperzusammenbruch, radiologisch zeigt sich eine typische gitterartige Spongiosastruktur, Therapie meist nicht erforderlich

30.4.3 Maligne Knochentumoren

- **Chondrosarkom:** maligner Tumor aus ortsständigem Knorpelgewebe (primär) oder sekundär aus zunächst gutartige Knochengeschwulst, fast jedes Lebensalter, Gipfel im 6. Lebensjahrzehnt, lokalisiert im zentralen Achsenskelett, Becken und stammnahen Röhrenknochen (koxalem Femurrand, Schultergürtel, proximalem Humerus), Symptome durch Schwellung, meist aber erst spät durch langsames Wachstum, im Rö typische Kalkspritzer (zentrale Tumornekrosen), weiter

Mottenfraß, Kortikalisdefekt, Codman-Dreieck, Spiculae, Therapie radikal chirurgisch

- **Osteosarkom:** häufigster primär maligner Knochentumor mit frühzeitiger hämatogener Metastasierung in die Lunge, aus poly-morphen knochenbildend en Zellen, meist männliche Pubertierende im 10.-20. Lj., meist epiphysennah metaphysär in Kniegelenksnähe wachsend, führt zu Schmerzen und Schwellung, im Rö zeigen sich Periostabhebung, Zwiebelschalen, Codman-Sporn, Spiculae (verkalkte Sharpey-Fasern), kann als Komplikation einer Osteodystrophia deformans (M. Paget) auftreten, Therapie durch radikale Resektion mit prä- und postoperativer Chemo, Sonderform: Paget-Sarkom bei alten Patienten

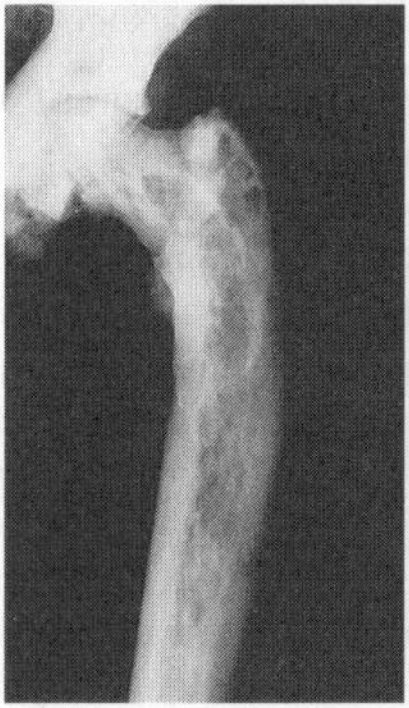

Ostitis deformans Paget

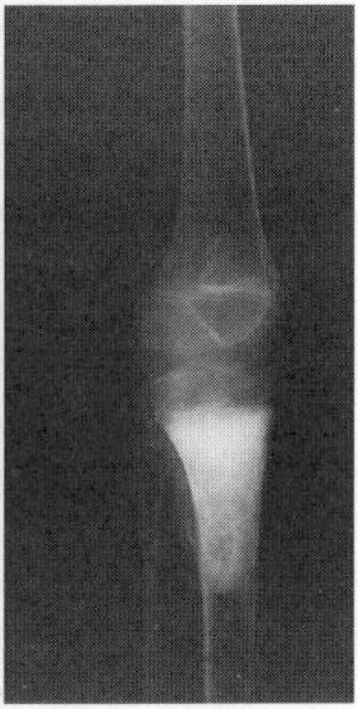

Osteosarkom

- **Ewing-Sarkom:** maligne, von undifferenzierten Mesenchymzellen des Knochenmarks ausgehend, 5.-15. Lj., v.a. (meta-)diaphysär in Femur und Tibia, aber auch im Becken, im Rö schwierige DD zur Osteomyelitis. Symptome sind Schwellung, Überwärmung, Schmerzen, Fieber, BSG erhöht,

Leukozytose, Therapie: präop. Chemo, radikale Resektion, Nachbestrahlung, postop. Chemo, hohe Strahlensensibilität im Gegensatz zum Osteosarkom

30.4.4 Semimaligne Knochentumoren/"tumor-like lesions"/weitere Tumoren

- **Osteoklastom, Riesenzelltumor des Knochens:** mit zahlreichen Riesenzellen und spindelförmigen Zellen durchsetzter Knochentumor wechselnder Dignität, 20.-30. Lj., v.a. Frauen, neben Chondroblastom als einziger in der Epiphyse (+ Metaphyse) lokalisiert, meist in der Knieregion, langsames Wachstum, häufig Spontanfrakturen; das Rö zeigt eine zentrale, in der Epiphyse gelegene, mehrkammrige Lyse ohne auffällige Randsklerose, die Kortikalis ist von innen usuriert und kann blasig auftreiben; Therapie: reagiert kaum auf Chemo/Bestrahlung, daher Resektion mit hoher Rezidivgefahr
- **Solitäre Knochenzyste:** einkammrige, mit seröser Flüssigkeit gefüllte, expansiv wachsende Zyste, meist 8.-15. Lj., im proximalen Humerus und proximalen Femur auftretend, Beschwerden meist erst bei Zysteneinbruch, das Rö zeigt eine große Zyste mit Kortikalisverdünnung der Metaphyse, die Therapie erfolgt durch Kürettage und Spongiosaauffüllung, intrazystale Kortikoidinjektion oder Druckentlastung durch Lochschrauben. Merke: hohe Rezidivrate bei guter Prognose
- **Aneurysmatische Knochenzyste:** zur blasigen Knochenauftreibung führender Tumor, 20.-30. Lj., meist in der Metaphyse langer Röhrenknochen und WS, Schmerzen, evtl. Spontanfrakturen; Rö: blasige Auftreibung; Therapie: Kürettage, schwierig im Bereich der WS, hohe Rezidivrate, die durch kryochirurgische Maßnahmen gesenkt werden kann

- **Pigmentierte villonoduläre Synovialitis, benignes Synovialom:** gutartige Synovialzellproliferation unter Bildung braungefärbter Zotten, aber mit lokaler Erosion des Gelenkkörpers; Therapie durch Synovektomie
- **Synovialsarkom**, maligner Weichteiltumor, malignes Synovialom: sehr selten, tritt im Weichteilgewebe der Nachbarschaft von Gelenken auf, Gipfel im 3. Lebensjahrzehnt, sehr aggressiver, hochmaligner, in kürzester Zeit rezidivierender Tumor; Therapie: operative Entfernung weit im Gesunden, ungünstige Prognose
- **Metastasen:**

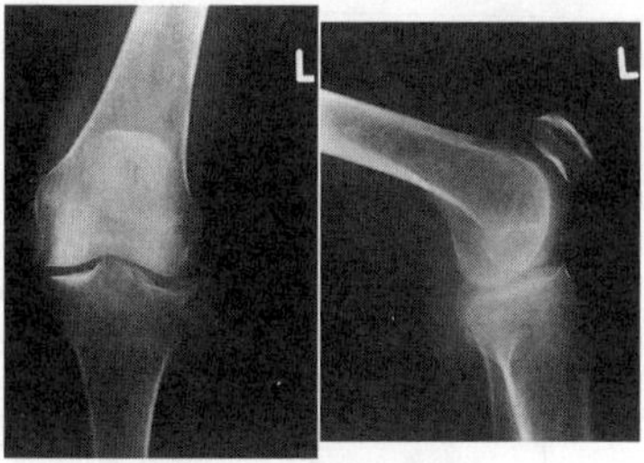

Osteolytische Metastase
Spontanfraktur, 3 Jahre nach Rektumexstirpation bei Rektumkarzinom
[IMPP-Prüfungsabbildung]

meist hämatogen, 60% in der Wirbelsäule lokalisiert, osteoblastisch (Prostata, Schilddrüse, Bronchien), osteoklastisch (Mamma, Niere meist unscharf ohne Randsklerose) oder als Mischformen (Uterus, Magen und Haut) auftretend

30.5 Aseptische Knochennekrosen

Selbstlimitierende Erkrankungen unklarer Ätiologie mit Teilnekrosenbildung bestimmter Skelettabschnitte und eindeutigem Altersbezug.

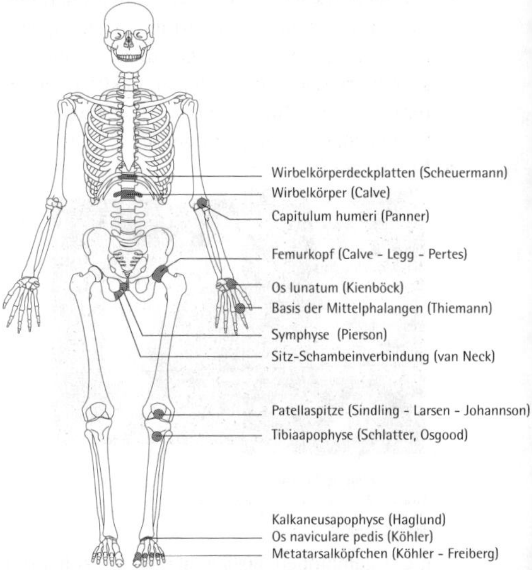

Klinik: meist symptomarm, v.a. bei Kindern, bei Erwachsenen meist stärkere Beschwerden, Belastungsschmerz, Bewegungseinschränkung, Symptomatik stark abhängig von

Lokalisation und der evtl. entstandenen präarthrotischen Deformität

Therapie: Entlastung, ggf. Ruhigstellung in Gips, evtl. operative Korrektur, keine kausale Therapie bekannt

Alter	Lok	Bezeichnung	m : w
Kind	Wirbelkörper der unt. BWS	M. Calvé	1 : 1
	Femurkopf und -hals	M. Perthes	5 : 1
	Patella	M. Sinding-Larsen	1 : 1
	Os naviculare pedis	M. Köhler I	4 : 1
Jugend	Wirbelkörpergrund- und -deckplatten	M. Scheuermann	1 : 1
	Tuberositas tibiae	M. Osgood-Schlatter	1 : 1
	Metatarsalköpfchen II + III	M. Köhler II	1 : 4
Erwachsene	Os lunatum	M. Kienböck	m > w
	Hüftkopf		m > w
	Wirbelkörper	M. Kümmel-Verneuil	1 : 1

30.6 Verletzungen des knöchernen Thorax

30.6.1 Rippenfraktur

Rippenfrakturen können sowohl solitär als auch als Serienfraktur (mindestens drei in einer Ebene) auftreten und bis zum instabilen Thorax (paradoxe Atmung mit inspiratorischer Brustwandeinziehung) führen. Sie entstehen durch lokalisierte direkte Gewalteinwirkung (→**103**) oder Thoraxkompression (Reanimation). Dabei sind am häufigsten die Costae 5-9 betroffen. Zu beachten ist die Gefahr der Entstehung eines Pneumo- oder Hämatothorax (→**104**/→**106**) bzw. die Verletzung von Milz, Leber und/oder Zwerchfell.

Therapie: die Therapie kann symptomatisch durch Analgetika bis hin zur intensivmedizinischen Versorgung mit Anlage einer Pleurasaugdrainage, Intubation und (Überdruck-) Beatmung erfolgen, eine operative Versorgung ist z.T. beim instabilen Thorax oder bei Massivblutungen aus Interkostalarterien notwendig. Einfache Rippenfrakturen heilen nach 3-6 Wochen unter konservativer Therapie aus.

30.6.2 Sternumfraktur

Die isolierte Sternumfraktur ist selten. Meist liegt sie assoziiert mit Rippenfrakturen oder anderen Verletzungen als Querfraktur zwischen Corpus und Manubrium sterni vor.
Therapie: meist konservativ unter stationärer Überwachung, Analgesie und Atemtherapie, bei starker Dislokation oder Instabilität auch operativ

☺ **Zeit für eine Pause ...** ☺

30.7 Bauchtrauma

Unterteilt in penetrierende (offene, 10%) Verletzungen durch Stich-, Schuss- oder Pfählungsverletzungen und das stumpfe Bauchtrauma (90%) durch Dezelerationstraumata und Kompressionsverletzungen. **Organbeteiligungen**: Der Organbefall differiert je nach Entstehungsmechanismus der Verletzung (penetrierende zeigen v.a. Leber-, Dünndarm-, Magen-, Kolonverletzungen, beim stumpfen Bauchtrauma kommt es v.a. zu Milz-, Darm-, Leber-, Retroperitoneal-, Nieren- und Harnblasenverletzungen. **Merke**: das Duodenum ist durch seine feste retroperitoneale Fixation vor der Lendenwirbelsäule besonders gefährdet. Nach Schweregraden wird das stumpfe Bauchtrauma unterteilt in:

Einteilung stumpfes Bauchtrauma	
Grad I	Verletzungen der Bauchwand
Grad II	Kontusionen von Leber, Magen, Kolon, Mesenterium
Grad III	Organrupturen ohne aktive Blutung
Grad IV	Organrupturen ohne Verletzung der großen Gefäße
Grad V	schwere Organrupturen mit Gewebsverlust und/oder Beteiligung der großen Gefäße

Die **Diagnostik** erfolgt v.a. durch Lavage und regelmäßige (Kontroll-) Sonographien.

Therapie: individuell abhängig von der Art der Organverletzungen

30.8 Verletzungen des Urogenitalsystems

30.8.1 Nierentrauma

Mit fakultativer Makrohämaturie, Koagelkoliken, Flankenschwellung, Peritonismus und Schockzeichen einhergehende Verletzung der Niere. Komplikationen sind die Entstehung eines Schocks, paralytischen Ileus, Urinoms oder retroperitonealen Abszesses. Die Therapie richtet sich nach Schweregrad der Verletzung:

Einteilung stumpfes Bauchtrauma		
Grad I, leichte Verletzung	60-80%	Ia Kontusion
		Ib Parenchymblutungen
Grad II, schwere Verletzung	10-30%	IIa inkomplette Ruptur, subkapsuläres Extravasat
		IIb inkomplette Ruptur, perirenales Extravasat
		IIc komplette Ruptur, retroperitoneales Extravasat
Grad III, kritische Verletzung	15%	multiple Rupturen, Zertrümmerung, Nierenstielverletzung

Therapie: konservativ unter Beobachtung (regelmäßige sonographische Kontrollen) sowie Antibiose der Stadien I bis IIb, operativ der Stadien IIc bis III durch Beckennaht, Parenchymnaht, Teilresektion, Gefäßrekonstruktion oder evtl. Nephrektomie.

30.8.2 Blasenruptur

Traumatisch bedingter Riss der Harnblase (meist in gefülltem Zustand) durch Erhöhung des intravesikalen Drucks oder knöcherne Verletzung des Beckenrings. Es zeigen sich eine Strangurie, Makrohämaturie, Unterbauchschmerz und

suprapubische Hämatome. Nach Lokalisation wird die intraperitoneale von der extraperitonealen Ruptur unterschieden.
Therapie: intraperitoneale Rupturen bedürfen der operativen Versorgung durch Übernähung, kleinere extraperitoneale Rupturen können allein durch Dauerkatheter versorgt werden

30.8.3 Harnröhrenruptur

Die Urethralruptur entsteht gehäuft durch Beckenringfrakturen (→**324**) oder direkte Gewalteinwirkung. Scherkräfte bei der vorderen Beckenringfraktur führen oft zu **supradiaphragmalem** Riss mit Begleithämatom im kleinen Becken, **infradiaphragmale** Rupturen entstehen als **Straddle-Verletzung** (Quetschung der bulbären Harnröhre gegen das Os pubis) und zeigen ein perineales und/oder skrotales Begleithämatom. Komplikationen sind die Entstehung einer Urinphlegmone, Striktur oder die Impotenz.
Die Diagnose erfolgt durch ein retrogrades Urethrogramm.
Klinik: blutiger Meatus, imperativer Harndrang bei Dysurie oder Harnverhalt, Dammschmerzen, Prellmarken
Therapie: bei partieller Ruptur 10-14 Tage perkutane suprapubische Zystostomie, bei totaler Ruptur des diaphragmalen Teils primär suprapubische Zystostomie und operative Revision nach 6-12 Wochen oder primär operative Versorgung mit End-zu-End-Anastomose und Schienung oder primäre operative Adaptation durch transurethralen Katheter im Rahmen der Beckenstabilisierung, bei distalen, penilen oder bulbären Rupturen perineale Freilegung, End-zu-End-Anastomose und Schienung

30.9 Verletzungen der oberen Extremität

30.9.1 Sternoklavikulargelenksluxation

Durch direkte oder indirekte Gewalteinwirkung entstanden, meist mit Luxation nach vorne (Luxatio praesternalis). Seltener nach oben (Luxatio suprasternalis) oder nach dorsal (Luxatio retrosternalis). Nach Allmann differenziert in Grade:

- **I. Grad:** Kontusion, Distorsion
- **II. Grad:** Teilzerreissung der Bänder
- **III. Grad:** Totalzerreissung, Dislokation

Diagnostik: Klinik, evtl. Röntgenaufnahme nach Rockwood
Therapie: seltener konservativ mittels Rucksackverband, meist operativ mit offener Reposition, Kapselbandnaht, Rüter-Gelenkplatte und/oder kurzfristiger Kirschner-Draht-Arthrodese (Cave: Drahtwanderung).

30.9.2 Klavikulafraktur

Der Schlüsselbeinbruch ist die zweithäufigste Fraktur des Menschen, entsteht durch direkte (seltener, meist im lateralen Drittel lokalisiert) oder indirekte (häufiger, meist im Schaftbereich) Gewalteinwirkung bei Sturz auf den ausgestreckten Arm. Durch Zug des M. sternocleidomastoideus entsteht die typische Dislokation des medialen Klavikulaendes nach kranial. **Cave**: bei starker Dislokation evtl. Begleitverletzung von Plexus brachialis und A. subclavia.
Therapie: erfolgt meist konservativ durch Anlage eines Rucksackverbandes (3-4 Wochen), nur selten sind Reposition, Plattenosteosynthese oder Spickdraht- oder Zuggurtungsosteosynthese notwendig

30.9.3 Schultereckgelenksverletzung

Die Schultereckgelenksverletzung entsteht meist durch Sturz auf die Schulter. Diagnostisch ist neben der typischen Klinik die radiologische Darstellung des Schultergürtels als Panoramabild, evtl. auch als gehaltene Aufnahme mit jeweils 5-15 kg Gewichten an jedem Arm wegweisend. Die Schultereckgelenksverletzung wird nach Schweregraden unterteilt in

Einteilung nach Schweregraden Tossy I-III bzw. Rockwood I-VI		Therapie
Tossy I Rockwood I	Kontusion bzw. Distorsion des Lig. acromioclaviculare	funktionelle Übungsbehandlung
Tossy II Rockwood II	Ruptur des Lig. acromioclaviculare und Überdehnung der Lig. coracoclaviculare, Subluxation um weniger als Schaftbreite	Ruhigstellung im Desault-, Gilchrist- oder Hartung-Verband
Tossy III Rockwood III	Verletzungen: Ruptur der Lig. acromioclaviculare und Lig. coracoclaviculare, Luxation um mehr als Schaftbreite; Bewegungsschmerz, Schwellung und evtl. ein Klavikulahochstand bzw. Klaviertastenphänomen	Osteosynthese und Bandnaht, evtl. Hakenplatte nach Balser, Zuggurtung, PDS Banding
Rockwood IV	wie Typ III mit Dorsalluxation der Klavikula	Osteosynthese und Bandnaht, evtl. Hakenplatte nach Balser, Zuggurtung, PDS Banding
Rockwood V	wie Typ III mit massiver Kranialluxation und Deltoideus-/Trapeziusablösung vom lateralen Ende	Osteosynthese und Bandnaht, evtl. Hakenplatte nach Balser, Zuggurtung, PDS Banding
Rockwood VI	wie Typ III mit Klavikulaluxation unter das Korakoid	Osteosynthese und Bandnaht, evtl. Hakenplatte nach Balser, Zuggurtung, PDS Banding

30.9.4 Schulterluxation

Durch meist indirekte Traumata entstandene (häufigste) Luxation des Menschen. Nach Stellung des luxierten Humeruskopfes werden die **Luxatio axillaris** (15%, nach unten und vorne), die **Luxatio subcoracoidea** (80%, nach vorn) und die **Luxatio infraspinata** (5%, nach hinten) unterschieden.

Form	Syn	Häu	Mechanismus
vordere Luxation	*Luxatio subcoracoidea*	80%	Luxation des Humeruskopfes nach vorne unten → Abduktions-, Außenrotationstrauma
untere Luxation	*Luxatio axillaris*	15%	Luxation nach unten → Hyperabduktionstrauma
hintere Luxation	*Luxatio retroglenoidalis*	5%	Luxation hinter Gelenkpfanne

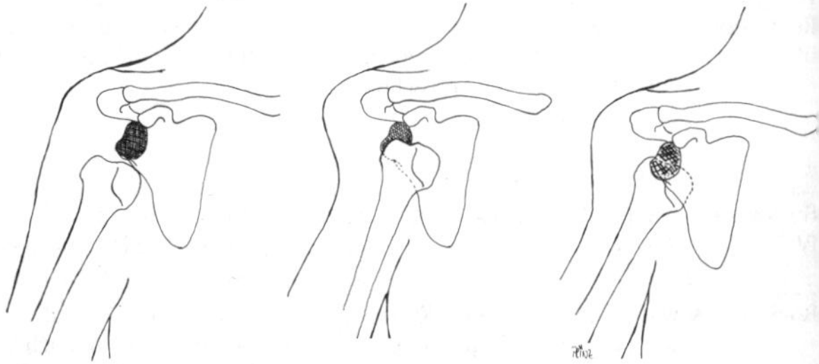

Lux. axillaris **Lux. subcoracoidea** **Lux. retroglenoidalis**

Rezidivierende Luxationen sind auch ohne adäquates Trauma bei den habituellen Luxationen möglich. Diese sind bedingt durch Vorliegen einer **Hill-Sachs-Delle** (Impression im dorsolateralen Humeruskopfbereich) oder einer **Bankart-Läsion** (Abriss des Labrum glenoidale), die im Rahmen der meist traumatischen Primärluxation entstanden sind. Weitere Komplikationen der Luxation sind Kapselrupturen, Rotatorenmanschettenaffektionen, Abriss des Tuberculum majus, Oberarmkopffrakturen oder auch Läsionen des N. axillaris und/oder des Plexus brachialis. Die **Diagnose** erfolgt durch die klinischen Luxationszeichen sowie radiologisch durch die true a.p.- und die transskapuläre Aufnahme.

Therapie: primäre Reposition nach **Hippokrates** (liegender Patient) oder nach **Arlt** (sitzender Patient) und einwöchige Ruhigstellung im Desault- oder Gilchrist-Verband, bei rezidivierenden Luxationen operative Sanierung durch Doppelung der vorderen Gelenkkapsel, Lateralisierung des Ansatzes des M. subscapularis, extraartikuläre Knochenspanbolzung (OP nach Eden-Hybbinette-Lange bei Bankart-Läsion), Limbusrefixation nach Bankart, bei Hill-Sachs-Delle evtl. subkapitale Rotationsosteotomie mit Innendrehung des Humeruskopfes von 30 Grad (OP nach Weber)

30.9.5 Bizepssehnensyndrom

Entzündlich-degenerative Tendopathie der langen Bizepssehne bis zur (Teil-) Ruptur. Führt zu Druckschmerz im Sulcus bicipitalis und Belastungsschmerz bei Beugung im Ellenbogen und Unterarmsupination.

Therapie: symptomatisch

30.9.6 Bizepssehnenruptur

Die Ruptur der Bizepssehnen betrifft fast ausnahmslos degenerativ vorgeschädigte Sehnen.

Ruptur	langer Bizepskopf	kurzer Bizepskopf	distale Sehne
Insertion	Tuberculum supraglenoidale	Korakoid	Tuberositas radii
Häu	häufig (96%)	sehr selten (1%)	selten (3%)
Symp	kurzer, schlagartiger (Schulter-) Schmerz		
	Veränderung des Oberarmreliefs mit distaler Vorwölbung des abgerutschten Bizepskopfes; oft nur leichtgradige Kraftminderung bei Beugung und Supination	leichtgradige Kraftminderung	völliger Kraftverlust des M. biceps
Th	i.d.R. keine operative Rekonstruktion; nur bei Jüngeren, die auf volle Belastbarkeit angewiesen sind (z.B. Sportler)		operative Rekonstruktion

Therapie: konservative Therapie durch Gilchrist-Verband bei beschwerdefreien Verläufen möglich, sonst operative Fixation des Sehnenstumpfes im Humerusschaft (Schlüssellochoperation nach Froimson) oder Vereinigung mit der kurzen Bizepssehne in Höhe des Korakoids, bei distalen Rupturen Reinsertion an der Tuberositas radii

30.9.7 Rotatorenmanschettenruptur

Die Rotatorenmanschette des Schultergelenks wird aus den Sehnen des M. supraspinatus, M. infraspinatus, M. subscapularis und M. teres minor gebildet. Die Ruptur tritt gehäuft bei degenerativen Vorschäden auf und reicht von kleineren oberflächigen Anrissen bis zum kompletten Aufbruch der Manschette (Humeruskopfglatze). Ist die Sehne des M. supraspinatus betroffen, liegt eine Pseudoparalyse des Armes mit Aufhebung

der Abduktion vor, da dieser Muskel die Starterfunktion für diese Bewegung ausübt. Symptomatisch wird die Rotatorenmanschettenruptur durch meist chronische Schmerzen und Bewegungseinschränkungen mit Humeruskopfhochstand. Bei der Arthrographie kann eine Kommunikation mit der Bursa subacromialis dargestellt werden.
Therapie: operative Rekonstruktion bei jüngeren Patienten, bei degenerativen Vorschäden konservative Therapie mit Abduktionsschiene, KG, Lagerung, Elektro-, Wärme- und Kältetherapie

30.9.8 Periarthropathia humeroscapularis

Oberbegriff für schmerzhafte Einschränkungen der Schultergelenksbeweglichkeit v. a. bei der Abduktion.

funktionelle PHS (=PHS simplex)	
	Bursitis subacromialis → Impingement →**307**
	Insertionstendopathien der Rotatorenmanschette
	mechanische Affektionen der langen Bizepssehne
strukturelle PHS (=PHS deformans)	
	PHS calcificans: degenerative Verkalkungen der Rotatorenmanschette; chronische Bursitis subacromialis mit Bursaverkalkungen
	PHS adhaesiva: degenerativ-entzündliche Verklebung und Schrumpfung der muskulären Gleitschichten
	PHS destructiva: traumatisch oder degenerativ verursachte Destruktion der Rotatorenmanschette mit muskulärer Insuffizienz und Instabilität

Klinik: Einschränkung der Beweglichkeit in alle Richtungen, v. a. aber schmerzhafte Abduktionshemmung (sog. „painful arc" = max. Abduktionsschmerz zwischen 70° und 130°), bei längerem Bestehen Kapselschrumpfung und Muskelatrophie, Schmerzausstrahlung in Oberarm und Schultergürtel (DD: HWS-Beschwerden!), bei Affektionen der Rotatorenmanschette kann

der Arm nicht in 90°-Abduktion gehalten werden, „fällt runter" ("drop arm", Pseudoparalyse)
Diagnostik: Klinik, Rö, Neer-Test (Infiltration des Subakromialraums mit Lokalanästhetika führt zur deutlichen Beschwerdereduktion bei Abduktionsbewegungen)
Therapie: je nach Befund: konservativ (Infiltration des Subakromialraums mit Lokalanästhetika und Kortison, krankengymnastische Mobilisation, flankierend NSAR, Kryotherapie) oder operativ: Narkosemobilisation (Brisement), Dekompression der Subakromialraums (sog. Akromioplastik nach Neer), Stosswellentherapie mit Zertrümmerung der Verkalkungen

30.9.9 Frozen Shoulder

Affektion der Gelenkkapsel des Glenohumeralgelenks mit Fibrosierung und Schrumpfung des Kapselgewebes. Durch Immobilisation, postentzündlich, posttraumatisch, begleitend bei Zervikobrachialgie oder idiopathisch (häufig bei Frauen mittleren Lebensalters) kommt es zu einer schmerzhaften, allgradigen Bewegungseinschränkung
Therapie: Gelenkinfiltration mit Lokalanästhesie / Kortison, Krankengymnastik (flankierend NSAR, Kryotherapie), ggf. Narkosemobilisation (Brisement)

> **Merke:** *„frozen shoulder" ist kein scharf abgegrenztes Krankheitsbild, oft auch unter PHS adhaesiva subsumiert*

30.9.10 Impingement-Syndrom

Schmerzhafte Enge des subakromialen Raums bei mittlerer Abduktion im Glenohumeralgelenk. Entsteht durch degenerative oder entzündliche Veränderungen der Sehne des M. supraspinatus und führt zu Schmerzen bei Abduktion des Arms von 60-120 Grad ("painful arc", schmerzhafter Bogen mit Schmerzen der ventrolateralen Schulterregion).

Therapie: akut Kälte, Injektionsbehandlung, Lagerung in leichter Abduktion, chronisch (Wärme-, Elektrotherapie, Querfriktion, mobilisierende KG, Resektion des Lig. coracoacromiale mit Akromioplastik (Resektion des Unterrandes des Akromions)

30.9.11 Skapulafrakturen

Relativ seltene (Schutz durch starken Muskelmantel) Fraktur durch schwere direkte Traumata. Häufige Frakturformen sind der Abriss des Processus coracoideus, des Akromions, des Schulterblattwinkels, die Schulterblatthalsfrakturen oder Stauchungsfrakturen der Gelenkpfanne.

Therapie: meist konservativ durch frühfunktionelle Behandlung nach akuter Ruhigstellung im Gilchrist- oder Desault-Verband, Operationsindikationen sind dislozierte Pfannenbrüche, Abrissfrakturen des Proc. coracoideus und dislozierte Akromionfrakturen

30.9.12 Proximale Humerusfraktur

Die proximale Humerusfraktur stellt eine typische Verletzung des alten Menschen dar. Sie entsteht meist durch Sturz auf den ausgestreckten Arm. Nach Neer werden vier typische Fragmente (Humeruskopf, Massiv des Trochanter major und des Trochanter minor sowie Humerusschaft) unterschieden. Neben isolierten Abrissfrakturen des Tuberculum majus treten v.a. die subkapitalen (Collum chirurgicum) Adduktions- oder Abduktionsfrakturen mit

oder ohne Abriss des Tuberculum majus auf. Eine Sonderform ist der Oberarmkopfluxationsbruch. Neben dem N. axillaris sind besonders der Plexus brachialis und die A. brachialis von Begleitverletzungen betroffen. Weiter können sich eine Humeruskopfnekrose oder schmerzhafte Schultersteife zeigen.
Therapie: außer Luxationsfrakturen, offene Frakturen, Abrissfrakturen des Tuberculum majus (offene Reposition und Osteosynthese) werden die proximalen Humeruskopfbrüche meist konservativ (80%) durch eine frühfunktionelle Behandlung, nach primärer kurzfristiger Ruhigstellung im Gilchrist-Verband, therapiert

30.9.13 Humerusschaftfraktur

Die Oberarmschaftfraktur entsteht sowohl durch direkte als auch durch indirekte Traumata. Aufgrund der Verlaufsnähe ist besonders auf eine Begleitverletzung des N. radialis (Fallhand →**97**) zu achten.

Therapie: eine osteosynthetische Versorgung (Marknagel, Bündelnagel, Plattenosteosynthese) erfolgt nur bei zweit- und drittgradigen offenen Frakturen, Defektbrüchen und Begleitverletzungen (bei Radialisläsionen ist die Freilegung, Rekonstruktion und Plattenosteosynthese indiziert), die konservative Therapie durch primäre Ruhigstellung (Desault- oder Gilchrist-Verband) und anschließender Sarmiento-Brace (Kunststoffmanschette) ist die Therapie der Wahl bei den meisten Formen der Humerusschaftfraktur

10.9.14 Distale Humerusfraktur

Die distalen Humerusfrakturen entstehen durch direkte oder indirekte Traumata (Sturz auf die Hand bei ausgestrecktem Arm). Im Kindesalter dominieren suprakondyläre Extensions- (80%) und Flexionsfrakturen (10%). Bei Erwachsenen ist der Y-Bruch durch Stauchung die häufigste Frakturform.

Einteilung nach Müller			
A	**extraartikuläre Fraktur**	1	Ausriss Epicondylus ulnaris
		2	suprakondylärer Bruch
		3	suprakondylärer Mehrfragmentbruch
B	**intraartikuläre unikondyläre Fraktur**	1	Querfraktur
		2	Kondylenfraktur
		3	tangentialer Bruch (ohne Condylus radialis)
C	**intraartikuläre bikondyläre Fraktur**	1	Y-Fraktur
		2	Y-Fraktur + suprakondylärer Mehrfragmentbruch
		3	Einstauchungs-/Trümmerfraktur

Begleitverletzungen betreffen v.a. den N. ulnaris im Bereich des Epicondylus humeri ulnaris und die A. radialis, den N. medianus und den N. radialis bei den suprakondylären Humerusfrakturen des Kindes. Weitere Komplikationen, gerade im Kindesalter, sind die Volkmann-Kontraktur (→**285**), die Entstehung eines Cubitus varus oder verbleibende Bewegungseinschränkungen.

Therapie: die suprakondylären Extensionsfrakturen des Kindes werden meist konservativ nach Reposition mit einer Charnley-Schlinge und sekundärer Physiotherapie versorgt, sonstige Frakturformen beim Kind (Spickdrähte) und die meisten Frakturen des Erwachsenen (Schrauben, Platten) werden operativ durch offene Reposition und Osteosynthese behandelt

30.9.15 Ellenbogengelenksluxation

Die Luxation im Humeroulnargelenk (mit 20% zweithäufigste de Menschen) verläuft zu 85% nach hinten, wobei es in fast 40% de Fälle zu einer knöchernen Begleitverletzung kommt. Seltener sin die Luxation nach vorne, radial, ulnar oder die divergierende Luxation. Häufige Begleitverletzungen sind die Fraktur des Processus coronoideus, der Ausriss des Epicondylus ulnaris oder die radiale Seitenbandinstabilität. Cave: N. ulnaris, N. medianus, N. radialis und A. brachialis können leicht mitverletzt werden. Kinder zeigen besonders häufig (60%) eine begleitende Abrissfraktur des Epicondylus ulnaris.

Therapie: ohne Begleitverletzungen konservativ durch Repositior und Oberarmgipsverband, sonst primär operative Rekonstruktior

30.9.16 Olekranonfraktur

Die Olekranonfraktur macht ca. 10% der Armfrakturen aus, ist meist durch ein direktes Trauma bedingt und besonders bedeutsam durch die Dislokationstendenz des Frakturfragments bei Zug des M. triceps brachii.

Unterteilung der Olekranonfrakturen	
Typ A	extra- und intraartikulärer Abriss des proximalen Drittels
Typ B	Schräg-/Querbrüche des mittleren Drittels
Typ C	langer Schrägbruch, Fraktur mit lateraler Instabilität, Luxationsfraktur
Typ D	Mehrfragment-, Trümmer-, Impressionsfraktur

Therapie: außer bei nicht dislozierten Frakturen im Kindesalter immer operative Zuggurtungsosteosynthese (sonst hohe Dislokationsgefahr)

0.9.17 Radiusköpfchensubluxation, Chassaignac-Lähmung, Pronatio dolorosa

Typische Verletzung des Kleinkindes durch (mütterlichen oder väterlichen) Zug an der Hand bei gestrecktem Ellenbogengelenk und proniertem Unterarm. Dadurch kommt es zu einer Subluxation des Radiusköpfchens aus dem Lig. anulare (Ringband) und Einklemmung zwischen Radiuskopf und Capitulum humeri. Die Kinder halten den Arm typischerweise bei Streck- und Beugehemmung im Ellenbogengelenk in Pronations- und leichter Beugestellung fixiert.

Therapie: Reposition durch Streckung und Supination des Unterarms sowie Druck auf das Radiusköpfchen, bei sofortiger Beschwerdefreiheit meist keine Nachbehandlung erforderlich

0.9.18 Radiusköpfchen-/-halsfraktur

Entsteht durch Sturz auf die Hand bei gestrecktem Ellenbogengelenk. Häufige Formen sind die Meißelfraktur, die Trümmerfraktur und die Epiphysenlösung mit oder ohne metaphysärem Fragment. Die Radiushalsfraktur ist eine typische Fraktur des Kindesalters. Judet unterteilt die Halsfrakturen nach vier Graden, denen therapeutische Konsequenz zukommt:

I. Grad	Fraktur ohne Dislokation
II. Grad	Dislokation um weniger als halbe Schaftbreite bzw. Abkippung um weniger als 30 Grad
III. Grad	Dislokation um mehr als Schaftbreite bzw. Abkippung um 30-60 Grad
IV. Grad	Abkippung um mehr als 60 Grad

Therapie: konservativ durch Oberarmgips bei nichtdislozierten und gut reponiblen Frakturen, operativ mit Osteosynthese mit nicht reponiblen, stark verschobenen Halsfrakturen, dislozierten

Meißelfrakturen und Trümmerbrüchen, bei Erwachsenen kann evtl. der Radiuskopf komplett reseziert werden

30.9.19 Unterarm(-schaft)fraktur

Unterarmfrakturen liegen zu 60% als kombinierte Schaftfrakturen, zu 25% als isolierte Ulnafrakturen (Parierfraktur) und zu 15% als isolierte Radiusfrakturen vor. Sie entstehen durch direkte, indirekte oder kombinierte Gewalteinwirkung.
Therapie: außer die isolierte nichtdislozierte Ulnafraktur werden die Unterarmfrakturen meist durch Plattenosteosynthese, evtl. Spongiosaplastik therapiert (beachte besonders die Sperrwirkung des nichtfrakturierten Knochens).

30.9.20 Monteggia-Fraktur

Fraktur des proximalen Ulnaschafts mit Luxation des Radiusköpfchens nach ventral und lateral. Durch Sturz auf den Vorderarm bei gebeugtem Ellenbogen bzw. Gewalt auf den pronierten Unterarm

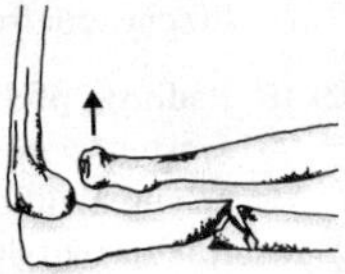

Monteggia-Fraktur

Therapie: in der Regel operativ durch Plattenosteosynthese, evtl. Gelenkkapselnaht des Radius, Oberarmgips

30.9.21 Galeazzi-Fraktur

Distale Radiusschaftfraktur mit Luxation im distalen Radioulnargelenk und Ulnaluxation nach dorsal. Entsteht durch Gewalt auf den supinierten Unterarm

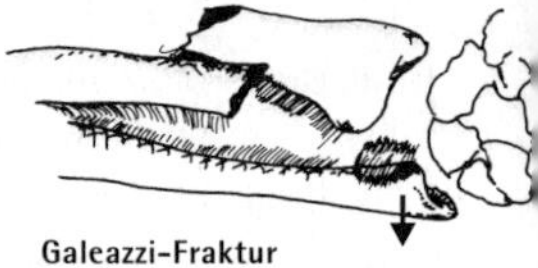

Galeazzi-Fraktur

Therapie: operative Reposition des Ulnaköpfchens mit Osteosynthese der Radiusschaftfraktur, Oberarmgips

0.9.22 Radiusfraktur loco typico

Häufigste Fraktur. Die Altersgipfel liegen im Alter zwischen dem 6.-10. und 60.-70. Lebensjahr. Meist durch Sturz auf die dorsal flektierte Hand (**Colles-Fraktur**), seltener auf die volar gebeugte Hand (**Smith-Fraktur**). Die **Radiusextensionsfraktur** (Colles) zeigt eine typische klinische Fehlstellung durch Frakturdislokation nach radial (**Bajonett-Stellung**) und zur Streckseite (dorsal) hin (**Fourchette-Stellung**). Sie wird nach Frykman in acht verschiedene Typen unterteilt. Als **Barton-Fraktur** wird die

Einteilung der Radiusextensionsfraktur (Colles) nach Frykman	
Typ I	extraartikuläre Querfraktur
Typ II	extraartikuläre Querfraktur plus Fraktur Proc. styloideus ulnae
Typ III	Fraktur unter Einbezug des Radiokarpalgelenks
Typ IV	Fraktur unter Einbezug des Radiokarpalgelenks plus Fraktur Proc. styloideus ulnae
Typ V	Fraktur unter Einbezug des distalen Radioulnargelenks
Typ VI	Fraktur unter Einbezug des distalen Radioulnargelenks plus Fraktur Proc. styloideus ulnae
Typ VII	Fraktur unter Einbezug des Radiokarpal- und distalen Radioulnargelenks
Typ VIII	Fraktur unter Einbezug des Radiokarpal- und distalen Radioulnargelenks plus Fraktur Proc. styloideus ulnae

dorsale Abscherfraktur des Radius bezeichnet. Die **Radiusflexionsfraktur** (Smith) zeigt eine Dislokation des distalen

Fragmentes zur Beugeseite und nach radial hin. Nach Thomas werden drei Formen unterschieden:

Einteilung der Radiusflexionsfraktur (Smith) nach Thomas	
Typ I	umgekehrte Colles mit querem extraartikulärem Frakturverlauf
Typ II	volare Abscherung - umgekehrte Barton
Typ III	umgekehrte Colles mit intraartikulärer Fraktur

Typische Komplikationen bzw. Begleitverletzungen sind die Navikulare-Fraktur, die perilunäre Luxation (→**316**), die Beschädigung der Sehne des M. extensor pollicis longus, die Medianusläsion mit Ausbildung eines Karpaltunnelsyndroms und die Arthrose im Radiokarpalgelenk. Wichtig für die Stellungsbeurteilung der Fraktur ist die Lage der distalen Radiusgelenkfläche. Nach den Böhler-Winkeln stellt sich diese physiologisch mit 10 Grad palmarer und 30 Grad Abkippung nach ulnar.

Therapie: zu 90% konservativ mittels dorsal umgreifender Unterarmgipsschiene nach Reposition für 4-6 Wochen möglich, bei vorliegenden Instabilitätskriterien (Dorsalabkippung > 20 Grad, Palmarabkippung, dislozierte Kantenfragmente und radioulnare Dissoziation) operativ durch Spickdrähte oder offen mittels T-Platte. Höhergradig offene Frakturen können primär mit einem Fixateur externe versorgt werden.

30.9.23 Kahnbeinfraktur

Mit 50-80% häufigste Handwurzelfraktur. Meist durch Sturz auf das dorsal flektierte Handgelenk entstandene Fraktur des Os naviculare evtl. in Kombination mit einer Lunatumluxation (Quervain-Luxationsfraktur). Typisch ist der Druckschmerz in der Tabatière, dazu Schmerzen bei Längsstauchung des Daumens sowie schmerzhafte Radialabduktion im Handgelenk. Die

Diagnostik enthält neben den üblichen Röntgenaufnahmen das sogenannte Navikularequartett. Bei nicht eindeutigem Frakturnachweis evtl. Röntgenkontrolle oder Knochenszintigraphie nach 10 Tagen. Typische Komplikationen sind neben der Handgelenksarthrose die verzögerte Bruchheilung, die Nekrose des proximalen Fragments und besonders die Entwicklung einer Pseudarthrose (Kahnbeinpseudarthrose) durch die besonders vulnerable Gefäßversorgung des Os naviculare von distal her.

Böhler unterteilt in
Horizontale Schrägbrüche
Querbrüche
Vertikale Schrägbrüche

Therapie: für jeweils sechs Wochen erst Ober-, dann Unterarmgips mit Einschluss des Daumengrundgelenks, operative Versorgung bei dislozierter Fraktur, verzögerter Knochenbruchheilung oder Pseudarthrose (Kompressionsschraube nach Herbert, Matti-Russe-Plastik unter Einfalzung eines kortikospongiösen Spans).

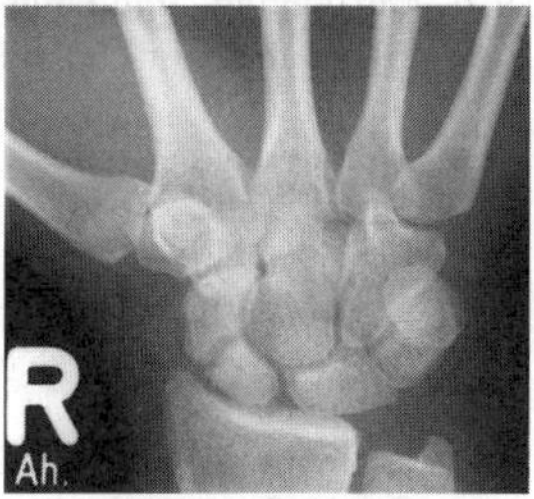

Kahnbeinfraktur

30.9.24 Perilunäre Luxation

Durch Sturz auf die dorsal oder palmar flektierte Hand entstandene (meist dorsale) Luxation des Os lunatum. Neben einer lokalen Schwellung können sich Reizungserscheinungen de N. medianus zeigen. Oft verkannte Verletzung. **Radiologisch** zeig sich auf der dorsopalmaren Handwurzelaufnahme eine typische Überlagerung des Os lunatum über die benachbarten Handwurzelknochen in Luxationsstellung bzw. eine dreieckige Struktu des sonst trapezförmigen Knochens. **Komplikationen** sind die Medianusläsion und die Ausbildung einer Lunatummalazie. **Therapie:** zunächst konservativer Repositionsversuch durch Zug an den Langfingern, sonst offene Reposition und temporäre Fixation mit Kirschner-Drähten

30.9.25 Mittelhand- und Fingerfrakturen

☝ Zu erwähnen (nach IMPP) sind besonders die Basisfrakturen des ersten Mittelhandknochens. Dabei kommt es meist zu einer Schaftluxation nach proximal, wobei das kleine ulnare Fragment oft in anatomischer Lage verbleibt. Bei der **Bennett-Fraktur** liegt eine einfache intraartikuläre Schrägfraktur der Mittelhandknochenbasis vor. Die **Rolando-Fraktur** zeigt eine intraartikuläre T- oder Y-Fraktur und die

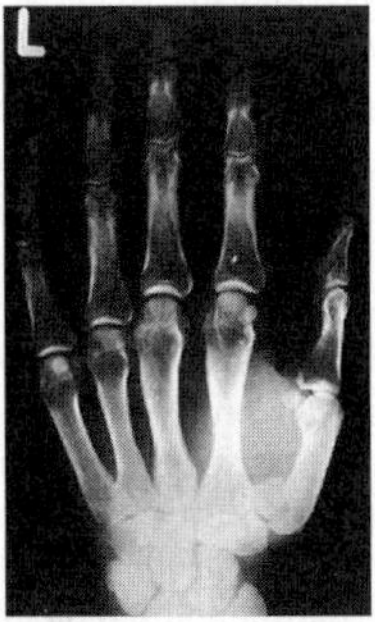

Bennett-Fraktur

Fraktur der Basis des ersten Mittelhandknochen mit Dislokation des Bruchstückes. Der Daumen ist nach radial luxiert.

Winterstein-Fraktur einen extraartikulären, basisnahen Frakturverlauf am Schaft. Die **Therapie** erfolgt durch operative Reposition und Stabilisierung.

30.9.26 Dupuytren-Kontraktur

Beugekontraktur der Finger (v.a. 4. und 5.) durch bindegewebige Verhärtung und Schrumpfung der Palmaraponeurose mit Ausbildung derber Stränge und Knoten. Meist bilateral bei Männern jenseits des 50. Lebensjahres auftretend. Die Ätiologie ist ungeklärt. Diskutiert werden neben einer erblichen Disposition Mikrotraumata. Gehäuft sind Patienten mit Lebererkrankungen, Diabetes mellitus, Epilepsie und Alkoholkranke betroffen. Im Laufe der Erkrankung zeigt sich ein progredientes Streckdefizit der Finger.
Therapie: konservative Möglichkeiten durch KG, Nachtschiene, Kortikoideinspritzung oder auch Fasziotomie mit Durchtrennung des Kontrakturstrangs, partielle Fasziektomie mit Resektion der befallenen Bezirke oder Totalentfernung der Palmaraponeurose mit Resektion von Bindegewebssträngen

30.9.27 Tendovaginitis stenosans

Chronisch-entzündliche Veränderungen der Sehnenscheiden (Verengungen) und Sehnen (Auftreibungen) mit schmerzhafter Hemmung der Gleitfähigkeit der Sehnen. Als **schnellender Finger** (Streckhemmung eines Fingers durch Befall der Beugesehne) oder **Tendovaginitis De Quervain** (Paratendinitis crepitans, Sehnenscheidenverengung des ersten Sehnenscheidenfachs des Retinaculum extensorum der Hand; betroffen sind der M. extensor pollicis brevis und M. abductor pollicis longus)
Klinik: schnellender Finger (anfängliche Streckhemmung mit plötzlicher, schnellender Bewegung in die Extension, später: völlige Streckhemmung), **Tendovaginitis De Quervain**

(erschwerte Bewegung mit hörbarem „Schneeballknirschen" bei aktiver und passiver Bewegung)
Therapie: primär konservativ mit Ruhigstellung, Krankengymnastik, Kortisoninfiltration des Gleitgewebes, ggf. operative Dekompression

30.9.28 Karpaltunnelsyndrom

Peripheres Nervenkompressionssyndrom des N. medianus im Canalis carpi unter dem Retinaculum flexorum (Frauen > Männer, Beginn um 40. Lj., häufig beidseitig). Ursachen sind anatomische Normvarianten, Z.n. Fraktur, entzündliche Reizzustände, Gravidität, Akromegalie, Diabetes mellitus u./oder Alkohol.

N. medianus im Canalis carpi, A. radialis

Klinik: Schmerzausstrahlung und Kribbelparästhesie in Finger I-III, mit nächtlicher Beschwerdezunahme (Brachialgia paraesthetica nocturna), Druckschmerz auf der Handgelenksbeugeseite, Schmerzen bei Handgelenksextension, Daumenballen-atrophie bei längerem Bestehen (Schwäche des M. abductor pollicis), Hoffmann-Tinel-Zeichen (Parästhesien bei Beklopfen)
Diagnostik: Elektromyogramm (EMG): Abnahme der Nervenleitgeschwindigkeit, positives Flaschenzeichen
Therapie: konservativ: passagere Ruhigstellung, Infiltration mit Lokalanästhetikum und Kortison, dann operativ (nach konservativer Therapie) unter Spaltung des Retinaculum flexorum mit Neurolyse

30.9.29 Seitenbandruptur (Skidaumen)

Ausriss des Lig. ulnare in Höhe des Daumengrundgelenks durch Abscherung des Daumens nach radial. Therapie durch Durchflechtungsnaht der Sehne und transossäre Fixation

30.9.30 Beugesehnenverletzungen

Verletzungen der tiefen Beugesehnen führen zum Verlust der Beugung im Fingerendgelenk, die der oberflächlichen Sehnen zum Beugeverlust im Mittelgelenk.

30.9.31 Strecksehnenverletzungen

Die subkutane Ruptur der Strecksehnen am Fingerendglied tritt meist bei degenerativer Vorschädigung auf und wird durch Anlage einer Stackschen Schiene für 6 Wochen therapiert. Beim Ausriss der Strecksehne am Fingerendglied mit größerem Knochenfragment ist eine transossäre Ausziehnaht indiziert.

30.9.32 Supinatortunnel-/Pronator-teres-Syndrom

Form	Supinatortunnelsyndrom	Pronator-teres-Syndrom
Def	peripheres Nervenkompressionssyndr. des R. profundus nervi radialis bei Durchtritt durch den M. supinator	periph. Nervenkompressionssyndr. des N. medianus bei seinem Verlauf unter M. pronator teres auf der medialen Seite der Ellenbeuge
Kli	- Schmerzen im Bereich der Supinatorloge mit Ausstrahlung in die Hand - Auslösung: v.a. Supination	- Schmerzen medialseitig in Ellenbeuge mit Ausstrahlung in die Hand - Auslösung: v.a. Pronation
Di	Klinik, Verminderung der Nervenleitgeschwindigkeit bei längerem Bestehen	
Th	- Ruhigstellung, symptomatisch, physikalisch - bei deutl. Verminderung der Nervenleitgeschwindigkeit ⇒ op. Neurolyse	

30.10 Verletzungen der Wirbelsäule

30.10.1 HWS-Distorsion

Die HWS-Distorsion (Schleudertrauma) ist ein typisches Akzelerationstrauma nach Auffahrunfällen. Es zeigt sich eine Distorsion und/oder Subluxation der kleinen Wirbelgelenke, meis im Bereich C4-6. Nach dem Schweregrad der Verletzung wird sie in drei Grade unterteilt:

Schweregrade	
Grad I	mehrere Stunden beschwerdefreies Intervall, dann Nacken- un Bewegungsschmerz
Grad II	wenige Stunden beschwerdefreies Intervall, dann zusätzlich ausstrahlende Schmerzen in den Hinterkopf
Grad III	sofortige Haltlosigkeit des Kopfes, in den Hinterkopf ausstrahlende Schmerzen, oft Schluckbeschwerden durch Ausbildung eines retropharyngealen Hämatoms

Diagnostik: HWS a.p. und seitlich (evtl. Steilstellung, prävertebrale Verschattung)

Therapie: konservativ durch Anlage einer Schanz-Krawatte für 1-6 Wochen je nach Schweregrad, evtl. KG, Wärme, Massage, NSAR.

Merke: *die HWS-Distorsion ist eine langwierige Verletzung mit Ausheilungszeiten bis zu 2 Jahren und länger*

0.10.2 Atlantoaxiale Luxation

Syn: transligamentäre Atlasverrenkung; Instabilität mit ventraler Luxation des Atlasbogens durch Zerreissung des Lig. transversum (transligamentäre Verrenkung) durch dorsale Gewalteinwirkung auf den Kopf.

Therapie: operative Versorgung durch atlantookzipitale Verschraubung nach Magerl oder dorsale Fusion

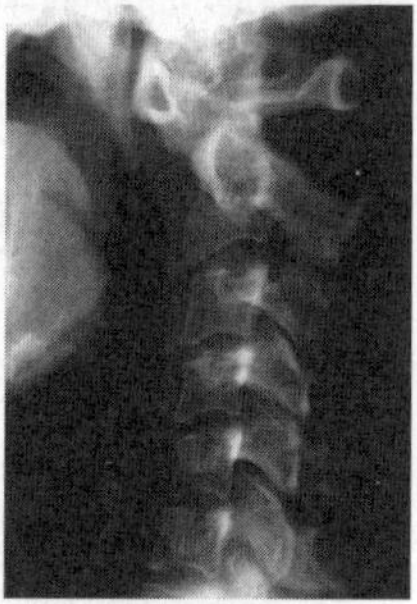

Atlanto-axiale Luxation
[IMPP-Prüfungsabbildung]

0.10.3 Atlasfraktur

Sie entsteht als Atlas-Berstungsfraktur (**Jefferson-Fraktur**) durch axiale Gewalteinwirkung (Sturz auf den Kopf) und führt zu einer Fraktur beider Atlasbögen typischerweise im Bereich des Sulcus arteriae vertebralis lokalisiert, wobei die Massae lateralis nach außen gedrängt werden.

Therapie: meist konservativ durch Halofixateur oder Minerva-Gips oder bei Instabilität oder Dislokation primäre Extensionsbehandlung mit Crutchfield-Extension und sekundäre Ruhigstellung (Halofixateur, Minerva-Gips)

30.10.4 Axisfraktur

Die Hangman-Fraktur (doppelseitige Fraktur der Axisbogenwurzel) entsteht oft durch Autounfälle mit Hyperextensionsbewegungen und Kinnanprall und seltener beim Erhängen. Die Klassifikation erfolgt nach Effendi:

Effendi-Klassifikation der Axisfraktur		Therapie
Typ I	Ringfraktur mit geringer Dislokation des Körpers, Frakturverlauf senkrecht oder schräg zum Axiskörper, Bandscheibenfach (C2/3) weitgehend unverletzt und stabil	Halofixateur, Minerva-Gips
Typ II	Dislokation des vorderen Fragments bei Veränderung des Bandscheibenraums, evtl. Kippung des Körpers in Extensions- oder Flexionsstellung	primär Crutchfield-Extension, dann Halofixateur oder Minerva-Gips
Typ III	Dislokation des Axiskörpers nach vorne, Gelenke zwischen C2/3 ebenfalls disloziert	operative Reposition und Stabilisierung
Typ IV	Luxation der gesamten Axis über HWK 3	

30.10.5 Densfraktur

Meist durch Hyperflexion der HWS verursacht. Nach Anderson unterteilt in:

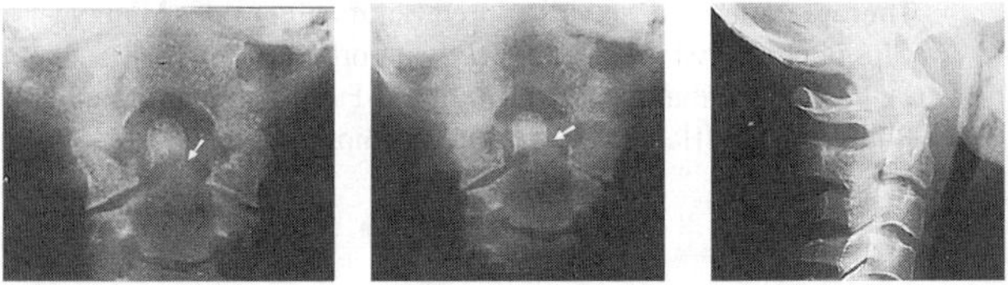

Densfraktur

Einteilung nach **Anderson**	
Typ I	Fraktur der Densspitze
Typ II	basisnahe Densfraktur
Typ III	Densfraktur unter Beteiligung der Wirbelkörperspongiosa

Therapie: konservativ nur bei geringer Luxation, meist operative Zugschraubenosteosynthese/Kompressionsschraube von ventral

0.10.6 Frakturen der BWS/LWS

Wirbelsäulenfrakturen werden meist durch starke direkte und/ oder indirekte Traumata (Polytrauma, Verkehrsunfall) verursacht, oder zeigen sich im Rahmen systemischer Erkrankungen als pathologische Frakturen (Plasmozytom, Osteoporose ...). Die traumatisch bedingten Frakturen betreffen bevorzugt die Wirbel BWK12/LWK1, seltener LWK2, HWK5-7. Die Frakturen im Bereich der BWS/LWS werden in **stabile** (90%, Hinterkante, Deckplatten und Bandscheiben intakt) und **instabile** Frakturen (10%, Subluxation, Deformierung des Spinalkanals, Zerreissung des dorsalen Bandapparats und der Bandscheibe, evtl. Deckplatteneinbruch oder -abscherung) unterteilt. Wichtig für die Stabilität ist v.a. die erhaltene Wirbelkörperhinterkante. Das sog. Dreisäulenmodell nach Denis unterteilt in:

Dreisäulenmodell nach Denis	
A	vordere 2/3 des Wirbelkörpers (ventrale Säule)
B	Wirbelkörperhinterkante (mittlere Säule)
C	Summe der Gelenkfortsätze (dorsale Säule)

Ergänzend wird mit den Ziffern 0-3 der Grad der Spinalkanaleinengung angegeben.

Klinik: die Symptomatik reicht von völlig asymptomatischen Frakturen bis hin zum kompletten Querschnittssyndrom

Therapie: stabile Frakturen werden konservativ durch frühfunktionelle Behandlung (kurz Bettruhe, evtl. Mobilisation im Dreipunkt-Stützkorsett) versorgt, instabile meist operativ durch Fixateur interne, vordere/hintere Spondylodese

30.11 Verletzungen von Becken und Hüftgelenk

30.11.1 Beckenrandfrakturen

Beckenrandfrakturen entstehen als Abrissfrakturen durch Sehnen- oder Bandzug oder durch direkte Traumata. Dazu gehören die Abrissfrakturen der Spina iliaca anterior superior und inferior und des Tuber ischiadicum, die Schaufelfrakturen sowie Kreuz- und Steissbeinfrakturen.
Therapie: meist konservativ durch Ruhigstellung + Analgesie, bei Dislokationstendenz evtl. Zugschraube

30.11.2 Beckenringfrakturen

Die meisten Beckenringfrakturen erfordern eine erhebliche Gewalteinwirkung. Sie finden sich daher gehäuft bei polytraumatisierten Patienten nach Verkehrsunfällen (→**274**). Stets ist auf Begleitverletzungen zu achten (z.B. Urethralruptur [→**299**], Blasenverletzung, Schock, Thrombose, Fettembolie, retroperitoneale Blutung). Die Beckenringfrakturen werden unterteilt in:

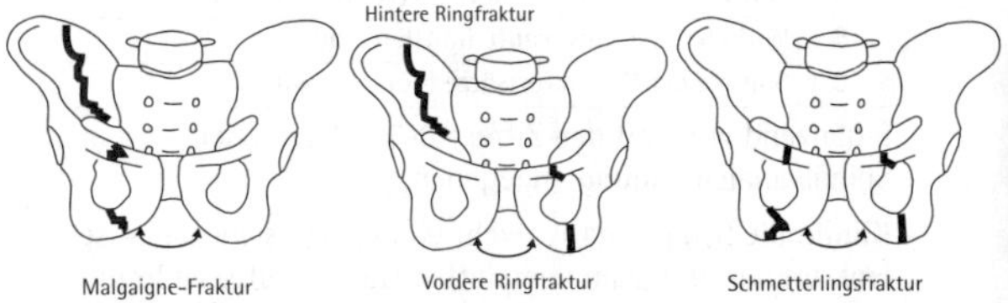

Einteilung Beckenringfrakturen	
vordere Ringfraktur	die Frakturlinien ziehen durch Scham- und Sitzbein, bilateral als sogenannte Schmetterlingsfraktur
Symphysenruptur	bei größerer Diastase oft mit Verletzungen der Iliosakralfugen oder des hinteren Beckenrings kombiniert
hintere Ringfraktur	Sprengung des Iliosakralgelenkes oder Ala-Vertikalfraktur
doppelte Vertikalfraktur (Malgaigne-Fraktur)	vorderer und hinterer Ringbruch (gleichseitig, gekreuzt oder bilateral) liegen kombiniert vor

Therapie: konservativ bei stabilen, isolierten vorderen und hinteren Ringfrakturen und schwach dislozierten Symphysenrupturen; operativ durch offene Reposition, osteosynthetische Fixation bei stark dislozierten Symphysenrupturen, Kombinationsfrakturen und instabilen mit Vertikalverschiebung

30.11.3 Azetabulumfrakturen

Die Azetabulumfraktur entsteht oft durch Armaturenbrettverletzungen (dash board) oder Stürzen aus großer Höhe. Die Fraktur ist zu 70% mit einer Hüftgelenksluxation kombiniert. Häufig sind als Begleitverletzung der peronealen Anteile des N. ischiadicus betroffen .

Einteilung nach **Judet** und **Letournel**		
Typ I	50%	Pfannendachfraktur
Typ II	15%	dorsale Pfeilerfraktur
Typ III	1%	ventrale Pfeilerfraktur
Typ IV	10%	Querfraktur
Typ V	24%	kombinierte Fraktur

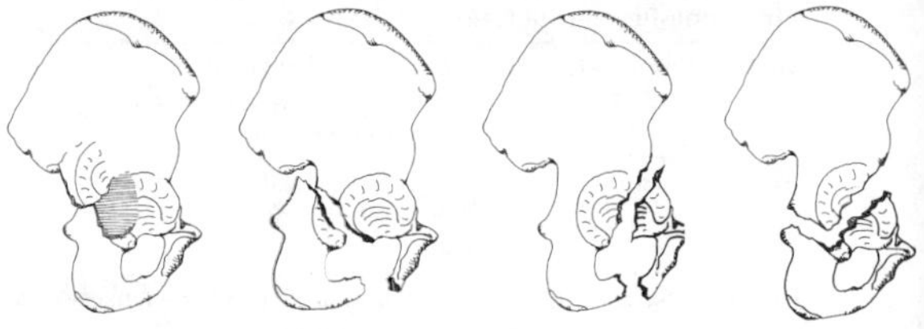

Pfannen-dachfraktur | Dorsale Pfeilerfraktur | Ventrale Pfeilerfraktur | Querfraktur

Therapie: frühzeitig operative Revision außer bei nicht verschobenen Frakturen und kleinen Fragmenten im Rahmen dorsaler Pfannenrandfrakturen ohne Luxationsneigung

30.11.4 Hüftgelenksluxation

Die Luxation des Hüftgelenks erfolgt zu 75% nach hinten (meist **Luxatio iliaca**, seltener **Luxatio ischiadica**) und zu 25% nach vorne (**Luxatio pubica, Luxatio obturatoria**) meist durch starke Gewalteinwirkungen (extrem fester Kapselapparat). Klinisch zeigt sich bei Luxation nach dorsal eine Innen-, bei Luxation nach ventral eine Außenrotation des Beines. Die häufigen Begleitverletzungen betreffen Kapselgefäße (Cave: Hüftkopfnekrose), Nervenschäden, Hüftpfannenfrakturen und Verletzungen der A. femoralis. Selten kommt es zur **Pipkin-Fraktur** (knöcherne Femurkopfverletzung).

Therapie: erfolgt durch rasche Reposition mit Zug am rechtwinklig gebeugten Bein in Vollnarkose bei Muskelrelaxation, anschließend Ruhigstellung und langsame Mobilisation

30.12 Verletzungen der unteren Extremität

30.12.1 Hüftkopffrakturen

Fraktur des Hüftkopfes durch direkte oder indirekte Gewalteinwirkung. Meist als Begleitverletzung bei der Hüftkopfluxation. Komplikationen sind die Ausbildung einer Arthrose und besonders die Hüftkopfnekrose

Einteilung nach **Pipkin**	
Typ I	kleines Hüftkopffragment unter Fovea capitis → konservativ
Typ II	großes Fragment über Fovea capitis → meist OP
Typ III	Abriss Kopfkappe und Schenkelhalsfraktur → absolute OP-Indikation
Typ IV	Abriss Kopfkappe und Pfannenabriss → absolute OP-Indikation

Therapie: bei den Typen II-IV durch Reposition und Schraubenfixation der Fragmente, bei Typ I konservativ

30.12.2 Schenkelhalsfrakturen

Die Schenkelhalsfraktur ist eine typische Verletzung des osteoporotischen alten Knochens (w > m) und entsteht meist durch Sturz auf die Hüfte (Trochanter major). Eine Einteilung erfolgt nach Stellung des Kopfes in **Abduktionsfrakturen** (10%, Valgusstellung des Schenkelhalses und Fragmenteinstauchung, oft asymptomatisch) und **Adduktionsfrakturen** (90%, Varusstellung des Schenkelhalses und fehlende Einkeilung). Weiter kann man die **medial intrakapsulären** von den **lateral extrakapsulären** Schenkelhalsfrakturen differenzieren. Schließlich erfolgt die Gradeinteilung nach Pauwels durch den Winkel, den Frakturlinie und Horizontale bilden.

Gradeinteilung nach Pauwels	
Grad I	Winkel < 30 Grad Horizontale zu Bruch
Grad II	Winkel 30-70 Grad
Grad III	Winkel > 70 Grad

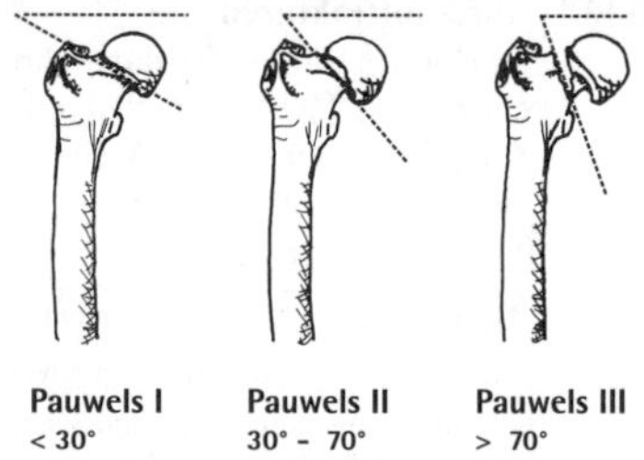

Eine mehr klinisch (Gefahr der Kopfnekrose) orientierte Einteilung erfolgt nach Garden:

Gradeinteilung nach **Garden**	
Garden I	inkomplette, eingestauchte, nichtdislozierte Abduktionsfraktur, impaktiert
Garden II	komplette, nichtdislozierte, nichtimpaktierte Adduktionsfraktur
Garden III	teilweise dislozierte Adduktionsfraktur unter erhaltenem medialem Kontakt der Fragmente
Garden IV	komplette dislozierte Fragmente ohne Kontakt zueinander

Klinik: die **Abduktionsfraktur** ist häufig asymptomatisch oder zeigt nur Stauchungs- und Klopfschmerz im Bereich des Hüftgelenks, die **Adduktionsfraktur** zeigt dagegen meist die klassische Beinstellung mit Außenrotation und Verkürzung bei schmerzhafter Beweglichkeit im Hüftgelenk. Komplikationen sind besonders die Ausbildung einer Kopfnekrose und Pseudarthrose.

Therapie: die **Abduktionsfraktur** kann wegen der meist flachen Frakturlinie und der Fragmenteinstauchung oft einer konservativ funktionellen Therapie zugeführt werden, die **Adduktionsfraktur** dagegen ist oft instabil und bedarf der operativen Versorgung durch Bohrdrahtosteosynthese (Kind), Zugschraubenosteosynthese, dynamische Hüftschraube (DHS), Winkelplatte, 3-Lamellen-Nagel oder aber bei älteren Patienten auch durch Totalendoprothese (TEP), um eine lange Immobilisierung zu verhindern

30.12.3 Pertrochantäre Fraktur

Weitere typische Verletzung des alten Menschen. Durch Sturz auf die Hüfte können sowohl stabile (erhaltener tragender medialer Pfeiler am Trochanter minor) als auch instabile Frakturen resultieren. Das Bein ist kürzer und außenrotiert.

Therapie: dynamische Hüftschraube (DHS), Winkelplatte, intramedullärer Gammanagel oder proximaler Femurnagel (PFN)

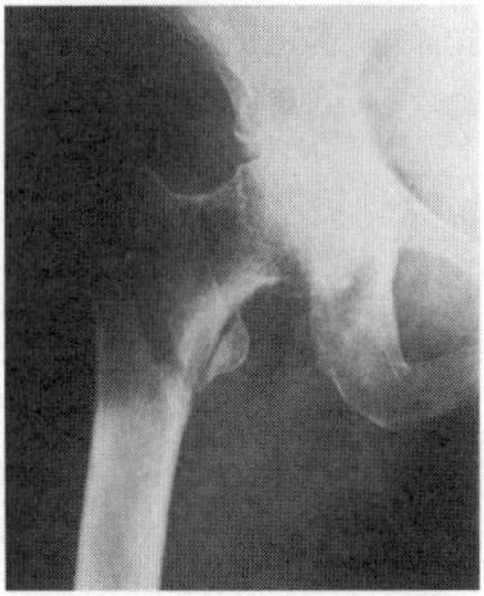

pertrochantäre Femurfraktur

30.12.4 Fraktur des Trochanter major

Die Fraktur des Trochanter major führt zur schmerzhaften Abduktion und lokalem Schmerz.

Therapie: kann meist konservativ behandelt werden, bei Dislokation operative Reposition und Zuggurtung

30.12.5 Fraktur des Trochanter minor

Seltene Sportverletzung. Betrifft meist jugendliche Patienten.

Therapie: konservativ durch Schonung für einige Tage.

30.12.6 Subtrochantäre Femurfraktur

Auch bei der subtrochantären Fraktur zeigen sich, ähnlich der pertrochantären, eine Verkürzung und Außenrotation des Beines. Auch die subtrochantäre Fraktur ist eine typische Fraktur des alten Menschen.

Therapie: operative Reposition und Fixation mit DHS (dynamische Hüftschraube), PFN (proximaler Femurnagel), Gamma- oder Verriegelungsnagel sind alternative Verfahren.

30.12.7 Oberschenkelschaftfraktur

Die Oberschenkelschaftfraktur ist gekennzeichnet durch die große Gefahr der Entstehung eines hypovolämischen/ hämorrhagischen Schocks (→**56**) (0,5-2,5 Liter Blutverlust durch ausgedehnte Hämatome innerhalb der Oberschenkelmuskulatur). Auch ein Fettembolie-Syndrom (→**37**) kommt gehäuft bei der Oberschenkelschaftfraktur vor. Sie zeigt sich als typische Verletzung von Zweiradfahrern, meist als kombinierte Biegungs-, Torsions- und Stauchungsbrüche.

Therapie: bei **Erwachsenen** durch intramedullären Marknagel (v.a. Quer- oder kurze Schrägfrakturen) oder selten Plattenosteosynthese; selten bei primärer Inoperabilität

Tibiakopfextension mit 1/10-1/7 des KG, bei **Kindern** (außer bei Aitken II/-III Frakturen) Overhead-Pflasterverbandextension (IMPP!!!) in den ersten zwei Lebensjahren, ab dem 3. Lj. dynamische Markraumdrahtung mit dem Nancy-Nagel, ab dem 12. Lj. Plattenosteosynthese.

30.12.8 Distale Oberschenkelfrakturen

Einteilung nach **Müller**			
A	**extraartikuläre Frakturen**	1	Ausriss des medialen Bandansatzes
		2	einfache suprakondyläre Trümmerfraktur
		3	suprakondyläre + distale Trümmerfraktur
B	**unikondyläre Frakturen**	1	unikondyläre Fraktur
		2	unikondylär bis zum Femurschaft reichend
		3	tangential dorsale Fraktur einer oder beider Kondylen (= Hoffa-Fraktur)
C	**bikondyläre Frakturen**	1	inter- und suprakondyläre T-, Y-Fraktur
		2	bikondyläre oder distale Femurtrümmerfraktur
		3	C2 + tangential ventrale Fraktur einer oder beider Kondylen

Die distalen Oberschenkelfrakturen entstehen meist im Rahmen eines direkten Knieanpralltraumas (dash board) bei Verkehrsunfällen.

Klinik: oft zeigt sich ein ausgedehntes Hämatom mit Bewegungs- und Druckschmerz, evtl. einem Kniekehlenhämatom und Kniegelenkserguss. Komplikationen bestehen in der Verletzung von A. poplitea, N. tibialis, Entstehung einer Arthrose und bleibenden Bewegungseinschränkungen.

Therapie: Frakturen ohne Gelenkbeteiligung (Typ A) werden meistens, Frakturen mit Gelenkbeteiligung stets operativ durch eine 95-Grad-Kondylenplatte, Kondylenabstützplatte oder dynamische Kondylenschraube (DCS) versorgt. Im Kindesalter Schrauben und/oder Kirschner-Drähte. Bei suprakondylären Stauchungsfrakturen im Kindesalter Gipsruhigstellung für 4 Wochen.

30.12.9 Kniegelenkserguss

Flüssigkeitsansammlung in der Kniegelenkkapsel über den normalen, physiologischen Füllungszustand hinaus. Schon die Synovialanalyse lässt einen Rückschluss auf die Art der Erkrankung zu.

Klinik: verstrichenes Gelenkrelief, schmerzhafte Bewegungseinschränkung, evtl. wegweisende Anamnese, „tanzende Patella" (bei Kompression des oberen Recessus der Gelenkkapsel (oberhalb der Patella) kann Kniescheibe federnd gegen Femurkondylen gedrückt werden)

Therapie: Gelenkpunktion (diagnostisch / therapeutisch) am oberen Recessus lateralis

Synovialanalyse	Ursachen
serös, bernsteinfarben, klar (Reizerguss)	Arthrosen, Meniskopathien, Überlastung (Entwicklung in Stunden bis Tagen nach Überlastung)
blutig (Hämarthros)	traumat. Kniebinnenschäden (Fraktur, Bandruptur), evtl. „Bluterknie" (Entwicklung sofort nach Trauma)
rahmig-eitrig	floride intraartikuläre bakterielle Infektion
serös-trüb, evtl. milchig-flockig	rheumatische Arthropathien

0.12.10 Patellaluxation

Meist habituell oder rezidivierend bei anatomisch ungünstigen Gegebenheiten (Abflachung der patellaren Gelenkfläche oder der lateralen Femurkondylen) Luxation der Kniescheibe nach lateral.

normale Patella, Patelladysplasien

Prädisponierend sind ein Genu valgum, Patella alta sowie anatomische Kondylenvarianten.

Begleitverletzungen bestehen in der Zerreissung des medialen Retinakulums, dem knöchernen Ausriss des medialen Retinakulums, Knorpel-Knochenabscherung an der medialen Patellafacette oder am lateralen Femurkondylus.

Therapie: in Analgesie Reposition bei gestrecktem Knie, bei Begleitverletzungen operative Versorgung, Operation nach Elmslie (Verlagerung der Tuberositas tibiae nach medial), nach Goldweight (Medialisierung der lateralen Patellasehnenhälfte) oder Operation nach Krogius-Lanz-Witt (mediale Retikulum-raffnaht und laterales elease) bei habitueller Patellaluxation

30.12.11 **Verletzungen des Kniestreckapparats**

Meist durch direktes Trauma bedingte Fraktur (dash board) der Patella, Quadrizepssehnenruptur, Ruptur des Ligamentum patellae oder knöcherner Ausriss des Ligamentum patellae an de Tuberositas tibiae.

Therapie: operativ durch Cerclage, Sehnennaht oder Zuggurtung da der Quadrizepssehnenzug eine Dislokation der Fragmente bzw Sehnenanteile bewirkt

30.12.12 **Kniegelenksluxation**

Meist mit ausgedehnten Verletzungen des Kapsel-Band-Apparats und der Gefäße (25% A. poplitea) und Nerven (15% N. peronaeus tibialis) einhergehende Luxation nach vorne oder hinten.

Therapie: nach Reposition unter Analgesie und Muskelrelaxation meist operative Versorgung der z.T. umfangreichen Begleitverletzungen

30.12.13 Meniskusaffektionen

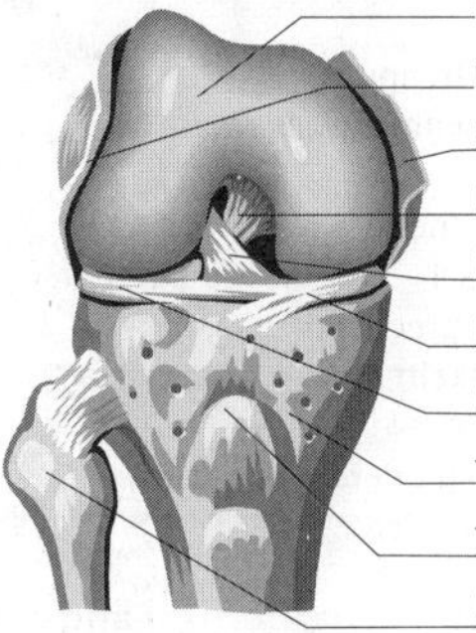

Rechtes Kniegelenk, von vorne

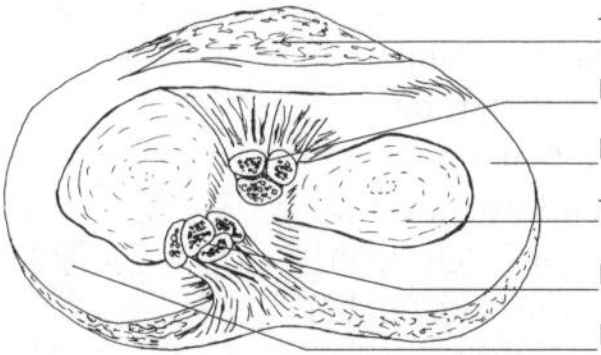

Rechtes Kniegelenk, von oben

Risse im Bereich der nichtvaskularisierten Menisci (bradytrophes Gewebe).

Lokalisiert häufiger (80-90%) am Innen-, seltener (10-20%) am Außenmeniskus, da bei Rotationsbewegungen der Drehpunkt auf dem Hinterhorn des Innenmeniskus (= Ort häufigster Meniskus-affektionen!). Dazu ist der Innen-meniskus an der Gelenkkapsel festgewachsen und hat entsprechend geringere Ausweichmöglichkeiten. Meniskusaffektionen durch degenerative Meniskopathien oder traumatisch. Differenziert werden Längseinrisse (häufigste Form, Sonderform: Korbhenkelriss), Quereinrisse, Zungen- oder Lappeneinrisse, Horizontalrupturen und kombinierte Formen.

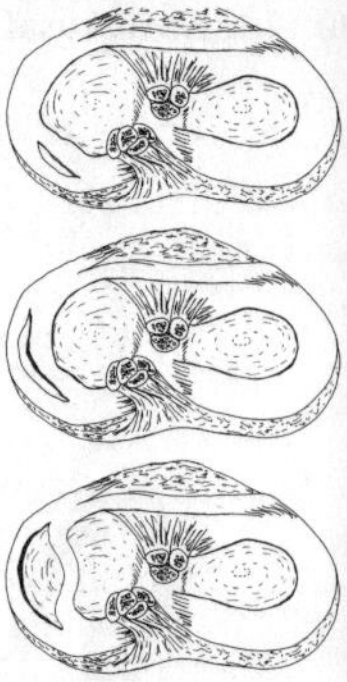

Längseinrisse

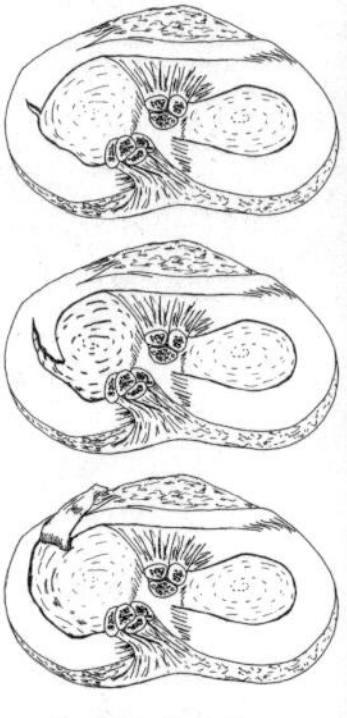

Quereinrisse

Klinik: akut auftretender Gelenkschmerz, typische Anamnese, Einklemmungszeichen (federnde Bewegungsblockade), Bildung eines Reizergusses (bernsteinfarben, klar), Druckschmerz über dem Gelenkspalt, typische 20-30 Grad Streckausfall bei federndem Widerstand, positive Meniskuszeichen, chronisch zeigt sich eine Vastusatrophie

Test	Durchführung/ Schmerzprovokation	Meniskusaffektion
Steinmann I	gebeugtes Knie → Unterschenkelrotation	Schmerz bei Außenrot.: Innenmeniskus Schmerz bei Innenrot.: Außenmeniskus
Steinmann II	Beugung nach dorsal → Wanderung des Schmerzpunkts am inneren Gelenkspalt	Innenmeniskus
Apley	Bauchlage → 90° gebeugtes Knie → Unterschenkelrotation → Schmerz bei Druck oder Zug	bei Druck: Meniskusläsion bei Zug: Bandläsion
McMurray	Rückenlage → Knie und Hüfte maximal gebeugt →Schnapp-Phänomen bei Rotation und Streckung	bei Außenrot.: Innenmeniskus bei Innenrot.: Außenmeniskus
Böhler	leichte Beugung des Knies → Varus- bzw.Valgusstress	Varus: Innenmeniskus Valgus: Außenmeniskus
Payr	Schneidersitz, Druck auf Knie	Innenmen. (vord./mittl. Abschnitt)
Childers	„Entengang" (Streckphase)	Hinterhorn Innenmeniskus

Therapie: Arthroskopie (diagnostisch und therapeutisch), bei basisnahen Einrissen (teilvaskularisierte „rote Zone" mit guter Heilungstendenz) Versuch der Meniskusnaht, bei peripheren Rissen (weiße Zone): sparsame Resektion mit Wiederherstellung eines kontinuierlichen, glatten Rands)

30.12.14 Bandinstabilitäten

Die vorderen Kreuzbänder verlaufen wie „Hände in den Hosentaschen". Die Kreuzbänder umwickeln sich bei Innenrotation und weichen auseinander bei Außenrotation. Instabilitäten sind in aller Regel traumatisch bedingt, gehäuft als Kombination aus Bandverletzungen (Teil-/Ruptur der Kreuz- bzw. Kollateralbänder) und/oder Meniskusverletzungen. Zu 90% ist das vordere Kreuzband durch Außenrotations-Valgusflexionsstress oder Innenrotations- Varusflexionsstress betroffen. Das hintere Kreuzband (10%) zeigt sich gehäuft bei Dash-board-Verletzungen, Verkehrsunfällen und anderen starken direkten Traumata betroffen. Untersuchung durch folgende Tests:

- **Varus- / Valgusstabilitäts-Test**: Prüfung der Varus-/ Valgusstabilität bei leichter Beugung (30°) am liegenden Patienten (Entspannung der Gelenkkapsel, zusätzliche Stabilisierung)
- **Schubladen-Test**: Patient liegt, Knie 90° gebeugt, Untersucher sitzt auf Vorfuß zur Stabilisierung des Unterschenkels, bei Zug am Tibiaplateau zeigt sich eine Instabilität des vorderen Kreuzbandes durch Subluxierbarkeit nach vorne (sog. „vordere Schublade"). **Cave**: bei Instabilität des hinteren Kreuzbandes Subluxation des Tibiaplateaus durch Eigengewicht nach hinten, durch Zug am Tibiaplateau dann scheinbare Subluxation nach vorne (aus hinterer Subluxationsstellung), Fehldeutung der hinteren Schublade als vordere Schublade (d.h. zu Beginn der Untersuchung überprüfen, ob Gelenk in Normalstellung), bei zusätzlichen Seitenbanddefekten Prüfung der sog. **Rotationsschublade**: Schubladentest bei Stellung des Unterschenkels in Innenrotation, dabei zusätzliche

Außenbandprüfung, Unterschenkel in Außenrotation zur zusätzlichen Innenbandprüfung
- **Lachman-Test:** Patient liegt, Knie nur leicht gebeugt (ca. 20°), Untersucher hält mit einer Hand distalen Oberschenkel, mit anderer Hand proximalen Unterschenkel, Versuch der Subluxation nach vorne (bei Instabilität des vorderen Kreuzbandes), Luxierbarkeit nach hinten (Instabilität des hinteren Kreuzbandes), positiv v.a. bei isolierter Bandruptur
- **Pivot-Shift-Test:** Patient liegt, Knie leicht gebeugt, Untersucher hält mit einer Hand Fußsohle, mit anderer Hand Knie und bringt das Gelenk in Innenrotation und Valgusstress, Beugung des Knies zwischen 10°-45°, bei ca. 30° Reposition des bis dahin nach ventral subluxierten Tibiaplateaus („Schnapp-Phänomen"), Zeichen einer Instabilität des vorderen Kreuzbandes

Klinik: Schubladenphänomen: Subluxierbarkeit (Verschieblichkeit) des Tibiakopfes gegen distalen Femur bei gebeugtem Knie, schmerzhafte Bewegungshemmung, ggf. Hämarthros, Instabilitätsgefühl („Giving-way-Phänomen"), positive Instabilitätstests, typisches Trauma, Anamnese, Gelenkpunktat: blutiger Gelenkerguss → V.a. Kreuzbandruptur

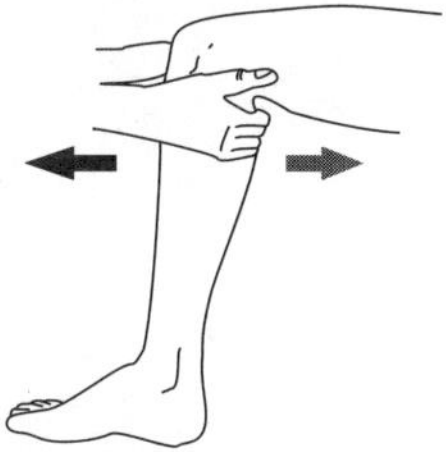

Schubladenphänomen

Therapie: bei reinen Kollateralbandrupturen: konservativ mit Orthesenversorgung für 6 Wo, evtl. operative Bandnaht (z.B. bei Sportlern), bei Kreuzbandrupturen mit/ohne Kollateralbandrupturen: unmittelbar posttraumatische Arthroskopie mit Gelenklavage und Resektion der Kreuzbandstümpfe, ca. sechs Wochen krankengymnastischer Muskelaufbau (evtl. mit Orthesenversorgung) und arthroskopische Kreuzbandplastik (Patellasehnenplastik bone-tendon-bone oder Semitendinosussehnenplastik), Kollateralbandnaht sofern (noch) erforderlich, beim isolierten hinteren Kreuzbandriss kann aufgrund der besseren Durchblutung eine Primärnaht indiziert sein

Prognose: unter konservativer Therapie der Kreuzbandverletzungen können 1/3 durch Muskeltraining die Instabilität kompensieren, 1/3 müssen sich in Ihrer Aktivität einschränken und 1/3 entwickeln eine chron. Instabilität mit Komplikationen.

Form	Defekt	Trauma
Instabilitäten der Seitenbänder		
Valgusinstabilität Abduktionsinstab.	mediales Seitenband	Abduktionstrauma
Varusinstabilität Adduktionsinstab.	lateraler Seitenbandkomplex	Adduktionstrauma
Instabilitäten der Kreuzbänder		
vordere Schublade	vorderes Kreuzband (VKB)	
hintere Schublade	hinteres Kreuzband (HKB)	
Kombinierte Bandinstabilitäten		
anteromediale Instabilität (sog. „unhappy-triad")	*vorderes Kreuzband, mediales Seitenband (med. Meniskushinterhorn mit medialer Kapsel)*	Valgus-Außenrotations-Flexions-Trauma (häufig bei Skifahrern) (häufigste Form)
anterolaterale Instabilität	vorderes Kreuzband, lateraler Seitenbandkomplex, Tractus iliotibialis	(Varus-Innenrotations-Flexions-Trauma)
posterolaterale Instabilität	hinteres Kreuzband, lateraler Seitenbandkomplex, Tractus iliotibialis	(Varus-Innenrotations-Extensions-Trauma)
posteromediale Instabilität	hinteres Kreuzband, mediales Seitenband, mediale Kapsel	(Valgus-Außenrotations-Extensions-Trauma ⇒ sehr selten)

30.12.15 Tibiakopffrakturen

Entstehen meist durch Sturz aus großer Höhe oder seitliche Krafteinwirkung (Valgusstress).

Einteilung nach **Müller**	
Typ I	lateraler Kondylenabriss durch mediales Unterschenkeltrauma
Typ II	eingekeilte Condylus-lateralis-Fraktur durch mediales Unterschenkeltrauma, Impressionsfraktur
Typ III	Kombination aus I und II
Typ IV	V-Y-Fraktur durch axiale Stauchung

Therapie: nicht dislozierte Typen I/II konservativ, alle dislozierten und Typen III/IV operativ durch Osteosynthese

30.12.16 Unterschenkelschaftfraktur

Gleichzeitige Fraktur von Tibia und Fibula. Die schlechte Weichteildeckung und die relativ festen Faszienlogen machen diese Frakturen oft sehr problematisch. Cave: Kompartmentsyndrom (→**285**).

Therapie: konservativ mit Oberschenkelliegegips, Extensionsbehandlung und Oberschenkelgehgips oder Sarmiento-Gips bei geschlossenen, nichtdislozierten, stabilen Schaft-frakturen und bevorzugt im Kindesalter, sonst operativ mit Marknagel, Verriegelungsnagel, Schrauben- oder Plattenosteosynthese, evtl. primärer Fixateur externe bei drittgradig offenen Frakturen

30.12.17 Isolierte Unterschenkelfraktur

meist durch ein direktes Trauma entstandene isolierte Fraktur von Tibia oder Fibula bei meist geringer Instabilität.

Therapie: meist konservativ durch Oberschenkelgips (Tibiafraktur) oder Unterschenkel-Zinkleimverband (Fibulafraktu

0.12.18 Pilon tibial fracture

Distale Unterschenkel-Stauchungsfraktur meist mit Gelenkbeteiligung. Die Fibula ist zu 85-90% mitfrakturiert, zu 25% zeigen sich offene Frakturen. Weitere Komplikationen bzw. Begleitverletzungen sind die Kalkaneus-, Tibiaschaft-, Talusfraktur, die Ausbildung einer Arthrose und/oder von Wachstumsstörungen.

Einteilung nach **Weber**	
Typ A	vordere und hintere Tibiakantenabsprengung mit zentraler Spongiosakompression durch axiale Stauchung
Typ B	vordere Tibiakantenabsprengung bei Stauchung in Hackenfußstellung
Typ C	hintere Tibiakantenabsprengung bei Stauchung in Spitzfußstellung

Therapie: außer bei nichtdislozierten ohne Stufenbildung der Gelenkfläche operativ durch Reposition und Fixation mit Platten, Schrauben und Drähten; wichtig ist die exakte Wiederherstellung der Gelenkfläche

0.12.19 Sprunggelenkfraktur

Die Verrenkungsbrüche (häufigste Fraktur der unteren Extremität) des oberen Sprunggelenks können nach ihrem Entstehungsmechanismus in Supinations-Eversions-, Supinations-Adduktions-, Pronations-Eversions- und Pronations-Adduktionsverletzungen eingeteilt werden. Nach Lauge-Hansen entstehen die Typ-A-Frakturen durch Supinations-Adduktions-, die Typ-B/C-Frakturen meist durch

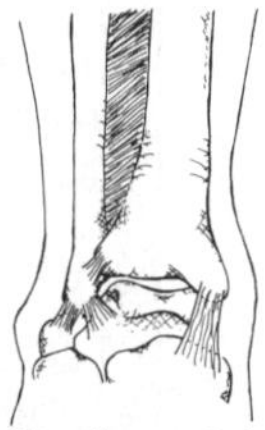

Oberes Sprunggelenk

Pronations-Eversionstraumata. Nach Weber/Danis erfolgt die Einteilung in bezug auf die Fraktur zur Höhe der vorderen tibiofibularen Syndesmose.

Einteilung der Sprunggelenkfrakturen nach **Weber/Danis**	
Weber A	
Fibula-Außenknöchelfraktur in Gelenkspalthöhe oder distal davon oder Riss fibularer Kollateralbänder oder knöcherner Bandausriss der Außenknöchelspitze; evtl. mit Abscherfraktur des Malleolus medialis Syndesmose, Membrana interossea und Lig. deltoideum intakt, typisch durch Supinations-Adduktionstrauma 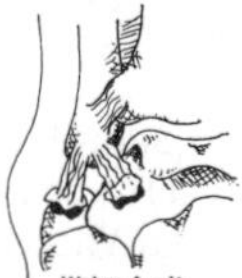 **Weber A mit knöchernem Bandausriß** 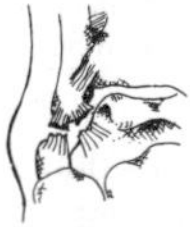 **Weber A mit Außenbandruptur**	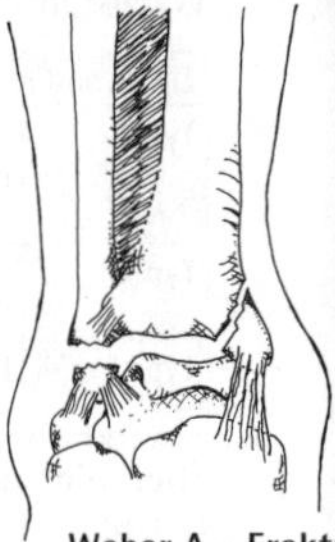 **Weber A - Fraktu**
Weber B	
Fraktur in Syndesmosenhöhe zusätzlich evtl. Abrissfraktur des Innenknöchels oder Ruptur des Lig. deltoideum, 50% mit Syndesmosenriss, typisch durch Suppinations-Eversionstrauma	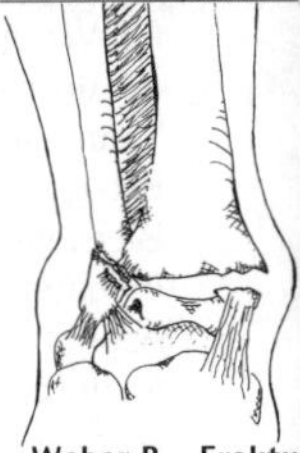 **Weber B - Fraktu**

Einteilung der Sprunggelenkfrakturen nach **Weber/Danis**	
Weber C	
Fraktur über der Syndesmose, die immer zerrissen ist, Membrana interossea rupturiert, C1 mit Abriss Innenknöchel oder C2 mit Ruptur des Lig. deltoideum, typisch durch Pronations-Abduktionstrauma, eine Sonderform der Weber-C-Fraktur ist die Maisonneuve-Fraktur als hohe Weber C mit schrägem Frakturverlauf, Längsriss der Membrana interossea und begleitender Innenknöchelfraktur	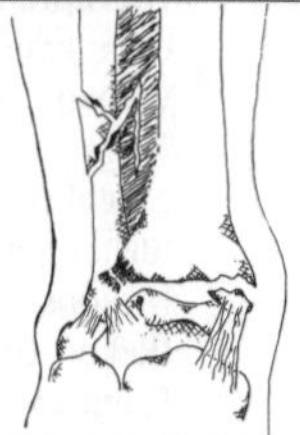 **Weber C - Fraktur**

Alle Formen können zusätzlich eine Beteiligung der dorsalen Tibiakante zeigen, z.B. als Ausriss des **Volkmann-Dreiecks** aus der hinteren Syndesmose (v.a. Weber-B/C-Frakturen).
Klinik: Hämatom, Druckschmerz, Bewegungseinschränkung.
Therapie: allgemein werden nur nichtdislozierte Weber-A-Frakturen konservativ versorgt, die restlichen bedürfen einer OP mit Reposition und Fixation durch Zugschrauben, Platten oder Zuggurtungen

0.12.20 Außenbandruptur

Bänderriss des oberen Sprunggelenks. Sie stellt die häufigste Bandverletzung des Bewegungsapparats dar. Durch Umknicken mit dem Fuß (Supination) entstehen isolierte oder kombinierte Rupturen des Lig. fibulotalare anterius (90%), Lig. fibulocalcaneare (60%) und/oder des Lig. fibulotalare posterius.
Klinik: Schwellung, Hämatom, Druckschmerz am Außenknöchel, Komplikationen sind Abscherfrakturen des Innenknöchels, Abriss der Sehne des Peronaeus brevis am Os metatarsale V oder die Peroneussehnenluxation nach ventral.

Diagnostik: Rö in zwei Ebenen zum Frakturausschluss, gehaltene Aufnahmen (Taluskippung > 8 Grad und -vorschub > 8 mm)
Therapie: konservativ zunächst durch Unterschenkelgipsverband, Hochlagerung, Kühlung, dann Gehgips, pronierender Tape-Verband, Schiene oder orthopädischer Spezialschuh, operative Therapie akut durch interligamentäre/transossäre Bandnaht, bei erheblicher chronischer Instabilität evtl. Operation nach Kuner (distal gestielter Fibularisperiostlappen), nach Weber (Rekonstruktion mit Plantarissehne) oder nach Watson Jones (Rekonstruktion mit Sehne des Peronaeus brevis).
Prognose: 60% zeigen unter konservativer Therapie eine stabile Ausheilung, 10% entwickeln eine chronische Insuffizienz

30.12.21 Achillessehnenruptur

Totalruptur der (oft degenerativ vorgeschädigten) Sehne meist im Rahmen sportlicher Betätigung, meist durch indirektes Trauma. Ruptur typischerweise 3-7 cm proximal des Sehnenansatzes. Selten distale Ruptur mit knöchernem Ausriss aus dem Kalkaneus (Entenschnabelfraktur →**348**).
Klinik: peitschenschlagartiges Geräusch mit einschießendem Wadenschmerz, Zehen- und Einbeinstand unmöglich (Plantarflexion allerdings noch durch M. plantaris longus und M. flexor digitorum longus möglich), dazu Schwellung, Hämatom im distalen Sehnenbereich, tastbare Delle im Verlauf der Achillessehne, Thompson-Test: fehlende Plantarflexion bei Wadendruck im Liegen
Therapie: konservativ (2 Wochen Spitzfußgips, dann 4 Wochen Gehgips in leichter Spitzfußstellung, anschließend frühfunktionelle Behandlung mit entlastender/stabilisierender Orthese) oder operativ durch Sehnennaht nach Hämatomabschwellung, Spitzfußorthese

0.12.22 Talusfraktur

Durch axialen Sturz, als Abschwertrauma oder durch starke Dorsalextension entstandene, seltene, aber komplikationsträchtige (vulnerable Gefäßversorgung, häufige Nekrosen, 3/5 der Oberfläche Gelenkfläche) Fraktur des Sprungbeins.

Einteilung nach **Canale** und **Kelly**	
Typ I	nichtdislozierte Halsfrakturen
Typ II	Halsfraktur mit Dislokation im unteren Sprunggelenk
Typ III	Halsfraktur mit Dislokation im unteren und oberen Sprunggelenk
Typ IV	Typ-3-Fraktur mit zusätzlicher Luxation im Talonavikulargelenk

Therapie: nur nichtdislozierte periphere und nichtdislozierte zentrale Frakturen ohne Einstauchung konservativ; sonst operativ mit exakter anatomischer Wiederherstellung, um eine Revaskularisation zu ermöglichen.

30.12.23 Kalkaneusfraktur

Meist durch Sturz aus großer Höhe bedingte Verletzung (axiales Stauchungstrauma), die häufig das untere Sprunggelenk betrifft und die durch Abflachung bzw. Negativierung des Tubergelenkwinkels (n. Böhler, normal 35 Grad) zum posttraumatischen Plattfuß führen kann. Klinisch finden sich ein Fersendruckschmerz, Schwellung, Hämatom und Deformierung des Rückfußes. Sonderform ist der **Entenschnabelbruch** als knöcherner Ausriss der Achillessehne aus dem Kalkaneus.

Einteilung nach **Weber**	
Typ I	glatte Frakturen z.B. Spalt-, Entenschnabelfraktur
Typ II	glatte Frakturen unter Beteiligung des unteren Sprunggelenks
Typ III	Trümmerfrakturen unter erheblicher Zerstörung des unteren Sprunggelenks

Therapie: meist langwierig, je nach Schweregrad konservativ (Allgöwer-Gehapparat, prinzipiell bei allen außer dem Entenschnabelbruch möglich) oder operativ (absolut indiziert beim Entenschnabelbruch)

30.12.24 Fußwurzelverletzungen

Als isolierte Frakturen des Os naviculare, Os cuboideum oder der Ossa cuneiformia sehr selten. Zu beachten ist immer eine mögliche begleitende Luxation im **Chopart-Gelenk** (zwischen Talus/Kalkaneus und Navikulare/Kuboideum) und in Höhe der **Lisfrancschen Gelenklinie** (zwischen Metatarsalia und Kuneiforme/Kuboideum)

Therapie: nichtdislozierte konservativ, bei Luxationsfrakturen meist operativ

30.12.25 Mittelfuß- und Zehenfrakturen

Mittelfußfrakturen

Konservative Therapie meist nur bei nicht dislozierten Schaftbrüchen. Besonders bei Basisfrakturen des Metatarsale V großzügige OP-Indikation.

Zehenfrakturen

Nichtdislozierte Frakturen der Zehen II-V im Dachziegelverband. Unterschenkelgips für 4-6 Wochen bei Großzehfrakturen. Operation bei Dislokation.

Abkürzungsverzeichnis

Abkürzung	Bedeutung
↑	hoch, Anstieg (z.B. Blutdruck)
↑↑	sehr hoch, starker Anstieg (z.B. Blutzucker)
↓	tief, erniedrigt, Abfall (z.B. Blutdruck)
→	führt zu (v.a. zeitlicher Ablauf)
⇒	daraus folgt, führt zu
AAI	
ACTH	Adrenocorticotropes Hormon
AFP	Alpha-Fetoprotein
AG	Antigen
AGS	Adrenogenitales Syndrom
AICD	automatischer implantierbarer Cardioverter Defibrillator
AK	Antikörper
AP	Angina pectoris
AP	Alkalische Phosphatase
APC	adenomatöse Polyposis coli
APUD	amin precurser uptake and decarboxylation
ASD	Vorhofseptumdefekt
ASR	Achillessehnen-Reflex
AVK	arterielle Verschlusskrankheit
BGA	Blutgasanalyse
BSG	Blutsenkungsgeschwindigkeit
BSR	Bizepssehnenreflex
CA	Carzinom
CEA	karzinoembryonales Antigen
CRPS	complex regional pain syndrome
CVI	chronisch venöse Insuffizienz
char.	charakteristisch
DD	Differentialdiagnose

Abkürzung	Bedeutung
Def	Definition
DHS	Dynamische Hüftschraube
Di	Diagnose
Elyt	Elektolyt
Entz.	Entzündung
EPT	Endoskopische Papillotomie
Err	Erreger (Bakterien, Viren, Pilze ...)
FAP	Familiäre adenomatöse Polyposis
FEV-1	Forciertes expiratoischers Volumen in der 1. Sekunde
FNH	Follikuläre noduläre Hyperplasie
FNP	Feinnadelpunktion
GN	Glomerulonephritis
Hallus	Halluzinationen
HDC-Vakzine	"human diploid cells" (Vermehrungssubstrat), Tollwutimpfstoff
HHL	Hypophysenhinterlappen
HIES	Hydroxyindolessigsäure
HVL	Hypophysenvorderlappen
I	Inkubationszeit
IF	Inrinsic-Faktor
Insuff.	Insuffizienz
KL	Kreislauf
Ko	Komplikation(en)
Lähm.	Lähmung(en)
Lj.	Lebensjahr
Lok	Lokalisation
PDA	Persistierender Ductus arteriosus
PTA	Perkutane transluminale Angioplastie
PTCA	Perkutane transluninale Koronarangioplastie
PTH	Parathormon

Abkürzung	Bedeutung
MAK	Mikrosomale Antikörper
MDP	Magen-Darm-Passage
MzM	Mensch zu Mensch
N	Nachweis
NHK	Naturheilkunde
NNM	Nebennierenmark
NNR	Nebennierenrinde
NS	Nervensystem
P.	Patient
PN	Pyelonephritis
Reg.	Region(al)
RR	Riva Rocci = Blutdruck
Schm.	Schmerz(en)
Schwell.	Schwellung
SLE	Systemischer Lupus erythematodes
Std.	Stunde(n)
Stör.	Störung
Sy.	Syndrom
Sympt.	Symptom(e)(atik)
Syn	Synonym
TAK	Thyreoglobulin-Antikörper
Tbc	Tuberkulose
Tg.	Tag(e)
Th	Therapie
Ü	Übertragung
Urs	Ursache
Verl	Varlauf
WS	Wirbelsäule
Z	Zeichen
ZNS	Zentrales NS

Index

Numerics

A

B

C

D

E

F

G

H

I

J

K

L

M

N

O

P

Q

R

S

T

W

X

Y

Z

Absender (bitte in Blockschrift)

Name, Vorname

Straße, Nr.

PLZ, Ort

Bitte senden an:

Börm Bruckmeier Verlag
Nördliche Münchner Str. 28
82031 Grünwald

oder per FAX an:
089-649 10 648

Ihr Votum ist uns wichtig

Bitte helfen Sie uns den Titel weiter zu verbessern.
Herzlichen Dank für Ihre Mithilfe!

Ihre Verbesserungsvorschläge:

bsender (bitte in Blockschrift)

---

me, Vorname

---

aße, Nr.

Z, Ort

itte senden Sie mir gegen Rechnung die
mseitig markierten Titel

rt, Datum Unterschrift

estellung an Ihre med. Fachbuchhandlung oder an:

örm Bruckmeier Verlag
eipziger Kommission
ötzschauer Weg
-04579 Espenhain

www.media4u.com

Inhalt

Chirurgie fast

Chirurgie fast
der 15h-Crashkurs

Autor
Dr. med. Karsten Junge
Welkenratherstr. 67, 52074 Aachen
email: karsten.junge@post.rwth-aachen.de

Wichtiger Hinweis
Der Stand der medizinischen Wissenschaft ist durch Forschung und klinische Erfahrung ständig im Wandel. Autor und Verlag haben größte Mühe darauf verwandt, daß die Angaben in diesem Werk korrekt sind und dem derzeitigen Wissensstand entsprechen. Für die Angaben kann von Autor und Verlag jedoch keine Gewähr übernommen werden. Jeder Benutzer ist dazu aufgefordert, Angaben dieses Werkes gegebenenfalls zu überprüfen und in eigener Verantwortung am Patienten zu handeln.
Geschützte Warennamen (Warenzeichen) werden nicht besonders kenntlich gemacht. Aus dem Fehlen eines solchen Hinweises kann also nicht geschlossen werden, daß es sich um einen freien Handelsnamen handele.

Die Deutsche Bibliothek - CIP-Einheitsaufnahme
Ein Titelsatz für diese Publikation ist bei
Der Deutschen Bibliothek erhältlich.

Nördliche Münchner Str. 28, 82031 Grünwald
www.media4u.com
2. Auflage Januar 2002
Druck: Druckerei Laub GmbH & Co., 74834 Elztal-Dallau
ISBN 3-89862-212-6